簡易工程數學

一本完全針對工程數學初學者所設計的入門寶典

五南圖書出版公司 印行

黃中彥 著

序

這是一本工程數學的入門書。工程數學內容很廣泛，舉凡與科學、工程之應用數學均應涵蓋到，本書既然書名爲「簡易工程數學」，因此在內容與難度均宜適度降低，內容限制在一階常微分方程式、線性微分方程式、拉氏轉換、富利葉分析、矩陣、向量分析，複變數分析。爲便於讀者研讀，我們特闢第一章爲基礎數學之回顧，將後續章節所需之數學作一扼要的複習，有興趣的讀者可參閱黃學亮著之《普通微積分》（三版）、《基礎線性代數》（四版），以上皆五南出版。本書有許多例題與習題承用黃學亮教授之《基礎工程數學》，並予以取捨、增加，以符合本書之平實不強調艱澀之計算或證明之寫作原則，如此讀者可專心對書中定義、定理及其說明作較深層之理解，進而提升讀者閱讀之興趣與信心。

本書可供科技大學或一般大學工程數學之教材或輔助教材之用，亦可供課程參考或考試速成復習之用。因爲本書內容均屬工程數學之核心部分，因此用過本書後再研讀高等工程數學在學力上應更爲紮實，更爲輕鬆且更能掌握課程內容。

本書若能爲讀者在工程數學之學習發揮一點作用，作者將深感欣慰，若能對本書提供建議與指正更爲作者所期盼。

黃中彥　謹誌

本書符號

1. 本書之計算、證明若引用前節之定理，而需特別強調時，如定理 1.3C，表示 1.3 節定理 C，以此類推。
2. 例題、習題有★符號者讀者初學時可略之，並不影響後面之學習。
3. 本書以 Z^+ 表示正整數，R 表實數。

目　錄

第 1 章

基礎數學之回顧

常微分方程式、線性微分方程式、拉氏轉換、富利葉分析、矩陣、向量分析、複變函數是本書主要內容，本章之目的即是提供上述內容之基本數學準備。本章除了少數題材外絕大多數讀者應已學過，對熟悉的部分可逕自略過。

1.1 函數

函數（function）與定義域、值域之意義讀者應已極爲熟悉，因此只就爾後用到之函數作一提示。

幾個特殊函數

單步函數

定義 單步函數（unit step function 又稱爲 Heaviside 函數）$u(x)$ 定義爲

$$u(x)=\begin{cases}0 & x<0\\1 & x\geq 0\end{cases}$$

$$u(x-c)=\begin{cases}0 & x<c\\1 & x\geq c\end{cases}$$

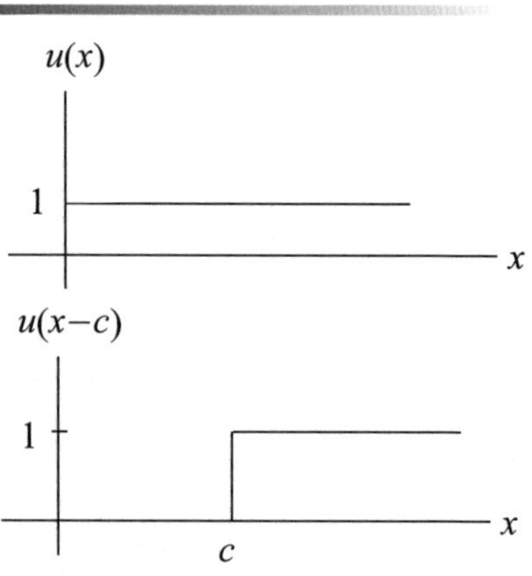

例 1 試繪 $f(x) = u(x-1) - 2u(x-2)$ 之圖形

解 $u(x-1) = \begin{cases} 0 & x < 1 \\ 1 & x \geq 1 \end{cases}$，$u(x-2) = \begin{cases} 0 & x < 2 \\ 1 & x \geq 2 \end{cases}$

	$x < 1$	$1 \leq x < 2$	$x \geq 2$
$u(x-1)$	0	1	1
$-2u(x-2)$	0	0	-2
$u(x-1) - 2u(x-2)$	0	1	-1

$$\therefore u(x-1) - 2u(x-2) = \begin{cases} 0, & x < 1 \\ 1, & 1 \leq x < 2 \\ -1, & x \geq 2 \end{cases}$$

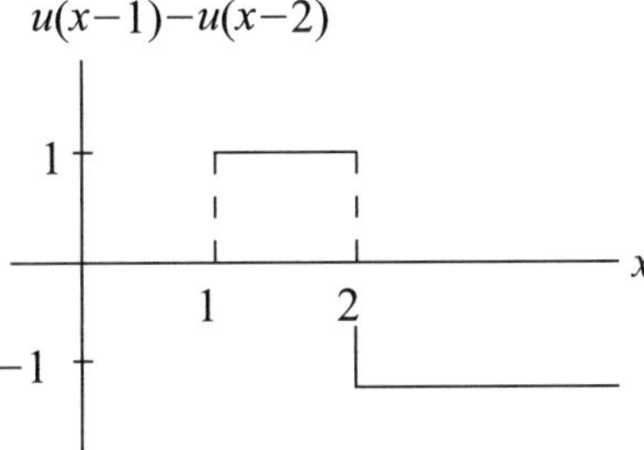

例 2 試繪 $f(x) = u(x-2) - 2u(x-3) + u(x-4)$ 之圖形

解

	$x < 2$	$2 \leq x < 3$	$3 \leq x < 4$	$x \geq 4$
$u(x-2)$	0	1	1	1
$-2u(x-3)$	0	0	-2	-2
$u(x-4)$	0	0	0	1
$u(x-2) - 2u(x-3) + u(x-4)$	0	1	-1	0

$$u(x-2)-2u(x-3)+u(x-4)=\begin{cases}0 & x<2\\ 1 & 2\le x<3\\ -1 & 3\le x<4\\ 0 & x\ge 4\end{cases}$$

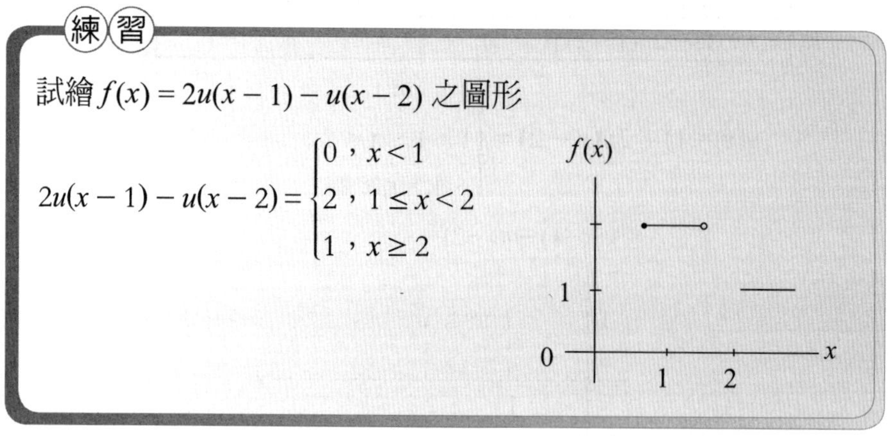

練習

試繪 $f(x)=2u(x-1)-u(x-2)$ 之圖形

$$2u(x-1)-u(x-2)=\begin{cases}0\text{，}x<1\\ 2\text{，}1\le x<2\\ 1\text{，}x\ge 2\end{cases}$$

例 3 試繪 (a) $g(x)=xu(x-1)$ (b) $g(x)=(x-1)u(x-1)$ 之圖形

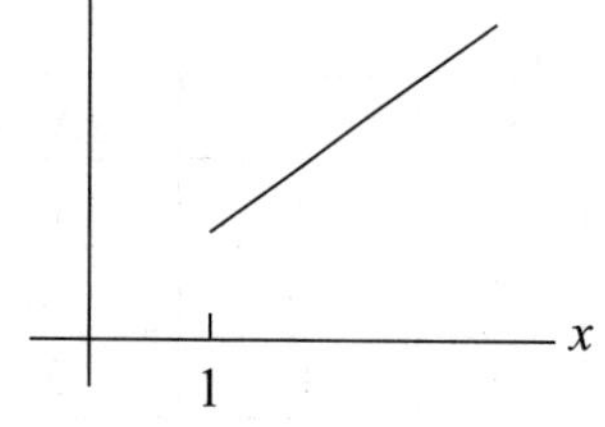

$g(x)=xu(x-1)$ 之圖形相當於 $y=x$ 在 $x\ge 1$ 之部分

	$x<1$	$x\ge 1$
$u(x-1)$	0	1
$xu(x-1)$	0	x

(b)

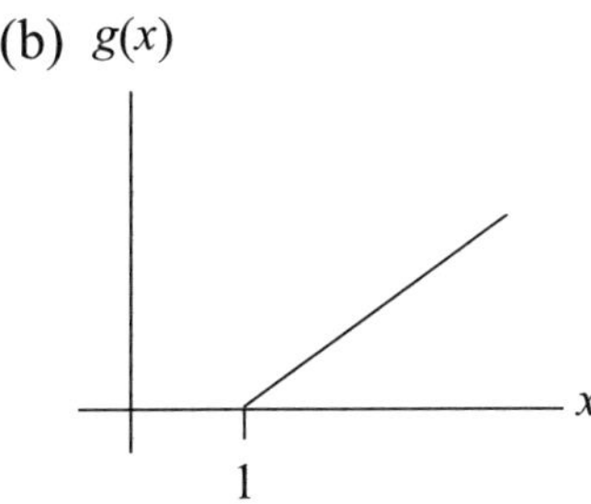

$g(x)=(x-1)u(x-1)$ 之圖形相當於 $y=x-1$ 在 $x\geq 1$ 之部分

	$x<1$	$x\geq 1$
$u(x-1)$	0	1
$(x-1)u(x-1)$	0	$x-1$

例 4 試求對應下列圖形之單步函數

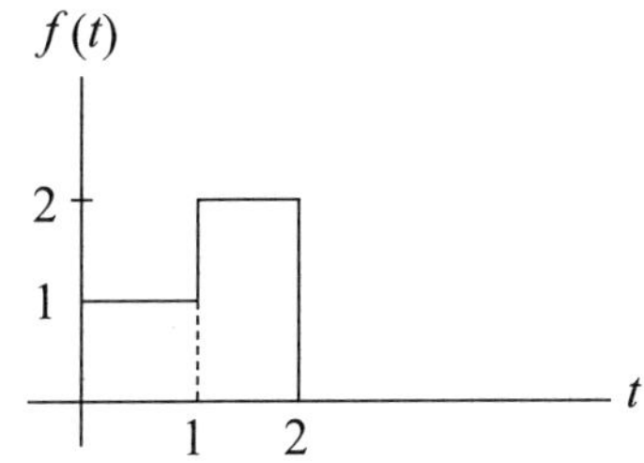

解

$$f(t)=[u(t)-u(t-1)]+2[u(t-1)-u(t-2)]$$
$$=u(t)+u(t-1)-2u(t-2)$$

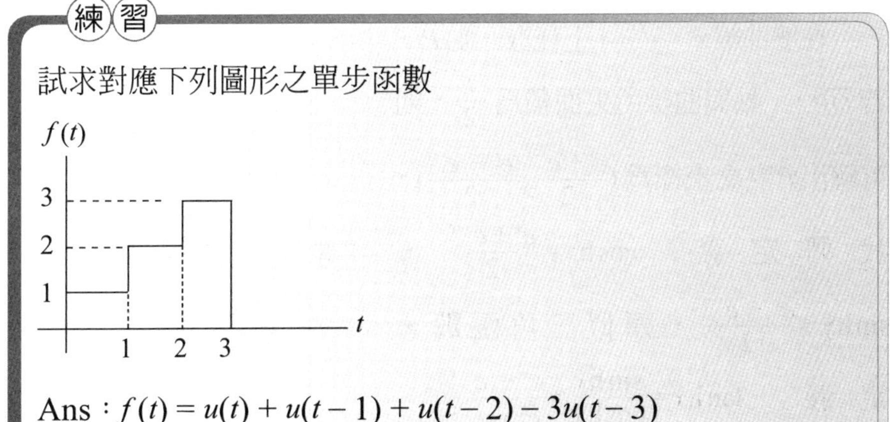

練習

試求對應下列圖形之單步函數

Ans：$f(t)=u(t)+u(t-1)+u(t-2)-3u(t-3)$

指數函數、自然對數函數與雙曲函數

指數函數

指數函數（exponential function）定義為$f(x) = a^x$，在數學分析裡，我們更有興趣的是$f(x) = e^x$，$e \triangleq \lim_{n\to\infty}\left(1+\frac{1}{n}\right)^n \approx 2.71828\cdots$

e^x擁有a^x之所有性質，例如：

$e^{m+n} = e^m \cdot e^n$，$(e^m)^n = e^{mn}$，$e^0 = 1\cdots$

自然對數函數

底（base）為e之對數函數稱為自然對數函數（natural logarithm function），通常寫為$y = \ln x$，$x > 0$。自然對數保有對數函數之性質，例如：$\ln mn = \ln m + \ln n$，$\ln m/n = \ln m - \ln n$，$\ln m^p = p\ln m$，$m > 0$，$n > 0$。

雙曲函數

在雙曲線$x^2 - y^2 = 1$上任取一點P，若$\overline{OP}$，x軸與曲線所夾面積為$\frac{t}{2}$，則可解出P點之坐標為$(\frac{e^t+e^{-t}}{2}, \frac{e^t-e^{-t}}{2})$，我們定義$\cosh x = \frac{e^x+e^{-x}}{2}$，$\sinh x = \frac{e^x-e^{-x}}{2}$，類似三角函數，定義$\tanh x = \frac{\sinh x}{\cosh x} = \frac{e^x-e^{-x}}{e^x+e^{-x}}$，

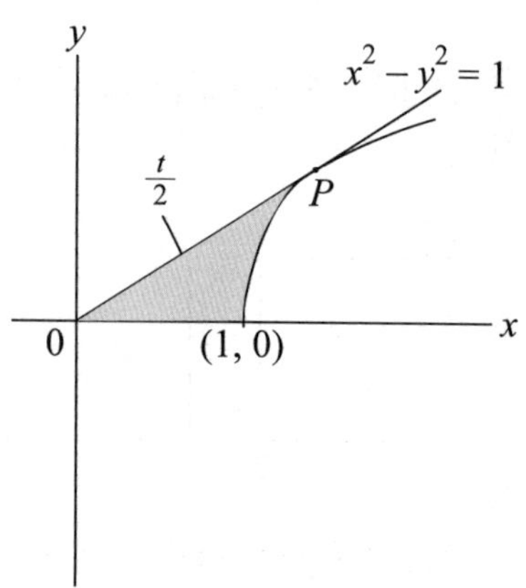

$\coth hx=\dfrac{\cos hx}{\sin hx}=\dfrac{e^x+e^{-x}}{e^x-e^{-x}}$，$\operatorname{sech} hx=\dfrac{1}{\cos hx}=\dfrac{2}{e^x+e^{-x}}$，$\operatorname{csch} hx=\dfrac{1}{\sin hx}=\dfrac{2}{e^x-e^{-x}}$，以上就建構了**雙曲函數**（hyperbolic functions）。由雙曲函數之定義，利用基本之代數演算即可得到一些結果。

定理 A $\cos h^2x-\sin h^2x=1$

證明 $\cos h^2x-\sin h^2x=\left(\dfrac{e^x+e^{-x}}{2}\right)^2-\left(\dfrac{e^x-e^{-x}}{2}\right)^2=1$ ■

練習

試證 $\sec h^2x+\tan h^2x=1$

例 5 試證 $\sin h(x+y)=\sin hx\cos hy+\cos hx\sin hy$

解 由右式：

$$\sin hx\cos hy+\cos hx\sin hy$$

$$=\frac{e^x-e^{-x}}{2}\cdot\frac{e^y+e^{-y}}{2}+\frac{e^x+e^{-x}}{2}\cdot\frac{e^y-e^{-y}}{2}$$

$$=\frac{1}{4}(e^{x+y}+e^{x-y}-e^{-x+y}-e^{-x-y})$$

$$+\frac{1}{4}(e^{x+y}+e^{-x+y}-e^{x-y}-e^{-x-y})$$

$$=\frac{1}{2}(e^{x+y}-e^{-x-y})=\sin h(x+y)$$

例 6 若 $\cos hx = a$，求 a 之範圍，並以此結果求其他雙曲函數之值。

解

$$\cos hx=\frac{e^x+e^{-x}}{2}\geq\sqrt{e^x\cdot e^{-x}}=1\quad\therefore a\geq 1$$

$$\sin hx=\sqrt{\cos h^2x-1}=\sqrt{a^2-1}$$

$$\tan hx=\frac{\sin hx}{\cos hx}=\frac{\sqrt{a^2-1}}{a}$$

$$\cot hx=\frac{\cos hx}{\sin hx}=\begin{cases}\dfrac{a}{\sqrt{a^2-1}}，x\neq 0 \text{ 時}\\ \text{不存在}，x=0 \text{ 時}\end{cases}$$

$$\sec hx=\frac{1}{\cos hx}=\frac{1}{a}$$

$$\csc hx=\frac{1}{\sin hx}=\begin{cases}\dfrac{1}{\sqrt{a^2-1}}，x\neq 0 \text{ 時}\\ \text{不存在}，x=0 \text{ 時}\end{cases}$$

練習

求 $\sin h\ln x$，$x>0$ Ans：$\frac{1}{2}\left(x-\frac{1}{x}\right)$

週期函數

定義 對所有 x 而言，若 L 爲滿足 $f(x+L)=f(x)$ 之最小正數，則稱 L 爲 $f(x)$ 之最小週期（least period）或逕稱 L 爲 $f(x)$ 之週期。

正弦函數 $y = \sin x$，即爲一**週期函數**（periodic function），因 $f(x+2\pi) = \sin(x+2\pi) = \sin x$ 故週期爲 2π，同理，$y = \cos x$ 亦爲週期 2π 之週期函數。正切函數 $y = \tan x$，因 $\tan(x+\pi) = \tan x$，故 $y = \tan x$ 是週期爲 π 之週期函數。又 $|\sin(x+\pi)| = |\sin x|$，$\sin^2(x+\pi) = \sin^2 x$。$\therefore |\sin x|$ 與 $\sin^2 x$ 也是週期爲 π 之週期函數，但 $\sin|x|$ 不是週期函數。常數函數是以任一正數作爲週期。

例 7 若 $f(t)$ 爲週期 L 之週期函數，試證 $f(t+2L) = f(t)$。

解

$\because f(t)$ 爲週期 T 之週期函數，$f(t+L) = f(t)$，$\forall t \in R$

$$\therefore f(t+2L) = f[(t+L)+L] = f(y+L)$$
$$= f(y) = f(t+L) = f(t)$$

例 8 求 $y = \sin 2x$ 之週期 L。

解

$f(x) = \sin 2x = \sin(2x+2\pi) = \sin(2(x+\pi)) = f(x+\pi)$

$\therefore L = \pi$

例 9 試繪下列函數之圖形：

$$f(x) = \begin{cases} 1 & ，1 > x > 0 \\ -1 & ，0 > x > -1 \end{cases}，週期 L = 2$$

解

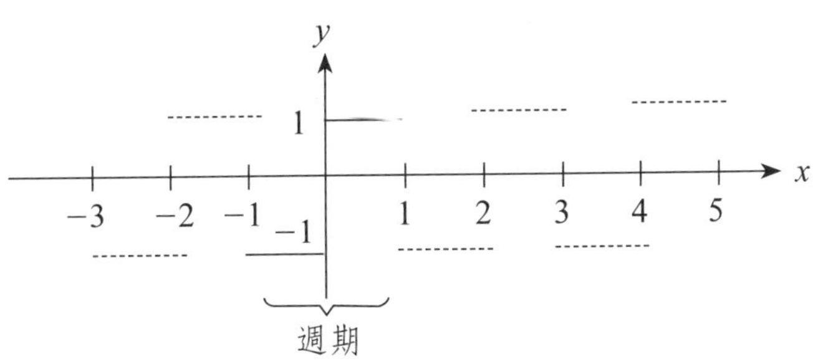

例 10 試繪下列函數之圖形：

$$f(x)=\begin{cases}\sin x，0<x<\pi \\ 0 \quad，\pi<x<2\pi\end{cases}，週期 L=2\pi$$

解

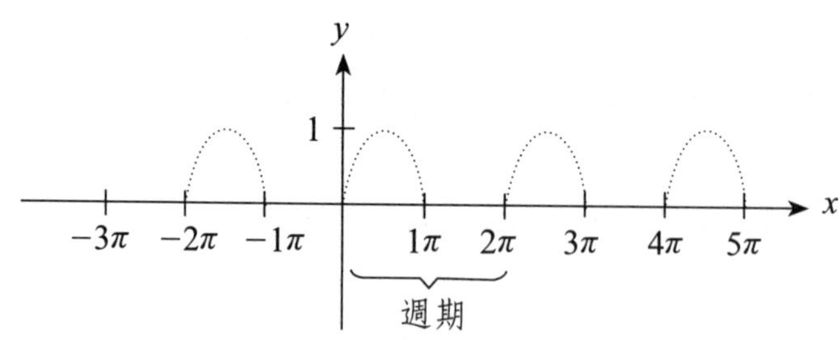

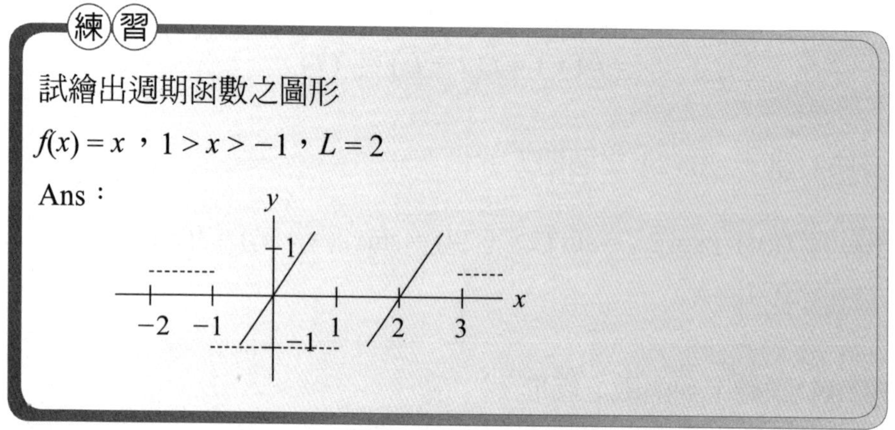

練習

試繪出週期函數之圖形

$f(x)=x，1>x>-1，L=2$

Ans：

奇函數與偶函數

設函數 $f(x)$ 之定義域 D 對稱原點，若 (1) $f(x)$ 滿足 $f(-x)=f(x)$ 者稱爲偶函數（even function），如 $f_1(x)=\cos x$，$f_2(x)=x^2$，$f_3(x)=|x|$ 均爲偶函數，因爲它們都滿足 $f(-x)=f(x)$，若 (2) $f(x)$ 滿足 $f(-x)=-f(x)$ 者稱爲奇函數（odd function），如 $f_1(x)=$

$\sin x$，$f_2(x)=x^3$，因它們都滿足 $f(-x)=-f(x)$ 故均為奇函數，而 $g(x)=x^2+x+1$ 不為偶函數也不為奇函數。

練習

判斷下列哪些是奇函數？偶函數？或皆非。

(1) $f_1(x)=\sqrt{1+x^2}$ (2) $f_2(x)=x\sin x$ (3) $f_3(x)=1+x^3$

Ans：(1)，(2) 為偶函數 (3) 皆非

定理 B 在富利葉分析時極為有用。

定理 B $f(x)$ 定義於 $[-a, a]$，$a>0$，

$$\int_{-a}^{a} f(x)\,dx=\begin{cases}2\int_0^a f(x)\,dx & ：f(x)\text{為偶函數}\\ 0 & ：f(x)\text{為奇函數}\end{cases}$$

證明 (1) $f(x)$ 為偶函數，即 $f(-x)=f(x)$：

$$\int_{-a}^{a} f(x)\,dx=\int_{-a}^{0} f(x)\,dx+\int_0^a f(x)\,dx$$

但 $\int_{-a}^{0} f(x)\,dx \overset{y=-x}{=\!=\!=} -\int_a^0 f(-y)\,dy$

$$=\int_0^a f(-y)\,dy=\int_0^a f(y)\,dy$$

$$\therefore \int_{-a}^{a} f(x)\,dx=\int_{-a}^{0} f(x)\,dx+\int_0^a f(x)\,dx=2\int_0^a f(x)\,dx$$

(2) $f(x)$ 為奇函數時之證明留作習題 ■

例 11 計算：

(1) $\int_{-1}^{1}\sin(x^3)dx$　　(2) $\int_{-3}^{3}|x|dx$

(3) $\int_{-3}^{3}(x+5x^3)^{\frac{1}{3}}dx$　　(4) $\int_{-1}^{1}(ax^2+bx+c)dx$

解

(1) $\because f(x)=\sin(x^3)$ 為一奇函數 $\therefore \int_{-1}^{1}\sin(x^3)\,dx=0$

(2) $\because f(x)=|x|$ 為一偶函數

$$\therefore \int_{-3}^{3}|x|dx=2\int_{0}^{3}xdx=2\cdot\left.\frac{x^2}{2}\right|_0^3=9$$

(3) $\because f(x)=(x+5x^3)^{\frac{1}{3}}$ 為一奇函數 $\therefore \int_{-3}^{3}(x+5x^3)^{\frac{1}{3}}dx=0$

(4)
$$\int_{-1}^{1}(ax^2+bx+c)dx=a\int_{-1}^{1}x^2\,dx+b\int_{-1}^{1}xdx+c\int_{-1}^{1}1dx$$
$$=2a\int_{0}^{1}x^2\,dx+b\cdot 0+2c\int_{0}^{1}1dx$$
$$=\frac{2}{3}a+2c$$

練習

求 $\int_{-2}^{2}(x^2+|x|)dx$　　Ans：$\frac{28}{3}$

齊次函數

若函數 $f(x,y)$ 對所有實數 λ 而言均有 $f(\lambda x,\lambda y)=\lambda^n f(x,y)$ 則稱 $f(x,y)$ 為 ***n*** 階齊次函數（homogeneous function of order n），其中以零階齊次函數最重要，即 $f(\lambda x,\lambda y)=f(x,y)$，像 $f(x,y)=\frac{x-y}{x+y}$，因 $f(\lambda x,\lambda y)=\frac{\lambda x-\lambda y}{\lambda x+\lambda y}=\frac{x-y}{x+y}=f(x,y)\therefore f(x,y)$ 為零階齊次函數，又如 $f(x,y)=\frac{\sin y}{x}$，因不存在 $\lambda\in R$ 使得 $f(\lambda x,\lambda y)=\frac{\sin\lambda y}{\lambda x}=\lambda^n\left(\frac{\sin y}{x}\right)$，

故不爲齊次函數，但 $f(x, y)=\sin\dfrac{y}{x}$，因 $f(\lambda x, \lambda y)=\sin\dfrac{\lambda y}{\lambda x}=\sin\dfrac{y}{x}$ 故爲零階齊次函數。

練習

判斷下列二變數函數 $f(x, y)$ 何者爲齊次函數，若是，並求出其階數。

(1) $f(x, y)=\dfrac{5x-y}{2x+3y}$　　(2) $f(x, y)=\dfrac{x^2+y^2}{x+y}$

(3) $f(x, y)=\dfrac{x^2+y^3}{x+y}$　　(4) $f(x, y)=e^y/(x+y)$

Ans：(1) 零階齊次函數；(2) 一階齊次函數；(3)、(4) 不是齊次函數。

習題 1.1

1. 試繪下列函數之圖形

   (1) $u(t-a)-u(t-b)$，$b>a$

   (2) $u(t)+2u(t-1)-u(t-3)$

2. 若 $\sinh x=\dfrac{1}{3}$，求其餘雙曲函數值

   Ans：$\cosh x=\dfrac{\sqrt{10}}{3}$，$\tanh x=\dfrac{1}{\sqrt{10}}$，$\coth x=\sqrt{10}$，$\operatorname{sech} x=\dfrac{3}{\sqrt{10}}$，$\operatorname{csch} x=3$

3. 若 $\sinh x=a$，求 $\sinh 2x$　Ans：$2a\sqrt{1+a^2}$

4. 若 $\sinh x=0$，求 x　Ans：0

5. 判斷下列哪些函數是奇函數？哪些是偶函數？哪些都不是？

(1) $f(x)=|x^3|$　　(2) $f(x)=1+x^2+x\sin x$

(3) $f(x)=x|1+x|$　　(4) $f(x)=\log\dfrac{1+x}{1-x}$，$-1<x<1$

Ans：(1), (2) 是偶函數，(4) 是奇函數，(3) 皆非

6. 試繪下列週期函數之圖形：

(1) $f(x)=x$，$1>x>-1$，$L=2$

(2) $f(x)=\begin{cases} x &，1>x>0 \\ 1-x &，2>x>1 \end{cases}$，$L=2$

7. 說明下列積分之結果為 0：

(1) $\int_{-1}^{1} x\cos(x^3)dx$

(2) $\int_{-1}^{1} (\sin x)e^{x^4}dx$

8. $f(x)$ 為 $L=p$ 之週期函數，試問下列哪個函數之週期亦為 p？

(1) $f(x)+c$

(2) $cf(x)$

(3) $f(ax+b), a>0$　Ans：(1), (2)

9. 試證定理 B 之「若 $f(x)$ 在 $(-a, a)$ 為奇函數，則 $\int_{-a}^{a} f(x)\,dx=0$」

1.2 微積分

極限

極限（limit）之嚴格定義是架構在「$\varepsilon-\delta$」分析之基礎上，讀者可閱讀有關微積分教材。

定理 A 若 $\lim_{x\to a} f(x)=A$，$\lim_{x\to a} g(x)=B$ 則

(1) $\lim_{x\to a}(f(x)\pm g(x))=A\pm B$

(2) $\lim_{x\to a}(cf(x))=cA$

(3) $\lim_{x\to a} f(x)g(x)=\lim_{x\to a} f(x)\lim_{x\to a} g(x)=AB$

(4) $\lim_{x\to a}\frac{g(x)}{f(x)}=\lim_{x\to a} g(x)\Big/\lim_{x\to a} f(x)=\frac{B}{A}$，$A\neq 0$

a 改為∞或 $-\infty$，定理 A 仍成立。

連續

連續（continunity）在數學分析中極為重要，我們定義 $f(x)$ 在 a 處為連續之條件為：

(1) $f(a)$ 存在 (2) $\lim_{x\to a} f(x)$ 存在 (3) $\lim_{x\to a} f(x) = f(a)$

上述三條件有一不成立，$f(x)$ 在 a 處便不爲連續。

定理 B 若 $f(x)$ 在 a 處可微分則 $f(x)$ 在 a 處爲連續。

定理 B 之另一種敘述更爲有用：**若 $f(x)$ 在 a 處不連續則 $f(x)$ 在 a 處必不為可微分**。一個常見而重要的特例是 $f(x)=\frac{q(x)}{p(x)}$，$p(x)$，$q(x)$ 均爲 x 之多項式，若 $p(a)=0$ 且 $q(a)\neq 0$ 則 $f(x)$ 在 a 處不連續從而 $f(x)$ 在 a 處不可微分。

練習

判斷下列函數在何處爲不可微分？

(1) $f_1(x)=\frac{x}{(x-1)(x^2+1)}$

(2) $f_2(x)=\sin\frac{x}{(x-1)}$

(3) $f_3(x)=e^{\frac{1}{x}}$

Ans：(1) $x=1$ (2) $x=1$ (3) $x=0$

不定式

當 $\lim_{x\to a} f(x)=\lim_{x\to a} g(x)=0$ 時，$\lim_{x\to a}\frac{g(x)}{f(x)}$ 爲 $\left(\frac{0}{0}\right)$ 之型式，我們稱之

爲不定式（indeterminate），除了 $\frac{0}{0}$ 外，常見之不定式之形式還有 $\frac{\infty}{\infty}$，$0\cdot\infty$，$\infty-\infty$，1^{∞} 等。

定理 C（L'Hospital 法則）若 $f(x)$，$g(x)$ 在 $x=a$ 處可微分且 $\lim\limits_{x\to a}f(x)=0$，$\lim\limits_{x\to a}g(x)=0$，則 $\lim\limits_{x\to a}\frac{g(x)}{f(x)}=\lim\limits_{x\to a}\frac{g'(x)}{f'(x)}$

$f(x)$，$g(x)$ 必須爲在 $x=a$ 可微分之條件下，L'Hospital 法則方可爲之，它在 $\lim\limits_{x\to\infty}f(x)=\lim\limits_{x\to\infty}g(x)=0$ 或 $\lim\limits_{x\to a}f(x)=\lim\limits_{x\to a}$ 爲 $\pm\infty$ 時均成立。

在數學中凡冠有人名或名稱之定義或定理均極重要，讀者務必熟稔之。

練習

求 (1) $\lim\limits_{x\to 1}\frac{x^2-1}{x-1}$ (2) $\lim\limits_{h\to 0}\frac{(x+h)^2-x^2}{h}$ (3) $\lim\limits_{x\to 1}\frac{x^5-2x+1}{x^3-5x+4}$

Ans：(1)2 (2) $2x$ (3) $\frac{-3}{2}$（提示：用定理 C）

導數

若 $\lim\limits_{h\to 0}\frac{f(x+h)-f(x)}{h}$ 存在，則 $y=f(x)$ 之導數（derivative）存在，$f(x)$ 之導數記爲 $f'(x)$。求導數之過程稱爲微分（differentiate）

取 $h=\Delta x$，則$\Delta y=f(x+h)-f(x)=f(x+\Delta x)-f(x)$，那麼

$$f'(x)=\lim_{h\to 0}\frac{f(x+h)-f(x)}{h}=\lim_{\Delta x\to 0}\frac{\Delta y}{\Delta x}=\frac{dy}{dx} \tag{1}$$

若對上式反復微分，則可得更高階之導數：

$$y''=\frac{d^2y}{dx^2}=\frac{d}{dx}\left(\frac{dy}{dx}\right)=f''(x)\text{；}$$

$$y'''=\frac{d^3y}{dx^3}=\frac{d}{dx}\left(\frac{d^2y}{dx^2}\right)=f'''(x)\cdots\cdots$$

積分

滿足 $F'(X)=f(x)$ 之任何函數 $F(x)$ 稱爲 $f(x)$ 之一個不定積分（indefinite integral）。因此 $\frac{d}{dx}y=f(x)\Leftrightarrow y=\int f(x)dx=F(x)+c$，其中 $f(x)$ 爲積分式（integrand），$F(x)$ 稱爲原函數（primitive function）。

微積分基本定理（fundamental theorem of calculus）告訴我們，若 $\frac{d}{dx}F(x)=f(x)$ 則 $\int_a^b f(x)dx=F(b)-F(a)$

微分數（differential）是由 (1) 衍生出來的，$y=f(x)$ 之微分數定義爲：

$dy=f'(x)dx$，在此 $dx\approx\Delta x$

微分數在常微分方程式中非常重要。注意：$\frac{dy}{dx}$ 是導數的記號，$y=x^2$ 之導數爲 $\frac{d}{dx}y=2x$，而不是 $dy=2x$

常用單變數微分與積分公式

若 u, v 為 x 之可微分、積分函數則有以下諸結果：

定理 D

(1) $\frac{d}{dx}(u \pm v) = \frac{d}{dx}u \pm \frac{d}{dx}v$　　$\int (u \pm v)\,dx = \int udx \pm \int vdx$

(2) $\frac{d}{dx}(cu) = c\frac{d}{dx}u$　　$\int cudx = c\int udx$

定理 E

(1) $\frac{d}{dx}uv = u\frac{d}{dx}v + v\frac{d}{dx}u$ 或 $(uv)' = uv' + vu'$

(2) $\frac{d}{dx}\frac{v}{u} = \frac{u\frac{d}{dx}v - v\frac{d}{dx}u}{u^2}$ 或 $\left(\frac{v}{u}\right)' = \frac{uv' - vu'}{u^2}$

定理 F

（冪次函數之微分與積分）

$\frac{d}{dx}u^p = pu^{p-1}\frac{du}{dx}$　　$\int u^p du = \begin{cases} \frac{u^{p+1}}{p+1} + c，p \neq -1 \\ \ln|u| + c，p = -1 \end{cases}$

定理 G

（指數函數、對數函數之微分與積分）

(1) $\frac{d}{dx}a^u = a^u \ln a\frac{du}{dx}, a > 0$　　$\int a^u du = \frac{a^u}{\ln a} + c，a \neq 0, 1$

(2) $\frac{d}{dx}e^u = e^u\frac{du}{dx}$ $\int e^u du = e^u + c$

(3) $\frac{d}{dx}\ln u = \frac{1}{u}\frac{du}{dx}$ $\int \frac{du}{u} = \ln|u| + c$

定理H （三角函數之微分與積分）

(1) $\frac{d}{dx}\sin u = \cos u\frac{du}{dx}$ $\int \sin u du = -\cos u + c$

(2) $\frac{d}{dx}\cos u = -\sin u\frac{du}{dx}$ $\int \cos u du = \sin u + c$

(3) $\frac{d}{dx}\tan u = \sec^2 u\frac{du}{dx}$ $\int \tan u du = -\ln|\cos u| + c$

(4) $\frac{d}{dx}\cot u = -\csc^2 u\frac{du}{dx}$ $\int \cot u du = \ln|\sin u| + c$

(5) $\frac{d}{dx}\sec u = \sec u \tan u\frac{du}{dx}$ $\int \sec u du = \ln|\sec u + \tan u| + c$

(6) $\frac{d}{dx}\csc u = -\csc u \cot u\frac{du}{dx}$ $\int \csc u du = \ln|\csc u - \cot u| + c$

由定理H，顯然有$\int \sec^2 u du = \tan u + c$，$\int \csc^2 u du = -\cot u + c$，$\int \sec u \tan u du = \sec u + c$，$\int \csc u \cot u du = -\csc u + c$

定理I

(1) $\frac{d}{dx}\sin^{-1}u = \frac{1}{\sqrt{1-u^2}}\frac{du}{dx}$

(2) $\frac{d}{dx}\cos^{-1}u = \frac{-1}{\sqrt{1-u^2}}\frac{du}{dx}$

(3) $\frac{d}{dx}\tan^{-1}u=\frac{1}{1+u^2}\frac{du}{dx}$

(4) $\frac{d}{dx}\cot^{-1}u=\frac{-1}{1+u^2}\frac{du}{dx}$

定理 J

(1) $\int\frac{du}{\sqrt{a^2-u^2}}=\sin^{-1}\frac{u}{a}+c\ =-\cos^{-1}\frac{u}{a}+c$

(2) $\int\sqrt{a^2-u^2}\,du=\frac{u}{2}\sqrt{a^2-u^2}+\frac{a^2}{2}\sin^{-1}\frac{u}{a}+c$

(3) $\int\frac{du}{\sqrt{u^2\pm a^2}}=\ln|u+\sqrt{u^2\pm a^2}|+c$

(4) $\int\sqrt{u^2\pm a^2}\,du=\frac{u}{2}\sqrt{u^2\pm a^2}\pm\frac{a^2}{2}\ln|u+\sqrt{u^2\pm a^2}|+c$

(5) $\int\frac{du}{a^2+u^2}=\frac{1}{a}\tan^{-1}\frac{u}{a}+c$

定理 J 其實是下列三角代換之結果：

1. $\int f(a^2-x^2)dx$：令 $x=a\sin y\Rightarrow\begin{cases}y=\sin^{-1}\frac{x}{a}\\ dx=a\cos y\,dy\end{cases}$

2. $\int f(a^2+x^2)dx$：令 $x=a\tan y\Rightarrow\begin{cases}y=\tan^{-1}\frac{x}{a}\\ dx=a\sec^2 y\,dy\end{cases}$

3. $\int f(a^2-x^2)dx$：令 $x=a\sec y\Rightarrow\begin{cases}y=\sec^{-1}\frac{x}{a}\\ dx=a\sec y\tan y\,dy\end{cases}$

下列三個不定積分公式對學者爾後演算上將有所助益：

1. $\int \frac{du}{a^2-u^2}=\frac{1}{2a}\ln\left|\frac{a-u}{a+u}\right|+c$

2. $\int e^{au}\sin bu\,du=\frac{e^{au}}{a^2+b^2}(a\sin bu-b\cos bu)+c$

3. $\int e^{au}\cos bu\,du=\frac{e^{au}}{a^2+b^2}(a\cos bu+b\sin bu)+c$

例 1 求下列各題之導數

(1) $\frac{d}{dx}x^2e^x$　　(2) $\frac{d}{dx}x\tan^{-1}x$

(3) $\frac{d}{dx}x^2\sin^{-1}e^{x^2}$　　(4) $\frac{d}{dx}\sec\ln x$

解

(1) $\frac{d}{dx}x^2e^x=2xe^x+x^2e^x$

(2) $\frac{d}{dx}x\tan^{-1}x=\tan^{-1}x+\frac{x}{1+x^2}$

(3) $\frac{d}{dx}x^2\sin^{-1}e^{x^2}=2x\sin^{-1}e^{x^2}+\frac{2x^3e^{x^2}}{\sqrt{1-e^{2x^2}}}$

(4) $\frac{d}{dx}\sec\ln x=\frac{1}{x}\sec(\ln|x|)\tan(\ln|x|)$

例 2 求下列各題之積分

(1) $\int\frac{dx}{x\sqrt{1+\ln x}}$　　(2) $\int xe^{x^2}dx$　　(3) $\int e^{x^2}dx$

(4) $\int\frac{1}{x}\sin(2+\ln x)dx$　　(5) $\int\frac{1-\sin x}{x+\cos x}dx$　　(6) $\int\tan(3x-5)dx$

(7) $\int\sqrt{x^2+4x+5}\,dx$　　(8) $\int\sin hx\,dx$　　(9) $\int\tan hx\,dx$

解

(1) $\int\frac{dx}{x\sqrt{1+\ln x}}=\int\frac{d\ln x}{\sqrt{1+\ln x}}\overset{y=\ln x}{=\!=\!=}\int\frac{dy}{\sqrt{1+y}}=\int(1+y)^{-\frac{1}{2}}dy$

$=2(1+y)^{\frac{1}{2}}+c=2\sqrt{(1+\ln x)}+c$

(2) $\int xe^{x^2}dx=\int e^{x^2}d\,\frac{1}{2}x^2\xlongequal{y=x^2}\int\frac{1}{2}e^y\,dy$

$=\frac{1}{2}e^y+c=\frac{1}{2}e^{x^2}+c$

(3) $\int e^{x^2}dx$，我們無法用現在所學定理解出

(4) $\int\frac{1}{x}\sin(2+\ln x)dx=\int\sin(2+\ln x)d(2+\ln x)$

$\xlongequal{y=2+\ln x}\int\sin y\,dy=-\cos y+c=-\cos(2+\ln|x|)+c$

(5) $\int\frac{1-\sin x}{x+\cos x}dx\xlongequal{y=x+\cos x}\int\frac{dy}{y}=\ln|y|+c$

$=\ln|x+\cos x|+c$

(6) $\int\tan(3x-5)dx\xlongequal{y=3x-5}\int\tan y\cdot\frac{1}{3}dy=\frac{-1}{3}\ln|\cos y|+c$

$=-\frac{1}{3}\ln|\cos(3x-5)|+c$

(7) $\int\sqrt{x^2+4x+5}\,dx=\int\sqrt{(x+2)^2+1}\,dx\xlongequal{u=x+2}\int\sqrt{u^2+1}\,du$

$\xlongequal{\text{定理 J(4)}}\frac{u}{2}\sqrt{u^2+1}+\frac{1}{2}\ln|u+\sqrt{u^2+1}|+c$

$=\frac{1}{2}(x+2)\sqrt{x^2+4x+5}+\frac{1}{2}\ln|(x+2)+\sqrt{x^2+4x+5}|+c$

(8) $\int\sinh x\,dx=\int\frac{e^x-e^{-x}}{2}dx=\frac{1}{2}(e^x+e^{-x})+c=\cosh x+c$

(9) $\int\tanh x\,dx=\int\frac{\sinh x}{\cosh x}dx=\int\frac{d\cosh x}{\cosh x}\xlongequal{y=\cosh x}\int\frac{dy}{y}$

$=\ln|y|+c=\ln\cosh x+c$

練習

求 (1) $\int \frac{1}{x^2}\sin\left(\frac{1}{x}\right)dx$ (2) $\int \frac{dx}{\sqrt{x^2+2x+2}}$ (3) $\int \frac{dx}{(x+1)(x+2)}$

(4) $\int \frac{x\,dx}{1+x^4}$ (5) $\int \frac{\cos 2x}{\sin x+\cos x}dx$

Ans：(1) $\cos\frac{1}{x}+c$ (2) $\ln|x+1+\sqrt{x^2+2x+2}|+c$

(3) $\ln\left|\frac{x+1}{x+2}\right|+c$ (4) $\frac{1}{2}\tan^{-1}x^2+c$（提示：$y=x^2$）

(5) $\sin x+\cos x+c$

分部積分之速解法

一些特殊之積分式，（如 $\int x^n e^{bx}dx$，$\int x^n \sin bx dx$，$\int x^n \cos bx dx$ ……）我們可用所謂的積分表而得以速解：

給定一個積分題 $\int fg dx$（暫時不使用 $\int u dv$ 那個公式），其積分表是由二個直欄組成，左欄是由 f，f'，f''……直到 $f^{(k)}=0$ 爲止，（$f^{(k-1)}\neq 0$），右欄是由 g 開始不斷地積分到同列左邊有 0 出現爲止，Ig 表示 $\int g dx$，但積分常數不計，$I^2 g=I(Ig)$……，$I^k g=I(I^{k-1}g)$。如此，我們可由積分表讀出結果，（在下表之斜線部分表示相乘，下表之 +、− 號表示乘積之正負號，由下表看出 +、− 號之規則是由 + 號開始正負相間），由微分經驗可知，像 $\int x^n e^{bx}(\cos bx, \sin bx)\,dx$ $n\in N$ 或 $\int x^n e^{bx}dx$ 這類問題 f 一定是擺 x^n，g 擺 e^{bx}，$\cos bx$，$\sin bx$：

$$
\begin{array}{lcl}
f & + & g \\
f' & - & Ig \\
f'' & + & I^2g \\
f''' & - & I^3g \\
f^{(4)} & + & I^4g \\
\vdots & & \vdots \\
\vdots & & \vdots \\
f^{(k)} & & I^kg
\end{array}
$$

....

例 3 求 $\int x^3e^x dx$

$$
\begin{array}{lcl}
x^3 & + & e^x \\
3x^2 & - & e^x \\
6x & + & e^x \\
6 & - & e^x \\
0 & & e^x
\end{array}
$$

解 $\int x^3e^xdx = x^3e^x - 3x^2e^x + 6xe^x - 6e^x + c$

例 4 求 $\int x^2\sin 3x dx$

$$
\begin{array}{lcl}
x^2 & + & \sin 3x \\
2x & - & -\frac{1}{3}\cos 3x \\
2 & + & -\frac{1}{9}\sin 3x \\
0 & & \frac{1}{27}\cos 3x
\end{array}
$$

解 $\int x^2\sin3xdx=-\frac{1}{3}x^2\cos3x+\frac{2}{9}x\sin3x+\frac{2}{27}\cos3x+c$

例 5 求 $\int x(\ln x)^2dx$

解 取 $g=\ln x$ 則 Ig, I^2g……不易求得，如果我們取 $y=\ln x$ 則 $x=e^y$，$dx=e^ydy$

$\therefore\int x(\ln x)^2dx=\int e^y\cdot y^2\cdot e^y\,dy=\int y^2e^{2y}dy$，作積分表：

$(\ln x)^2=y^2$	$+$	e^{2y}
$2(\ln x)=2y$	$-$	$\frac{1}{2}e^{2y}=\frac{1}{2}x^2$
2	$+$	$\frac{1}{4}e^{2y}=\frac{1}{4}x^2$
0		$\frac{1}{8}e^{2y}=\frac{1}{8}x^2$

$$\therefore\int x(\ln x)^2dx=\frac{1}{2}x^2(\ln x)^2-\frac{x^2}{4}(2\ln x)+2\left(\frac{1}{8}x^2\right)+c$$

$$=\frac{1}{2}x^2(\ln x)^2-\frac{x^2}{2}\ln x+\frac{x^2}{4}+c$$

練習

求 (1) $\int x^2\sin xdx$　(2) $\int x^2e^{3x}dx$

(3) $\int x^2\sin(2x)dx$　(4) $\int x^2(\ln x)dx$

Ans：(1) $-x^2\cos x+2x\sin x+2\cos x+c$

(2) $e^{3x}\left(\frac{1}{3}x^2-\frac{2}{9}x+\frac{2}{27}\right)e^{3x}+c$

(3) $\frac{-1}{2}x^2\cos2x+\frac{x}{2}\sin2x+\frac{1}{4}\cos2x+c$

(4) $\left(\frac{\ln x}{3}-\frac{1}{9}\right)x^3+c$

偏微分

如同單變數函數之微分是建立在極限之基礎，二變數函數 $f(x, y)$ 之**偏微分**或**偏導數**（partial derivative）是建立在二變數函數之極限上，但二變數函數之極限甚為複雜且把它略過並不影響讀者對爾後章節之研讀，因此本節之重心在如何對二變數函數 $f(x, y)$ 實施偏微分及高階偏微分之求法做一復習。

$z=f(x, y)$ 之一階偏微分有下列二種：

(1) **對 x 之偏微分**（partial derivative with respect to x），記做 $\frac{\partial z}{\partial x}$，$f_x$ 或 f_1：把 y 視做常數而對 x 行微分。

(2) **對 y 之偏微分**（partial derivative with respect to y），記做 $\frac{\partial z}{\partial y}$，$f_y$ 或 f_2：把 x 視做常數而對 y 行微分。

例如：$f(x, y) = e^{xy}$，則 $\frac{\partial}{\partial y}f = xe^{xy}$，$\frac{\partial}{\partial x}f = ye^{xy}$。$z = f(x, y)$ 之二階偏微分有下列 4 種：

(1) $\frac{\partial^2 z}{\partial x^2} = \frac{\partial}{\partial x}\left(\frac{\partial z}{\partial x}\right)$；$\frac{\partial^2 z}{\partial x^2}$ 也寫成 f_{xx}

(2) $\frac{\partial^2 z}{\partial x \partial y} = \frac{\partial}{\partial x}\left(\frac{\partial z}{\partial y}\right)$；$\frac{\partial^2 z}{\partial x \partial y}$ 也寫成 f_{yx}

(3) $\frac{\partial^2 z}{\partial y \partial x} = \frac{\partial}{\partial y}\left(\frac{\partial z}{\partial x}\right)$；$\frac{\partial^2 z}{\partial y \partial x}$ 也寫成 f_{xy}

(4) $\frac{\partial^2 z}{\partial y^2} = \frac{\partial}{\partial y}\left(\frac{\partial z}{\partial y}\right)$；$\frac{\partial^2 z}{\partial y^2}$ 也寫成 f_{yy}

練習

1. $z=f(x,y)=x^2y^3$ 求 $\frac{\partial z}{\partial x}$，$\frac{\partial z}{\partial y}$，$\frac{\partial^2 z}{\partial x\partial y}$，$\frac{\partial^2 z}{\partial y\partial x}$

2. $z=f(x,y)=x^y$ 求 $\frac{\partial z}{\partial x}$，$\frac{\partial z}{\partial y}$，$\frac{\partial^2 z}{\partial x\partial y}$，$\frac{\partial^2 z}{\partial y\partial x}$

Ans：(1) $2xy^3$，$3x^2y^2$，$6xy^2$，$6xy^2$

(2) yx^{y-1}，$x^y\ln x$，$yx^{y-1}\ln x+x^{y-1}$，$x^{y-1}+yx^{y-1}\ln x$

冪級數

一個形如 $\sum_{n=0}^{\infty} C_n(x-a)^n$之級數稱爲**冪級數**（power series），當 $a=0$ 時特稱爲 Maclaurin 級數，茲將一些常用之 Maclaurin 級數及其收斂區間（interval of convergence）表列如下：

1. $e^x=1+x+\frac{x^2}{2!}+\frac{x^3}{3!}+\cdots,\qquad -\infty<x<\infty$

2. $\sin x=x-\frac{x^3}{3!}+\frac{x^5}{5!}-\frac{x^7}{7!}+\cdots,\qquad -\infty<x<\infty$

3. $\cos x=1-\frac{x^2}{2!}+\frac{x^4}{4!}-\frac{x^6}{6!}+\cdots,\qquad -\infty<x<\infty$

4. $\ln(1+x)=x-\frac{x^2}{2}+\frac{x^3}{3}-\frac{x^4}{4}+\cdots,-1<x\le 1$

5. $\tan^{-1}x=x-\frac{x^3}{3!}+\frac{x^5}{5!}-\frac{x^7}{7!}+\cdots,\quad -1\le x\le 1$

6. $\frac{1}{1+x}=1-x+\frac{x^2}{2}-\frac{x^3}{3}+\cdots,\qquad -1<x<1$

習題 1.2

1. 試求下列各題之導數

(1) $y=(\tan^{-1}\sqrt{x})^3$ (2) $y=\dfrac{x^2+1}{x^2-1}$ (3) $y=\dfrac{g(x)}{[f(x)]^2}$

(4) $y=x^{\sin x}$ (5) $y=x\sin^{-1}\sqrt{x}$

Ans：(1) $\dfrac{3(\tan^{-1}\sqrt{x})^2}{2\sqrt{x}(1+x)}$ (2) $\dfrac{-4x}{(x^2-1)^2}$ (3) $\dfrac{f^2(x)g'(x)-2f(x)f'(x)g(x)}{(f(x))^4}$

(4) $x^{\sin x}\left(\dfrac{\sin x}{x}+(\cos x)\ln x\right)$ (5) $\sin^{-1}\sqrt{x}+\dfrac{\sqrt{x}}{2(1-x)}$

2. 試證 $y=A\sin(ax+b)+Bx+c$ 滿足 $y'''=ay''$

3. 求下列各題之積分

(1) $\int\dfrac{dx}{2+3x^2}$ (2) $\int\ln x dx$ (3) $\int x^3\cos x^2 dx$

(4) $\int\dfrac{1+\ln x}{x}dx$ (5) $\int\cos\sqrt{x}dx$ (6) $\int\sqrt{4-x^2}dx$

Ans：(1) $\dfrac{1}{\sqrt{6}}\tan^{-1}\sqrt{\dfrac{3}{2}}x+c$ (2) $x\ln x-x+c$

(3) $\dfrac{1}{2}x^2\sin x^2+\dfrac{1}{2}\cos x^2+c$

(4) $\dfrac{1}{2}(1+\ln|x|)^2+c$ 或 $\ln|x|+\dfrac{1}{2}(1+\ln|x|)^2+c$

(5) $2\sqrt{x}\sin\sqrt{x}+2\cos\sqrt{x}+c$ (6) $\dfrac{x}{2}\sqrt{4-x^2}+2\sin^{-1}\dfrac{x}{2}+c$

4. 求下列偏導數

(1)$z=f(x,y)=\tan^{-1}xy$，求 $\dfrac{\partial z}{\partial x}$，$\dfrac{\partial z}{\partial y}$，

(2)$z=f(x,y)=x^2e^{xy}$，求 $\dfrac{\partial z}{\partial x}$，$\dfrac{\partial z}{\partial y}$，

Ans：(1) $\dfrac{y}{1+x^2y^2}$，$\dfrac{x}{1+x^2y^2}$ (2) $2xe^{xy}+x^2ye^{xy}$，x^3e^{xy}

1.3 矩陣與行列式

矩陣意義

定義 $m \times n$ 矩陣（$m \times n$ matrix）A 是一個有 m 個列（row），n 個行（column）之陣列（array），陣列之 a_{ij} 爲第 i 列第 j 行元素。

$$A = \begin{bmatrix} a_{11} & a_{12} & \cdots & a_{1n} \\ a_{21} & a_{22} & \cdots & a_{2n} \\ \cdots & \cdots & \cdots & \cdots \\ a_{m1} & a_{m2} & \cdots & a_{mn} \end{bmatrix}$$

，以 $A = [a_{ij}]_{m \times n}$ 表之

若矩陣之列數與行數均為 n 時，我們稱此種矩陣為 n 階方陣（square matrix）。方陣 A 之 $a_{11}, a_{22} \cdots a_{nn}$ 稱為主對角（main diagonal）。

二個特殊方陣

1. 單位陣（identity matrix）：若方陣 $A = [a_{ij}]_{n \times n}$ 之所有元素 a_{ij} 滿足 $a_{ij} = \begin{cases} 1, & i = j \\ 0, & i \neq j \end{cases}$ 時稱 A 爲單位陣。

2. 對角陣（diagonal matrix）：除主對角之元素外其餘元素均爲 0 之方陣。

二矩陣相等之條件

$A = [a_{ij}]$，$B = [b_{ij}]$，若兩個矩陣有相同之階數，則稱此二矩陣為同階矩陣。若 A，B 同階且 $a_{ij} = b_{ij}$ $\forall$ i，j 則 $A = B$。

矩陣之加減法

若 $A = [a_{ij}]_{m\times n}$，$B = [b_{ij}]_{m\times n}$（即 A, B 均爲同階矩陣），則定義 $C = A \pm B$ 爲 $C = [c_{ij}]_{m\times n}$ 其中 $c_{ij} = a_{ij} \pm b_{ij}$ $\forall$ i，j。

定理 A

A，B，C 爲同階矩陣，則

(1) $A + B = B + A$（滿足交換律）。

(2) $(A + B) + C = A + (B + C)$（滿足結合律）。

純量與矩陣之乘法

若 λ 爲一純量（Scalar）即 λ 爲一數，且 $A = [a_{ij}]_{m\times n}$ 則定義 $C = \lambda A$ 爲 $C = [c_{ij}]_{m\times n}$，其中 $c_{ij} = \lambda a_{ij}$ $\forall$ i，j。

矩陣與矩陣之乘法

矩陣之乘法有兩種，一是剛剛我們討論過的純量與矩陣之乘積，一是二個矩陣之乘積。

若 A 爲一 $m\times n$ 階矩陣，B 爲一 $n\times p$ 階矩陣，則 $C=A\cdot B$ 爲一 $m\times p$ 階矩陣。上述 AB 可乘之條件爲 A 之行數必須等於 B 之列數。若 $C=A\cdot B$（A，B 爲可乘），則 $c_{ij}=\sum_{k=1}^{n}a_{ik}b_{kj}$

例 1 $A=\begin{bmatrix}a_{11}&a_{12}&a_{13}\\a_{21}&a_{22}&a_{23}\end{bmatrix}$，$B=\begin{bmatrix}b_{11}&b_{12}\\b_{21}&b_{22}\end{bmatrix}$，$C=\begin{bmatrix}c_{11}&c_{12}\\c_{21}&c_{22}\\c_{31}&c_{32}\end{bmatrix}$

則

(a) $D=AC$，求 d_{12}，d_{21}：

$$d_{12}=a_{11}c_{12}+a_{12}c_{22}+a_{13}c_{32}$$

$$d_{21}=a_{21}c_{11}+a_{22}c_{21}+a_{23}c_{31}$$

(b) $A\cdot B$，因 A 爲 2×3 矩陣，B 爲 2×2 矩陣，$A\cdot B$ 不可乘。

(c) $B\cdot A$

$$=\begin{bmatrix}b_{11}a_{11}+b_{12}a_{21}&b_{11}a_{12}+b_{12}a_{22}&b_{11}a_{13}+b_{12}a_{23}\\b_{21}a_{11}+b_{22}a_{21}&b_{21}a_{12}+b_{22}a_{22}&b_{21}a_{13}+b_{22}a_{23}\end{bmatrix}$$

矩陣代數中稱 A，B 爲交換陣（commute matrix）概指乘法而言，即 A，B 若爲交換陣則 $AB=BA$。

練習

$A=\begin{bmatrix}1&3\\2&2\end{bmatrix}$，$B=\begin{bmatrix}2&1\\0&0\end{bmatrix}$，問 A，B 是否可交換？ Ans：不可交換

矩陣之轉置

任意二矩陣 $A=[\,a_{ij}\,]_{m\times n}$，$B=[\,b_{ij}\,]_{m\times n}$ 若 $a_{ij}=b_{ji}$，$\forall i$，j，則 B 為 A 之轉置矩陣（transpose matrix），A 之轉置矩陣常用 A^T 表之。

簡單地說，A 之第一列為 A^T 之第一行，A 之第二列為 A^T 之第二行，…。

轉置矩陣之性質

定理 B

1. $(A^T)^T=A$
2. $(AB)^T=B^TA^T$（設 A，B 為可乘）
3. $(A+B)^T=A^T+B^T$（設 A，B 為同階）

例 2 $A=\begin{bmatrix}1 & 0 & 3\\ -2 & 1 & -1\end{bmatrix}$ 則 A 之轉置矩陣 A^T 為 $\begin{bmatrix}1 & -2\\ 0 & 1\\ 3 & -1\end{bmatrix}$

矩陣之逆

A 為一 n 階方陣，若存在一方陣 B 使得 $AB=I$ 則稱 B 為 A 之反矩陣（inverse matrix）。

定理 C　若 B 為 A 之反矩陣則 $AB=BA=I$，且 B 為唯一。

注意：下列幾個術語均為同義（A 為 n 階方陣）

(1) A^{-1} 存在。

(2) $|A|\neq 0$（A 之行列式不為 0）。

(3) A 為非奇異矩陣（non-singular matrix）。

(4) A 為全秩（full rank）。

一般用來求方陣之反矩陣的方法有下列二種：

1. 解方程式法：

例如求 $A=\begin{bmatrix}1 & -1\\ 1 & 2\end{bmatrix}$ 之反矩陣。

取 $A^{-1}=\begin{bmatrix}x & z\\ y & w\end{bmatrix}$

則 $\begin{bmatrix}1 & -1\\ 1 & 2\end{bmatrix}\begin{bmatrix}x & z\\ y & w\end{bmatrix}=\begin{bmatrix}1 & 0\\ 0 & 1\end{bmatrix}$

即 $\begin{bmatrix}x-y & z-w\\ x+2y & z+2w\end{bmatrix}=\begin{bmatrix}1 & 0\\ 0 & 1\end{bmatrix}$

則 $x=\frac{2}{3}$，$y=-\frac{1}{3}$，$w=z=\frac{1}{3}$

$\therefore A^{-1}=\frac{1}{3}\begin{bmatrix}2 & 1\\ -1 & 1\end{bmatrix}$

2. 用列運算：將擴張矩陣 $[A|I]$ 經列運算求得 $[I|A^{-1}]$。我們在 5.1 節說明。

矩陣之微分

設向量 $Y = [y_1(t), y_2(\mathrm{t}), \cdots y_n(t)]^T$ 之每一分量 $y_i(t)$ 均爲 t 之可微分函數，則 $\frac{d}{dt}Y$（或用 $\dot{Y}$ 表示），定義 $\frac{d}{dt}Y$ 爲：

$$\frac{d}{dt}Y = [y'_1(t), y'_2(t), \cdots y'_n(t)]^T$$

矩陣 $A = [a_{ij}(t)]_{m\times n}$，$a_{ij}(t)$ 爲 t 之可微分函數則 $\frac{d}{dt}A$（或用 $\dot{A}$ 表示）定義爲

$$\frac{d}{dt}A = \left[\frac{d}{dt}a_{ij}(t)\right]_{m\times n}$$

例 3 (a) $Y = [1 + t, t^2, 3-\sin t]^T$，則 $\frac{d}{dt}Y = [1, 2t, -\cos t]^T$

(b) $A = \begin{bmatrix} t & t^2 & 1-t \\ e^t & 3\sin t & e^{2t} \end{bmatrix}$ 則

$$\frac{d}{dt}A = \begin{bmatrix} 1 & 2t & -1 \\ e^t & 3\cos t & 2e^{2t} \end{bmatrix}$$

行列式

n 階**行列式**（determinant of order n）是一個含 n 個列 n 個行之方形陣列：

$$\Delta = \begin{vmatrix} a_{11} & a_{12} & \cdots & a_{1n} \\ a_{21} & a_{22} & \cdots & a_{2n} \\ \cdots & \cdots & \cdots & \cdots \\ a_{n1} & a_{n2} & \cdots & a_{nn} \end{vmatrix}$$

本子節先「定義」二、三階行列式，然後透過餘因式（cofactor）來定義任一 n 階行列式 det (A) 或 |A|。

二階行列式

二階行列式定義爲 $\begin{vmatrix} a & b \\ c & d \end{vmatrix} = ad - bc$

三階行列式定義爲 $\begin{vmatrix} a & b & c \\ d & e & f \\ g & h & i \end{vmatrix} = \begin{matrix} & & - & - & - \\ a & b & c & a & b \\ d & e & f & d & e \\ g & h & i & g & h \\ & & + & + & + \end{matrix}$

$= aei + bfg + cdh - gec - hfa - idb$

例 4 求 $\begin{vmatrix} 2 & 3 & -1 \\ 0 & 4 & 2 \\ -5 & 1 & -3 \end{vmatrix}$

解 $\begin{vmatrix} 2 & 3 & -1 \\ 0 & 4 & 2 \\ -5 & 1 & -3 \end{vmatrix} = \begin{matrix} & & - & - & - \\ 2 & 3 & -1 & 2 & 3 \\ 0 & 4 & 2 & 0 & 4 \\ -5 & 1 & -3 & -5 & 1 \\ & & + & + & + \end{matrix}$

$= 2 \cdot 4(-3) + 3 \cdot 2 \cdot (-5) + (-1) \cdot 0 \cdot (1)$

$- (-5) \cdot 4 \cdot (-1) - 1 \cdot 2 \cdot 2 - (-3) \cdot 0 \cdot 3$

$= -24 - 30 + 0 - 20 - 4 - 0 = -78$

練習

求 $\begin{vmatrix} 1 & 2 & 1 \\ 0 & 1 & -3 \\ 2 & 2 & 0 \end{vmatrix}$ Ans：-8

餘因式

定義 給定一 n 階行列式Δ，對Δ之任一元素 a_{jk} ，定義 a_{jk} 之子式（minor）M_{jk} 為去掉第 j 列與第 k 行後剩餘之 $(n-1)$ 階行列式。

例 5 $\Delta=\begin{vmatrix} a_{11} & a_{12} & a_{13} & a_{14} \\ a_{21} & a_{22} & a_{23} & a_{24} \\ a_{31} & a_{32} & a_{33} & a_{34} \\ a_{41} & a_{42} & a_{43} & a_{44} \end{vmatrix}$ 則 a_{32} 之子式為 $\begin{vmatrix} a_{11} & a_{13} & a_{14} \\ a_{21} & a_{23} & a_{24} \\ a_{41} & a_{43} & a_{44} \end{vmatrix}$

練習

書出例 5 之 a_{23} 的子式。 Ans：$\begin{vmatrix} a_{11} & a_{12} & a_{14} \\ a_{31} & a_{32} & a_{34} \\ a_{41} & a_{42} & a_{44} \end{vmatrix}$

定義 行列式Δ之 a_{jk} 餘因式，記做 A_{jk}，定義

$$A_{jk}=(-1)^{j+k}\cdot M_{jk}$$

練習

求例 5 之 A_{23}　Ans：$(-1)^{2+3}\begin{vmatrix} a_{11} & a_{12} & a_{14} \\ a_{31} & a_{32} & a_{34} \\ a_{41} & a_{42} & a_{44} \end{vmatrix}$

定義 det(*A*) 爲 *n* 階行列式，定義

$$\det(A)=\begin{cases} a_{11}\text{，}n=1 \\ a_{11}A_{11}+a_{12}A_{12}+\cdots+a_{1n}A_{1n}\text{，}n>1\text{，}j=1,2\cdots n \end{cases}$$

定理 D 若 *A* 爲 *n* 階方陣，$n\geq 2$ 則 det (*A*) 可由任一行（列）之餘因式展開。

由定理 D

$$\begin{aligned}\det(A)&=a_{i1}A_{i1}+a_{i2}A_{i2}+\cdots+a_{in}A_{in}\\&=a_{1j}A_{1j}+a_{2j}A_{2j}+\cdots+a_{nj}A_{nj}\\&=\cdots\cdots\end{aligned}$$

亦即，*A* 之行列式可由任一行或列之餘因式展開，其結果均應相等。

例 6 求 $\begin{vmatrix} 3 & 0 & -1 & 2 \\ 0 & 1 & 1 & -1 \\ 1 & -3 & 2 & 0 \\ 0 & 0 & 4 & 0 \end{vmatrix}$

解

$$\begin{vmatrix} 3 & 0 & -1 & 2 \\ 0 & 1 & 1 & -1 \\ 1 & -3 & 2 & 0 \\ 0 & 0 & 4 & 0 \end{vmatrix} \xlongequal[\text{餘因式展開}]{\text{由第 4 列作}} (-1)^{4+3}\,4\begin{vmatrix} 3 & 0 & 2 \\ 0 & 1 & -1 \\ 1 & -3 & 0 \end{vmatrix}$$

$$\xlongequal[\text{餘因式展開}]{\text{由第一列作}} -4\left((-1)^{1+1}3\begin{vmatrix} 1 & -1 \\ -3 & 0 \end{vmatrix} + (-1)^{1+3}2\begin{vmatrix} 0 & 1 \\ 1 & -3 \end{vmatrix}\right)$$

$$= -4(3\times(-3) + 2(-1)) = 44$$

行列式之性質

定理 E 在下列情況下，行列式均為 0：

(1) 行列式之某列（行）之元素均為 0；

(2) 任意二相異列（行）對應之元素均成比例。

定理 F 行列式之某一列（行）之元素均乘 k（$k \neq 0$）則新行列式為原行列式之 k 倍。

$$k\begin{vmatrix} a & b & c \\ d & e & f \\ g & h & i \end{vmatrix} = \begin{vmatrix} ka & kb & kc \\ d & e & f \\ g & h & i \end{vmatrix}$$

定理 G 行列式 $|A|$ 之任二列（行）互換而得一新方的行列式 $|B|$，則 $|A| = -|B|$

定理 H 行列式中之某一列（行）乘上 k 倍加上另一列（行）則行列式不變及 $|AB| = |A||B|$，A，B 為同階方陣。

例 7 證：$\begin{vmatrix} 1 & \alpha & \beta\gamma \\ 1 & \beta & \gamma\alpha \\ 1 & \gamma & \alpha\beta \end{vmatrix} = \begin{vmatrix} 1 & \alpha & \alpha^2 \\ 1 & \beta & \beta^2 \\ 1 & \gamma & \gamma^2 \end{vmatrix}$，$\alpha\beta\gamma \neq 0$

解

$$\begin{vmatrix} 1 & \alpha & \beta\gamma \\ 1 & \beta & \gamma\alpha \\ 1 & \gamma & \alpha\beta \end{vmatrix} = \frac{1}{\alpha\beta\gamma}\underset{(1)}{\begin{vmatrix} \alpha & \alpha^2 & \alpha\beta\gamma \\ \beta & \beta^2 & \alpha\beta\gamma \\ \gamma & \gamma^2 & \alpha\beta\gamma \end{vmatrix}} = \frac{1}{\alpha\beta\gamma}\underset{(2)}{\begin{vmatrix} \alpha\beta\gamma & \alpha & \alpha^2 \\ \alpha\beta\gamma & \beta & \beta^2 \\ \alpha\beta\gamma & \gamma & \gamma^2 \end{vmatrix}}$$

$$= \begin{vmatrix} 1 & \alpha & \alpha^2 \\ 1 & \beta & \beta^2 \\ 1 & \gamma & \gamma^2 \end{vmatrix}$$

練習

試指出例 7 行列式 (1) →行列式 (2) 經過哪些行交換？

例 8 求過 (x_1, y_1) 及 (x_2, y_2) 之直線方程式

解

$$\begin{cases} ax + by + c = 0 \\ ax_1 + by_1 + c = 0 \\ ax_2 + by_2 + c = 0 \end{cases}$$

即 $\begin{bmatrix} x & y & 1 \\ x_1 & y_1 & 1 \\ x_2 & y_2 & 1 \end{bmatrix}\begin{bmatrix} a \\ b \\ c \end{bmatrix} = 0$

欲使上述齊次方程組有異於 **0** 之解惟有係數方陣之行列式為 0

$\therefore \begin{vmatrix} x & y & 1 \\ x_1 & y_1 & 1 \\ x_2 & y_2 & 1 \end{vmatrix} = 0$ 是為所求

矩陣之秩

定義 A 為一 $m \times n$ 矩陣，若存在一個（至少有一個）r 階行列式不為0，而所有之 $r+1$ 階行列式均為0，則稱 A 之秩（rank）為 r，以 $\text{Rank}(A) = r$ 表之。

定理 I 是判斷矩陣之秩的最簡易有效方法：

定理 I $m \times n$ 階矩陣之列梯形式中有 k 個零列（$k \geq 0$）則此矩陣之秩為 $m - k$。

由定理 I，在求矩陣之秩時，只需數一數其列梯形式之非零列之個數即可。

例 9 求 $A=\begin{bmatrix}1&2&3\\0&1&1\\3&4&7\\1&0&1\end{bmatrix}$ 之秩。

解 在本例，若我們用秩之定義求 Rank(A) 將是一件相當麻煩的事，因此我們用列運算，看最後化成列梯形式之結果有幾個非零列：

$$\begin{bmatrix}1&2&3\\0&1&1\\3&4&7\\1&0&1\end{bmatrix}\to\begin{bmatrix}1&2&3\\0&1&1\\0&-2&-2\\0&-2&-2\end{bmatrix}\to\begin{bmatrix}1&2&3\\0&1&1\\0&0&0\\0&0&0\end{bmatrix}$$

$\therefore$ Rank(A)=2

Cramer 法則

Cramer 法則是用行列式來解線性聯立方程組：

1. 二元線性聯立方程組

$$\begin{cases}ax+by=c\\a'x+b'y=c'\end{cases}$$

則

$$x=\frac{\begin{vmatrix}c&b\\c'&b'\end{vmatrix}}{\begin{vmatrix}a&b\\a'&b'\end{vmatrix}}，y=\frac{\begin{vmatrix}a&c\\a'&c'\end{vmatrix}}{\begin{vmatrix}a&b\\a'&b'\end{vmatrix}}，但\begin{vmatrix}a&b\\a'&b'\end{vmatrix}\neq 0$$

2. 三元線性聯立方程組

$$\begin{cases} ax + by + cz = d \\ a'x + b'y + c'z = d' \\ a''x + b''y + c''z = d'' \end{cases}$$

則

$$x = \frac{\begin{vmatrix} d & b & c \\ d' & b' & c' \\ d'' & b'' & c'' \end{vmatrix}}{\begin{vmatrix} a & b & c \\ a' & b' & c' \\ a'' & b'' & c'' \end{vmatrix}}，y = \frac{\begin{vmatrix} a & d & c \\ a' & d' & c' \\ a'' & d'' & c'' \end{vmatrix}}{\begin{vmatrix} a & b & c \\ a' & b' & c' \\ a'' & b'' & c'' \end{vmatrix}} \quad z = \frac{\begin{vmatrix} a & b & d \\ a' & b' & d' \\ a'' & b'' & d'' \end{vmatrix}}{\begin{vmatrix} a & b & c \\ a' & b' & c' \\ a'' & b'' & c'' \end{vmatrix}},$$

但 $\begin{vmatrix} a & b & c \\ a' & b' & c' \\ a'' & b'' & c'' \end{vmatrix} \neq 0$

讀者可將上述規則擴充到四個及其以上未知數之情形。

例 10 用 Cramer 法則解 $\begin{cases} 3x + 2y + 4z = 1 \\ 2x - y + z = 0 \\ x + 2y + 3z = 1 \end{cases}$

解

$$\Delta = \begin{vmatrix} 3 & 2 & 4 \\ 2 & -1 & 1 \\ 1 & 2 & 3 \end{vmatrix} = -5$$

$$\therefore x = \frac{\begin{vmatrix} 1 & 2 & 4 \\ 0 & -1 & 1 \\ 1 & 2 & 3 \end{vmatrix}}{\Delta} = -\frac{1}{5} \qquad y = \frac{\begin{vmatrix} 3 & 1 & 4 \\ 2 & 0 & 1 \\ 1 & 1 & 3 \end{vmatrix}}{\Delta} = 0$$

$$z=\frac{\begin{vmatrix}3 & 2 & 1\\ 2 & -1 & 0\\ 1 & 2 & 1\end{vmatrix}}{\Delta}=\frac{2}{5}$$

習題 1.3

1. 若 $A=\begin{bmatrix}1 & 0 & -2\\ -1 & 1 & 1\end{bmatrix}$，$B^T=\begin{bmatrix}1 & -1 & 2\\ 0 & 0 & 1\end{bmatrix}$，求 $A\cdot B$ 及 $B\cdot A$。

   Ans：$\begin{bmatrix}-3 & -2\\ 0 & 1\end{bmatrix}$，$\begin{bmatrix}1 & 0 & -2\\ -1 & 0 & 2\\ 1 & 1 & 3\end{bmatrix}$

2. 給定方陣 A，試驗證下列等式

   (1)$A=\begin{bmatrix}1 & -1\\ 0 & 2\end{bmatrix}$，驗證 $A^2-3A+2I=0$

   (2)$A=\begin{bmatrix}1 & 1\\ 1 & -2\end{bmatrix}$，驗證 $A^2+A-3I=0$

3. 求$\left(3\begin{bmatrix}-1 & 0\\ 2 & 1\end{bmatrix}-2\begin{bmatrix}1 & 1\\ 1 & 1\end{bmatrix}\right)\begin{bmatrix}2 & 1\\ -1 & 1\end{bmatrix}$ Ans：$\begin{bmatrix}-8 & -7\\ 7 & 5\end{bmatrix}$

4. 用 Cramer 法則解 $\begin{cases}x+y+z=-1\\ y+z\quad\ =1\\ 4y+6z\ =6\end{cases}$ Ans：$x=-2, y=0, z=1$

5. 求 $\begin{vmatrix} 1 & 0 & -1 & 2 \\ 0 & 1 & 1 & -1 \\ 1 & -3 & 2 & 0 \\ 0 & 0 & 1 & 0 \end{vmatrix}$ Ans：5

6. 求 (1) $\begin{bmatrix} 1 & 1 & 1 \\ 2 & 2 & 2 \\ -1 & 1 & -3 \\ 1 & 2 & 0 \end{bmatrix}$ (2) $\begin{bmatrix} 2 & 1 & 3 & 1 \\ 1 & 0 & 1 & 1 \\ 2 & 1 & 3 & 1 \\ -1 & 0 & -1 & -1 \end{bmatrix}$ 之秩

Ans：(1)2 (2)2

7. 求 $\dfrac{d}{dx}\begin{vmatrix} x^2 & x^3 \\ 2x & 3x+1 \end{vmatrix}$ Ans：$-8x^3+9x^2+2x$

8. $A=\begin{bmatrix} \cos\theta & \sin\theta & 0 \\ -\sin\theta & \cos\theta & 0 \\ 0 & 0 & 1 \end{bmatrix}$，試證 $A^TA=I$

9. 若 A 為非奇異陣，試證 $(A^T)^{-1}=(A^{-1})^T$（提示 $(A^{-1}A)^T=I^T=1$）

1.4 向量之基本概念

向量

向量（vector）是一個具有大小（magnitude）與方向（direction）之量。與向量相對的是純量（scalar）。

平面上，以 $P(a, b)$ 爲始點，$Q(c, d)$ 爲終點之向量以 $\overrightarrow{PQ}$ 表示，並定義 $\overrightarrow{PQ} = [c-a, d-b]$，$c-a$，$d-b$ 稱爲分量（component）。$\overrightarrow{PQ}$ 之長度記做 $|\overrightarrow{PQ}|$，定義 $|\overrightarrow{PQ}| = \sqrt{(c-a)^2+(d-b)^2}$，若 $|\overrightarrow{PQ}|=1$ 則稱 $\overrightarrow{PQ}$ 爲單位向量（unit vector）。顯然 $|\overrightarrow{QP}|=|\overrightarrow{PQ}|$，$\overrightarrow{QP}=-\overrightarrow{PQ}$，故 $\overrightarrow{PQ}$ 與 $\overrightarrow{QP}$ 大小相等但方向相反。

從原點 O 到點 (x, y, z) 之向量稱爲位置向量（position vector），以 r 表之，$\boldsymbol{r} = x\boldsymbol{i} + y\boldsymbol{j} + z\boldsymbol{k}$，其中 $\boldsymbol{i} = [1, 0, 0]$，$\boldsymbol{j} = [0, 1, 0]$，$\boldsymbol{k} = [0, 0, 1]$ $\therefore |\boldsymbol{r}| = \sqrt{x^2+y^2+z^2}$。

向量基本運算

設二向量 $\boldsymbol{V}_1$，$\boldsymbol{V}_2$，若 $\boldsymbol{V}_1 = [a, b]$，$\boldsymbol{V}_2 = [c, d]$，則

1. $\boldsymbol{V}_1 + \boldsymbol{V}_2 = [a+c, b+d]$，顯然 $\boldsymbol{V}_1 + \boldsymbol{V}_2 = \boldsymbol{V}_2 + \boldsymbol{V}_1$。
2. $\lambda \boldsymbol{V}_1 = [\lambda a, \lambda b]$，$\lambda \in R$。

所有分量均為 0 之向量稱為**零向量**（zero vector），若 $\boldsymbol{U}$ 為非零向量則 $\boldsymbol{U}/|\boldsymbol{U}|$ 為單位向量。以上結果在 n 維向量均成立。

練習

若 $\boldsymbol{A}=[-1,2]$，$\boldsymbol{B}=[0,-3]$，$\boldsymbol{C}=[4,3]$ 求 $\boldsymbol{V}=(2\boldsymbol{A}+3\boldsymbol{B})+(\boldsymbol{A}-\boldsymbol{C})$ 及 $|\boldsymbol{V}|$

Ans：$[-7,-6]$，$\sqrt{85}$

例 1 與例 2 有啟發性，可供讀者參考。

例 1 $\overline{PQ}$ 為空間中之一線段，R 為 $\overline{PQ}$ 中之一點，已知 $PR：RQ=m：n$，若 O 為 $\overline{PQ}$ 外之任一點，試證：

$$\overrightarrow{OR}=\frac{n}{m+n}\overrightarrow{OP}+\frac{m}{m+n}\overrightarrow{OQ}$$

解

$$\begin{aligned}\overrightarrow{OR}&=\overrightarrow{OP}+\overrightarrow{PR}=\overrightarrow{OP}+\frac{m}{m+n}\overrightarrow{PQ}\\&=\overrightarrow{OP}+\frac{m}{m+n}(\overrightarrow{PO}+\overrightarrow{OQ})\\&=\overrightarrow{OP}+\frac{m}{m+n}(-\overrightarrow{OP}+\overrightarrow{OQ})\\&=\frac{n}{m+n}\overrightarrow{OP}+\frac{m}{m+n}\overrightarrow{OQ}\end{aligned}$$

例 2 若 M 為 $\overline{BC}$ 之中點，A 為 $\overline{BC}$ 外之任一點，試證 $\overrightarrow{AB}+\overrightarrow{AC}=2\overrightarrow{AM}$

解

$$\overrightarrow{AM}=\overrightarrow{AB}+\overrightarrow{BM}=\overrightarrow{AB}+\frac{1}{2}\overrightarrow{BC} \qquad (1)$$

$$\overrightarrow{AM}=\overrightarrow{AC}+\overrightarrow{CM}=\overrightarrow{AC}-\frac{1}{2}\overrightarrow{BC} \qquad (2)$$

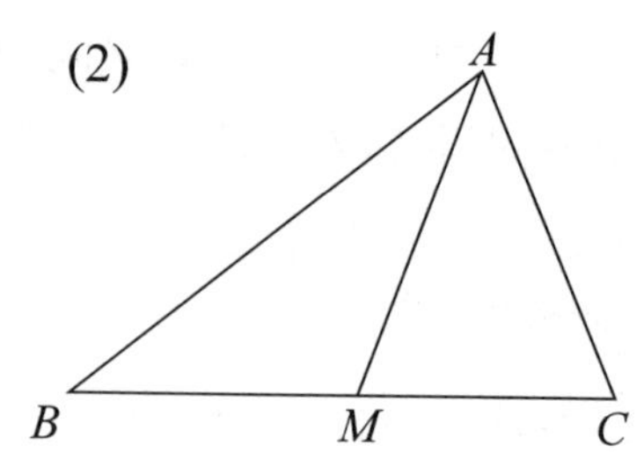

(1) + (2) 得

$$\overrightarrow{AB}+\overrightarrow{AC}=2\overrightarrow{AM}$$

向量點積與叉積

點積

本節我們要介紹二個向量，一是點積（dot product），另一是叉積（cross product）。

力學告訴我們，如果位於 M_0 之物體受力 f 而沿直線運動到 M 處，位移 $\overrightarrow{M_0M}$，令 $s=\overrightarrow{M_0M}$，假設 f 與 s 之夾角爲 θ，則物體所做的功（work）爲

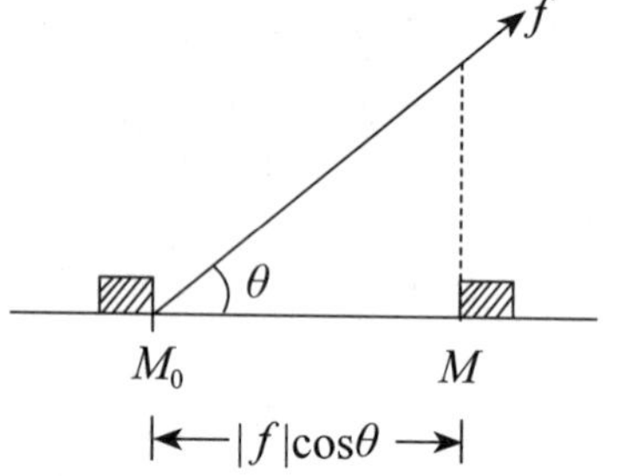

$$W=|f|\,|s|\cos\theta$$

因此，我們據此定義二個向量 A，B 之點積（dot product）

定義 A，B 爲二向量，則 A，B 之點積爲

$A\cdot B=|A|\,|B|\cos\theta$，$\theta$ 爲 A，B 之夾角，$0\leq\theta\leq\pi$

定理 A 若 $A=[a_1, a_2, a_3]$，$B=[b_1, b_2, b_3]$ 則

$A \cdot B = a_1b_1 + a_2b_2 + a_3b_3$

證明 應用餘弦定律 $c^2 = a^2 + b^2 - 2ab\cos\theta$：

$$|A||B|\cos\theta$$

$$=\frac{1}{2}(|A|^2+|B|^2-|A-B|^2)$$

$$=\frac{1}{2}((a_1^2+a_2^2+a_3^2)+(b_1^2+b_2^2+b_3^2)-(a_1-b_1)^2-(a_2-b_2)^2-(a_3-b_3)^2)$$

$$=a_1b_1+a_2b_2+a_3b_3$$ ■

由定理A，顯然$A \cdot B = B \cdot A$。同時若$A=[a_1, a_2 \cdots a_n]$，$B=[b_1, b_2 \cdots b_n]$則$A \cdot B = a_1b_1 + a_2b_2 + \cdots + a_nb_n$。

例 3 $A=[-1, 0, 1]$，$B=[2, -1, -3]$，則 $A \cdot B=$?

解 $A \cdot B = (-1)2 + 0(-1) + 1(-3) = -2 + 0 - 3 = -5$

例 4 求 $A=[-1, 0, 2]$，$B=[0, 1, 1]$ 之夾角

解

$$\cos\theta = \frac{A \cdot B}{|A||B|}$$

$$A \cdot B = [-1, 0, 2] \cdot [0, 1, 1] = (-1)0 + 0(1) + 2(1) = 2$$

$$|A| = \sqrt{(-1)^2+0^2+2^2} = \sqrt{5}$$

$$|B| = \sqrt{0^2+1^2+1^2} = \sqrt{2}$$

$$\therefore \cos\theta = \frac{2}{\sqrt{5}\cdot\sqrt{2}} = \frac{2}{\sqrt{10}} = \frac{\sqrt{10}}{5}$$

即 $\theta = \cos^{-1}\frac{\sqrt{10}}{5}$

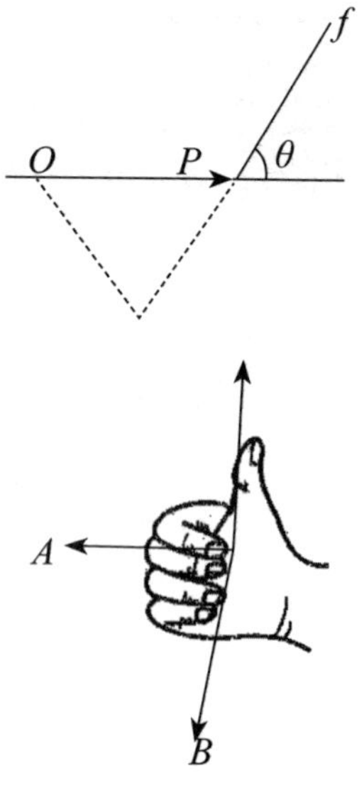

由向量內積性質易得下列重要結果：

A，B 均非零向量，若 $A \cdot B = 0$，則 A，B 為直交（orthogonal，又譯作正交）。

考慮一個力矩（torque）問題，我們知道力矩 = 作用力 × 力臂。假設 O 是槓桿之支點，現在我們在槓桿之 P 點處施力，並設 f 與 $\overrightarrow{OP}$ 之夾角為 θ，設向量 M 表示力距則

$$|M| = |f||\overrightarrow{OQ}| = |f||\overrightarrow{OP}|\sin\theta$$

$\overrightarrow{OP}$，f，M 須符合右手法則。因此，有以下定義：

定義 $\boldsymbol{A}$，$\boldsymbol{B}$ 為二向量，定義

$\boldsymbol{A}\times\boldsymbol{B} = |\boldsymbol{A}||\boldsymbol{B}|\sin\theta\boldsymbol{u}$，$\theta$ 為 $\boldsymbol{A}$，$\boldsymbol{B}$ 之夾角，$0 \le \theta \le \pi$

$\boldsymbol{u}$ 為沿 $A\times B$ 之單位向量。

定理 B 若 $A = [a_1, a_2, a_3]$，$B = [b_1, b_2, b_3]$

則 $\boldsymbol{A}\times\boldsymbol{B} = \begin{vmatrix} \boldsymbol{i} & \boldsymbol{j} & \boldsymbol{k} \\ a_1 & a_2 & a_3 \\ b_1 & b_2 & b_3 \end{vmatrix}$，$\boldsymbol{i} = [1, 0, 0]$，$\boldsymbol{j} = [0, 1, 0]$，$\boldsymbol{k} = [0, 0, 1]$

由定理 B 易知若 $\boldsymbol{A} = \boldsymbol{B}$ 或 $\boldsymbol{A} /\!/ \boldsymbol{B}$ 則 $\boldsymbol{A}\times\boldsymbol{B} = \boldsymbol{0}$。

$\boldsymbol{A}, \boldsymbol{B}$ 之叉積僅在 $\boldsymbol{A}, \boldsymbol{B}$ 均為 3 維向量時方成立，換言之，向量之叉積為 3 維向量特有之產物。定理 B 亦可寫成下式：

$$\boldsymbol{A}\times\boldsymbol{B}=\begin{vmatrix} a_2 & a_3 \\ b_2 & b_3 \end{vmatrix}\boldsymbol{i}-\begin{vmatrix} a_1 & a_3 \\ b_1 & b_3 \end{vmatrix}\boldsymbol{j}+\begin{vmatrix} a_1 & a_2 \\ b_1 & b_2 \end{vmatrix}\boldsymbol{k}$$

由叉積之定義以及行列式性質，我們可立即得到定理 C：

定理 C

1. $\boldsymbol{A}\times\boldsymbol{A}=\boldsymbol{0}$（本書零向量均以 $\boldsymbol{0}$ 表之）
2. $\boldsymbol{A}\times\boldsymbol{B}=-\boldsymbol{B}\times\boldsymbol{A}$
3. $\boldsymbol{A}\times\boldsymbol{0}=\boldsymbol{0}\times\boldsymbol{A}=\boldsymbol{0}$

例 5 若 $\boldsymbol{A}=-\boldsymbol{i}+2\boldsymbol{k}$，$\boldsymbol{B}=\boldsymbol{j}+\boldsymbol{k}$，求 $\boldsymbol{A}\times\boldsymbol{B}$

解

$$\boldsymbol{A}\times\boldsymbol{B}=\begin{vmatrix} \boldsymbol{i} & \boldsymbol{j} & \boldsymbol{k} \\ -1 & 0 & 2 \\ 0 & 1 & 1 \end{vmatrix}$$

$$=\begin{vmatrix} 0 & 2 \\ 1 & 1 \end{vmatrix}\boldsymbol{i}-\begin{vmatrix} -1 & 2 \\ 0 & 1 \end{vmatrix}\boldsymbol{j}+\begin{vmatrix} -1 & 0 \\ 0 & 1 \end{vmatrix}\boldsymbol{k}$$

$$=-2\boldsymbol{i}+\boldsymbol{j}-\boldsymbol{k} \text{ 或 } [-2, 1, -1]$$

定理 D $\boldsymbol{A}$、$\boldsymbol{B}$ 為二個三維向量，則 $\boldsymbol{A}\times\boldsymbol{B}$ 與 $\boldsymbol{A}$ 垂直，亦與 $\boldsymbol{B}$ 垂直。

證明 只證 $\boldsymbol{A}\times\boldsymbol{B}$ 與 $\boldsymbol{A}$ 垂直部分（即 $(\boldsymbol{A}\times\boldsymbol{B})\cdot\boldsymbol{A}=0$）

$(\boldsymbol{A}\times\boldsymbol{B})\cdot\boldsymbol{A}$

$$= \left(\begin{vmatrix} a_2 & a_3 \\ b_2 & b_3 \end{vmatrix} \boldsymbol{i} - \begin{vmatrix} a_1 & a_3 \\ b_1 & b_3 \end{vmatrix} \boldsymbol{j} + \begin{vmatrix} a_1 & a_2 \\ b_1 & b_2 \end{vmatrix} \boldsymbol{k} \right) \cdot (a_1\boldsymbol{i} + a_2\boldsymbol{j} + a_3\boldsymbol{k})$$

$$= \begin{vmatrix} a_2 & a_3 \\ b_2 & b_3 \end{vmatrix} a_1 - \begin{vmatrix} a_1 & a_3 \\ b_1 & b_3 \end{vmatrix} a_2 + \begin{vmatrix} a_1 & a_2 \\ b_1 & b_2 \end{vmatrix} a_3$$

$$= a_2b_3a_1 - a_3b_2a_1 - a_1b_3a_2 + a_3b_1a_2 + a_1b_2a_3 - a_2b_1a_3 = 0$$ ■

練習

求 $\boldsymbol{j}\times\boldsymbol{k}$，$\boldsymbol{k}\times\boldsymbol{j}$ 及 $\boldsymbol{i}\times\boldsymbol{k}$　　Ans：$-\boldsymbol{k}$；$-\boldsymbol{i}$；$-\boldsymbol{j}$

平行四邊形面積

如下圖，平行四邊形之面積為底 × 高

$$= h \cdot |\boldsymbol{B}| = |\boldsymbol{A}|\sin\theta \cdot |\boldsymbol{B}| = |\boldsymbol{A}|\,|\boldsymbol{B}|\sin\theta = |\boldsymbol{A}\times\boldsymbol{B}|$$

由此可推知，在 R^2 空間，以 A，B 為邊之三角形面積為 $\frac{1}{2}|\boldsymbol{A}\times\boldsymbol{B}|$。

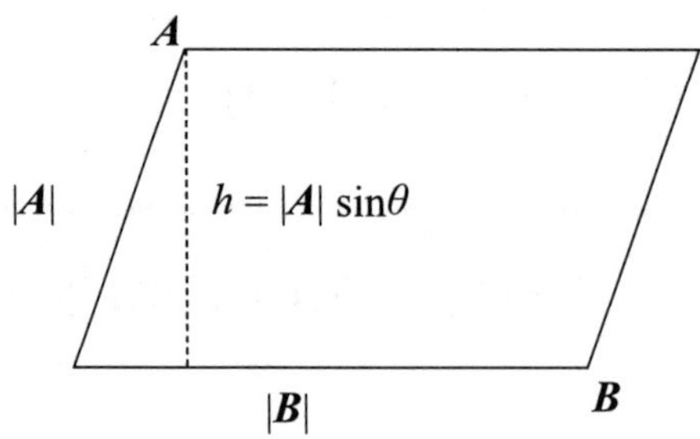

例 6 求以 $M(1, -1, 0)$，$N(2, 1, -1)$，$Q(-1, 1, 2)$ 為頂點之三角形面積

解 $\overrightarrow{MN} = [1, 2, -1]$，$\overrightarrow{MQ} = [-2, 2, 2]$

面積為 $\frac{1}{2}|\overrightarrow{MN} \times \overrightarrow{MQ}|$，

$$\overrightarrow{MN} \times \overrightarrow{MQ} = \begin{vmatrix} \boldsymbol{i} & \boldsymbol{j} & \boldsymbol{k} \\ 1 & 2 & -1 \\ -2 & 2 & 2 \end{vmatrix}$$

$$= \begin{vmatrix} 2 & -1 \\ 2 & 2 \end{vmatrix} \boldsymbol{i} - \begin{vmatrix} 1 & -1 \\ -2 & 2 \end{vmatrix} \boldsymbol{j} + \begin{vmatrix} 1 & 2 \\ -2 & 2 \end{vmatrix} \boldsymbol{k} = 6\boldsymbol{i} + 6\boldsymbol{k}$$

$\therefore$ 面積 $= \frac{1}{2}\sqrt{(6)^2 + 0^2 + (6)^2} = 3\sqrt{2}$

練習

若以 $\overrightarrow{QN}$, $\overrightarrow{QM}$ 重解例 6 　　Ans：$3\sqrt{2}$

三重積

本子節中我們將討論三維向量之三重積（triple product）$\boldsymbol{A} \cdot (\boldsymbol{B} \times \boldsymbol{C})$，通常以 $[\boldsymbol{ABC}]$ 表之。

定理 E

$$[\boldsymbol{ABC}] = \begin{vmatrix} a_1 & a_2 & a_3 \\ b_1 & b_2 & b_3 \\ c_1 & c_2 & c_3 \end{vmatrix}$$

證明 $\boldsymbol{A}\cdot(\boldsymbol{B}\times\boldsymbol{C})=(a_1\boldsymbol{i}+a_2\boldsymbol{j}+a_3\boldsymbol{k})\cdot\begin{vmatrix}\boldsymbol{i}&\boldsymbol{j}&\boldsymbol{k}\\b_1&b_2&b_3\\c_1&c_2&c_3\end{vmatrix}$

$$=a_1\begin{vmatrix}b_2&b_3\\c_2&c_3\end{vmatrix}-a_2\begin{vmatrix}b_1&b_3\\c_1&c_3\end{vmatrix}+a_3\begin{vmatrix}b_1&b_2\\c_1&c_2\end{vmatrix}$$

$$=\begin{vmatrix}a_1&a_2&a_3\\b_1&b_2&b_3\\c_1&c_2&c_3\end{vmatrix}$$ ■

$|A\cdot(B\times C)|$ 是有其幾何意義的，如定理 F 所示：

定理 F $\boldsymbol{A}$，$\boldsymbol{B}$，$\boldsymbol{C}$ 爲 R^3 中三向量，則由 $\boldsymbol{A}$，$\boldsymbol{B}$，$\boldsymbol{C}$ 所成之平面六面體之體積爲 $|\boldsymbol{A}\cdot(\boldsymbol{B}\times\boldsymbol{C})|$

證明 ∵ $|\boldsymbol{B}\times\boldsymbol{C}|$ 爲平行六面體之底面積

若 θ 爲 $\boldsymbol{A}$ 與 $\boldsymbol{B}\times\boldsymbol{C}$ 之夾角，則

(1) $h=|\boldsymbol{A}|\,|\cos\theta|$ 及

(2) $|\cos\theta|=\dfrac{|\boldsymbol{A}\cdot(\boldsymbol{B}\times\boldsymbol{C})|}{|\boldsymbol{A}|\,|\boldsymbol{B}\times\boldsymbol{C}|}$

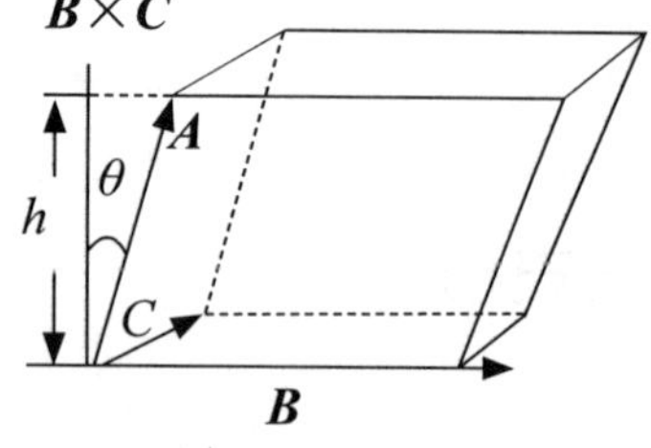

∴六面體之體積 $V=h|\boldsymbol{B}\times\boldsymbol{C}|$

$$=|\boldsymbol{A}|\,|\cos\theta|\cdot|\boldsymbol{B}\times\boldsymbol{C}|=|\boldsymbol{A}\cdot(\boldsymbol{B}\times\boldsymbol{C})|$$ ■

推論 F1 $\boldsymbol{A}$，$\boldsymbol{B}$，$\boldsymbol{C}$ 爲 R^3 之三向量若 $|\boldsymbol{A}\cdot(\boldsymbol{B}\times\boldsymbol{C})|=0$ 則 A，B，C 共面。

例 7 求以 $A=\boldsymbol{i}+\boldsymbol{k}$，$B=\boldsymbol{j}-2\boldsymbol{k}$，$C=\boldsymbol{i}+\boldsymbol{j}+\boldsymbol{k}$ 為邊之平行六面體之體積。

解

$$V=|\boldsymbol{A}\cdot(\boldsymbol{B}\times\boldsymbol{C})|=\left\|\begin{matrix}1 & 0 & 1\\ 0 & 1 & -2\\ 1 & 1 & 1\end{matrix}\right\|=\left\|\begin{matrix}1 & -2\\ 1 & 0\end{matrix}\right\|=2$$

三重積之性質

1. $(\boldsymbol{A}\times\boldsymbol{B})\cdot\boldsymbol{C}=\boldsymbol{A}\cdot(\boldsymbol{B}\times\boldsymbol{C})$

證明：$(\boldsymbol{A}\times\boldsymbol{B})\cdot\boldsymbol{C}=\begin{vmatrix}\boldsymbol{i} & \boldsymbol{j} & \boldsymbol{k}\\ a_1 & a_2 & a_3\\ b_1 & b_2 & b_3\end{vmatrix}\cdot(c_1\boldsymbol{i}+c_2\boldsymbol{j}+c_3\boldsymbol{k})$

$$=\begin{vmatrix}a_2 & a_3\\ b_2 & b_3\end{vmatrix}c_1-\begin{vmatrix}a_1 & a_3\\ b_1 & b_3\end{vmatrix}c_2+\begin{vmatrix}a_1 & a_2\\ b_1 & b_2\end{vmatrix}c_3$$

$$=\begin{vmatrix}c_1 & c_2 & c_3\\ a_1 & a_2 & a_3\\ b_1 & b_2 & b_3\end{vmatrix}=\begin{vmatrix}a_1 & a_2 & a_3\\ b_1 & b_2 & b_3\\ c_1 & c_2 & c_3\end{vmatrix}=\boldsymbol{A}\cdot(\boldsymbol{B}\times\boldsymbol{C})$$ ■

2. $(\boldsymbol{A}\times\boldsymbol{B})\cdot\boldsymbol{A}=(\boldsymbol{A}\times\boldsymbol{B})\cdot\boldsymbol{B}=0$

3. $(\boldsymbol{A}\times\boldsymbol{B})\cdot(\boldsymbol{C}+\boldsymbol{D})=(\boldsymbol{A}\times\boldsymbol{B})\cdot\boldsymbol{C}+(\boldsymbol{A}\times\boldsymbol{B})\cdot\boldsymbol{D}$

2、3. 由行列式性質可得。

練習

證明 $(\boldsymbol{A}\times\boldsymbol{B})\cdot(\boldsymbol{C}+\boldsymbol{D})=(\boldsymbol{A}\times\boldsymbol{B})\cdot\boldsymbol{C}+(\boldsymbol{A}\times\boldsymbol{B})\cdot\boldsymbol{D}$

習題 1.4

1. 若 $\boldsymbol{A}=[1,-2,3]$，$\boldsymbol{B}=[0,1,5]$，$\boldsymbol{C}=2[1,0,2]$，計算：

   (1)$|\boldsymbol{A}|$　(2)$|\boldsymbol{A}-\boldsymbol{B}|$　(3)$|2\boldsymbol{A}-\boldsymbol{C}|$

   Ans：$\sqrt{14}$，$\sqrt{14}$，$2\sqrt{5}$

2. 計算 $\boldsymbol{u}\cdot\boldsymbol{v}$：

   (1)$\boldsymbol{u}=(\cos\theta)\boldsymbol{i}+(\sin\theta)\boldsymbol{j}-\boldsymbol{k}$，$\boldsymbol{v}=(\cos\theta)\boldsymbol{i}+(\sin\theta)\boldsymbol{j}+\boldsymbol{k}$

   (2)$\boldsymbol{u}=[1,2,3]$，$v=[1,1,-1]$

   Ans：0, 0

3. 三角形頂點座標為 $P(1,-1,1)$，$Q(1,0,2)$，$R(-1,-2,0)$ 求三角形 PQR 面積。

   Ans：$\sqrt{2}$

5. 計算 $\boldsymbol{u}\times\boldsymbol{v}$：

   (1)$\boldsymbol{u}=\boldsymbol{i}-2\boldsymbol{j}$，$\boldsymbol{v}=3\boldsymbol{i}-\boldsymbol{k}$

   (2)$\boldsymbol{u}=\boldsymbol{i}-3\boldsymbol{j}+\boldsymbol{k}$，$\boldsymbol{v}=2\boldsymbol{i}+\boldsymbol{j}-3\boldsymbol{k}$

   Ans：$2\boldsymbol{i}+\boldsymbol{j}+6\boldsymbol{k}$，$8\boldsymbol{i}+5\boldsymbol{j}+8\boldsymbol{k}$

6. 設 A, B, C 為三角形 ABC 之頂點，a, b, c 為對邊之中點，試應用例 1 之結果證明：

   $\overrightarrow{Aa}+\overrightarrow{Bb}+\overrightarrow{Cc}=\mathbf{0}$

7. 若 $\overline{AC}=\beta\overline{CB}$，試證 $\overline{OC}=\dfrac{\overline{OA}+\beta\overline{OB}}{1+\beta}$

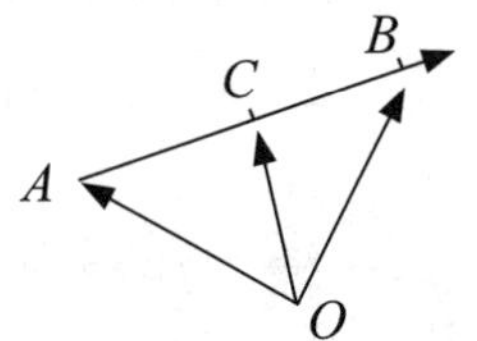

（第 7 題之圖）

1.5 複數系

任一個複數（complex numbers）z 均可寫成 $z = a + bi$ 之形式，其中 a，b 為實數，$i = \sqrt{-1}$，在此我們稱 a 為複數 z 之實部（real parts），b 為 z 之虛部（imaginary parts）。

複數之四則運算

加法：$(a + bi) + (c + di) = (a + c) + (b + d)i$

減法：$(a + bi) - (c + di) = (a - c) + (b - d)i$

乘法：$(a + bi)(c + di) = ac + adi + bci + bdi^2$

$= ac + adi + bci - bd = (ac - bd) + (ad + bc)i$

除法：$\dfrac{a + bi}{c + di} = \dfrac{a + bi}{c + di} \cdot \dfrac{c - di}{c - di} = \dfrac{(ac + bd) + (bc - da)i}{c^2 - d^2 i^2}$

$= \dfrac{(ac + bd) + (bc - ad)i}{c^2 + d^2}$

共軛複數

若 $z = x + yi$，$x, y \in R$，則 z 之絕對值或模數（modulus）$|z| = \sqrt{x^2 + y^2}$，z 之共軛複數（conjugate complex numbers）$\bar{z}$，定義 $\bar{z} = \overline{x + yi} = x - yi$。

定理 A 若複數 z，$z=x+yi$，$x, y\in R$，$i=\sqrt{-1}$，其共軛複數 $\bar{z}$，則：

1. $\bar{\bar{z}}=z$
2. $|\bar{z}|=|z|=\sqrt{x^2+y^2}$
3. $z\cdot\bar{z}=|z|^2$
4. $\overline{z_1\pm z_2}=\overline{z_1}\pm\overline{z_2}$
5. $\overline{z_1\cdot z_2}=\overline{z_1}\cdot\overline{z_2}$
6. $\overline{\left(\dfrac{z_1}{z_2}\right)}=\dfrac{\overline{z_1}}{\overline{z_2}}$，$z_2\neq 0$
7. $Re(z)=\dfrac{z+\bar{z}}{2}$，$Im(z)=\dfrac{z-\bar{z}}{2i}$

練習

取 $z_1=a_1+b_1i$，$z_2=a_2+b_2i$ 驗證 $\overline{z_1\cdot z_2}=\overline{z_1}\cdot\overline{z_2}$

例 1 求 $\left|\dfrac{(3-4i)^2}{(3+4i)^5}\right|$

解 $\left|\dfrac{(3-4i)^7}{(3+4i)^5}\right|=\left|\dfrac{(3-4i)^5}{(3+4i)^5}\cdot(3-4i)^2\right|=\left|\dfrac{3-4i}{3+4i}\right|^5|3-4i|^2$

$$=1\,(\sqrt{3^2+(-4)^2})^2=25$$

★ **例 2** z_1, z_2 爲二複數，試證 $\mathrm{Re}(z_1\bar{z}_2)=\dfrac{1}{2}(z_1\bar{z}_2+\bar{z}_1z_2)$

解 設 $u=z_1\bar{z}_2$，則

$$\mathrm{Re}(z_1\bar{z}_2)=\mathrm{Re}(u)=\frac{u+\bar{u}}{2}=\frac{1}{2}(z_1\bar{z}_2+\overline{z_1\bar{z}_2})=\frac{1}{2}(z_1\bar{z}_2+\bar{z}_1z_2)$$

練習

證明：$|z-a|=|\bar{z}-a|$，$a\in R$

複數平面

對任一複數 $z = x_0 + y_0 i$，x_0，$y_0 \in R$ 而言，都可在直角坐標系統中找到一點 (x_0, y_0) 與之對應，這種圖稱爲**阿岡圖**（Argand diagram）或複數平面（complex plane）。

例 3 若點 z 滿足 $|z+3| = |z-2|$，求點 z 所成之軌跡

解 令 $z = x + yi$

$$|z+3| = |z-2| \Rightarrow |x+yi+3| = |x+yi-2|$$
$$\Rightarrow |(x+3)+yi| = |(x-2)+yi|$$
$$\Rightarrow \sqrt{(x+3)^2+y^2} = \sqrt{(x-2)^2+y^2}$$
$$\Rightarrow (x+3)^2+y^2 = (x-2)^2+y^2$$
$$\Rightarrow 10x = -5 \quad \therefore x = -\frac{1}{2}$$

例 4 若點 z 滿足 $|z-i| = (\mathrm{Im}z)-2$，求點 z 所形成之軌跡。

解 $z = x + yi$

$$|z-i| = (\mathrm{Im}z)-2$$
$$\Rightarrow |x+yi-i| = y-2$$
$$\Rightarrow \sqrt{x^2+(y-1)^2} = (y-2)$$
$$\Rightarrow x^2+(y-1)^2 = y^2-4y+4$$
$$\Rightarrow y = \frac{1}{2}(3-x^2) \quad \therefore \text{爲一拋物線}$$

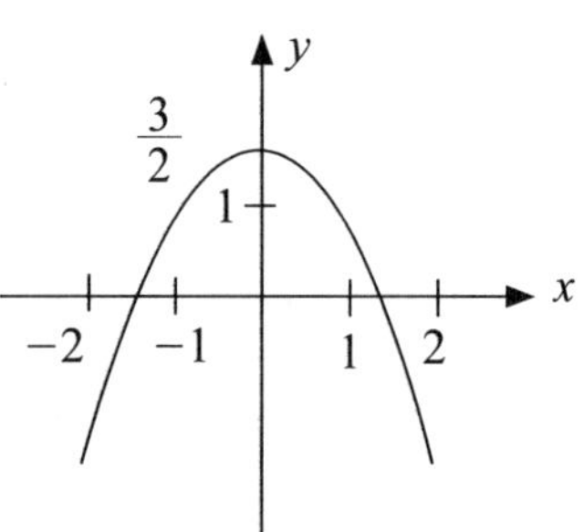

練習

求 $|z-1| = Re(z)+1$ 之軌跡。 Ans：$y^2 = 2x$

複數之向量

如同向量加法，若 z_1，z_2 之向量表示分別爲 $\overrightarrow{OA}$，$\overrightarrow{OC}$，則依向量之平行四邊形法則 $\overrightarrow{OD} = z_1 + z_2$，在此 z 有二個角色，一是複數 z，一是向量 z。

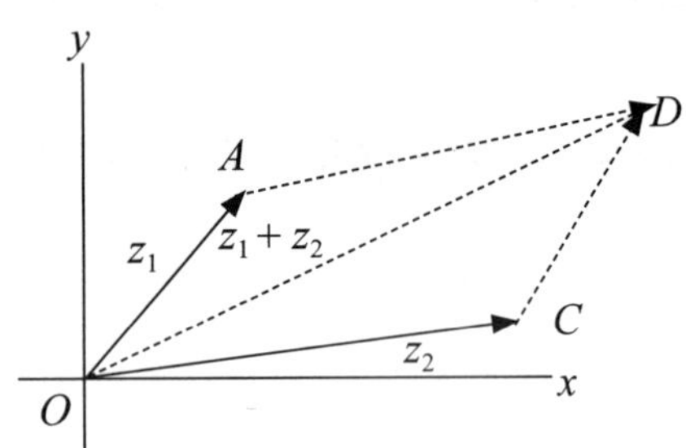

例 5 試證 $|z_1 + z_2| \le |z_1| + |z_2|$

解 $|z_1|$，$|z_2|$，$|z_1 + z_2|$ 代表三角形三個邊，由三角形兩邊和大於第三邊

$\therefore |z_1| + |z_2| \ge |z_1 + z_2|$

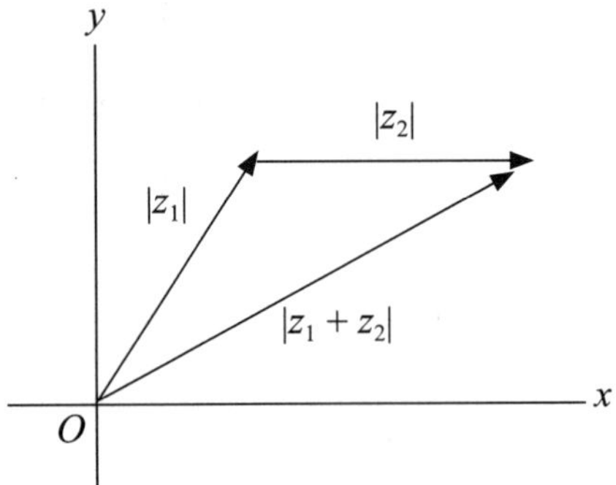

練習

試證 $|z_1 + z_2 + z_3| \le |z_1| + |z_2| + |z_3|$（提示：應用例 5 之結果）

複數之極式

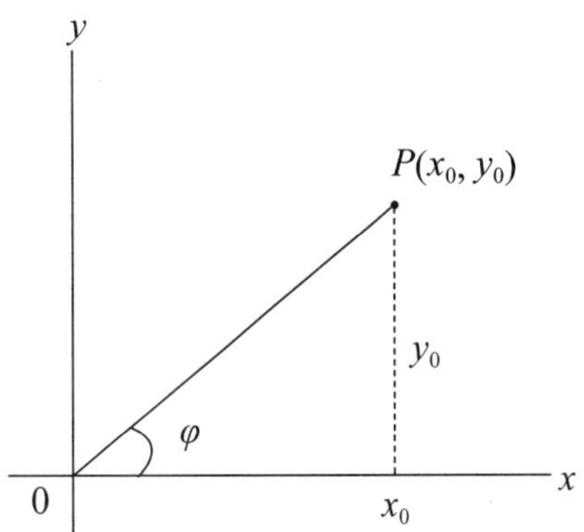

任一複數 $z = x_0 + iy_0$，x_0，$y_0 \in R$ 均可在複數平面上找到一點 P，P 之坐標爲 (x_0, y_0)，$\overrightarrow{OP}$ 與 x 軸正向之夾角 ϕ 稱爲**幅角**（argument），通常以 $\arg(z) = \phi$ 表示。任一複數 $z = a + bi$ 均可寫成下列形式：

$z = a + bi = \rho(\cos\phi + i\sin\phi)$，$\rho = |z| = \sqrt{a^2 + b^2}$，$\phi = \tan^{-1}\dfrac{y}{x}$ 爲 z 之幅角。上式稱爲複數 z 之**極式**（polar form），z 之極式亦有用 $z = \rho \operatorname{cis}\phi$ 表示。

棣莫弗定理及其應用

棣莫弗定理（De Moivre 定理）

定理 B 設 $z_1 = \rho_1(\cos\phi_1 + i\sin\phi_1)$，$z_2 = \rho_2(\cos\phi_2 + i\sin\phi_2)$ 則

$$z_1 z_2 = \rho_1\rho_2(\cos(\phi_1 + \phi_2) + i\sin(\phi_1 + \phi_2))$$

$$z_1/z_2 = \rho_1/\rho_2(\cos(\phi_1 - \phi_2) + i\sin(\phi_1 - \phi_2))，z_2 \neq 0$$

證明 $z_1 z_2 = \rho_1(\cos\phi_1 + i\sin\phi_1) \cdot \rho_2(\cos\phi_2 + i\sin\phi_2)$

$$= \rho_1\rho_2[\cos\phi_1\cos\phi_2 + i(\cos\phi_1\sin\phi_2 + \sin\phi_1\cos\phi_2) + i^2\sin\phi_1\sin\phi_2]$$

$$=\rho_1\rho_2\,[\underbrace{(\cos\phi_1\cos\phi_2-\sin\phi_1\sin\phi_2)}_{=\cos(\phi_1+\phi_2)}+i\underbrace{(\cos\phi_1\sin\phi_2+\sin\phi_1\cos\phi_2)}_{=\sin(\phi_1+\phi_2)}]$$

$$=\rho_1\rho_2(\cos(\phi_1+\phi_2)+i\sin(\phi_1+\phi_2))$$ ■

上述結果亦可表成 $z_1z_2=\rho_1\rho_2\text{cis}(\phi_1+\phi_2)$

由定理 A 亦可得 $\arg(z_1z_2)=\arg(z_1)+\arg(z_2)$ 及 $\arg(z_1/z_2)=\arg(z_1)-\arg(z_2)$

$z_1/z_2=\rho_1/\rho_2[\cos(\phi_1-\phi_2)+i\sin(\phi_1-\phi_2)]$，但 $z_2\neq 0$

例 6 若 $z_1=\sqrt{2}(\cos 35°+i\sin 35°)$， $z_2=\sqrt{3}(\cos 25°+i\sin 25°)$ 求 $z_1\cdot z_2^4$

解

$$\begin{aligned}
z_1\cdot z_2^4 &= [\sqrt{2}(\cos 35°+i\sin 35°)]\cdot[\sqrt{3}(\cos 25°+i\sin 25°)]^4\\
&=\sqrt{2}(\cos 35°+i\sin 35°)\cdot(\sqrt{3})^4(\cos 4\cdot 25°+i\sin 4\cdot 25°)\\
&=9\sqrt{2}(\cos 35°+i\sin 35°)(\cos 100°+i\sin 100°)\\
&=9\sqrt{2}(\cos(35°+100°)+i\sin(35°+100°))\\
&=9\sqrt{2}(\cos 135°+i\sin 135°)\\
&=9\sqrt{2}\left(-\frac{\sqrt{2}}{2}+i\frac{\sqrt{2}}{2}\right)=9(-1+i)
\end{aligned}$$

練習

承例 6，求 z_1z_2 Ans：$\sqrt{6}\left(\frac{1}{2}+\frac{\sqrt{3}}{2}i\right)$

定理 C 隸莫弗定理

若 $z=\rho(\cos\phi+i\sin\phi)$ 則 $z^n=\rho^n(\cos n\phi+i\sin n\phi)$，$n$ 為正整數

證明 見習題第 6 題。

當 n 為任意實數時，定理 C 亦成立。

例 7 求 $z=(-1+i)^{10}$

解

$$-1+i=\sqrt{2}\left(\frac{-1}{\sqrt{2}}+\frac{i}{\sqrt{2}}\right)$$

$$=\sqrt{2}\left(\cos\frac{3}{4}\pi+i\sin\frac{3}{4}\pi\right)$$

$$\therefore(-1+i)^{10}=(\sqrt{2})^{10}\left(\cos\frac{30}{4}\pi+i\sin\frac{30}{4}\pi\right)$$

$$=32\left(\cos\left(\frac{6}{4}\pi+6\pi\right)+i\sin\left(\frac{6}{4}\pi+6\pi\right)\right)$$

$$=32\left(\cos\frac{3}{2}\pi+i\sin\frac{3}{2}\pi\right)=-32i$$

求方根

若 $\omega^n=z$ 則 ω 為 z 之 n 次方根 n 為正整數，由定理 C，

$$\omega=z^{\frac{1}{n}}=[\rho(\cos\phi+i\sin\phi)]^{\frac{1}{n}}，0<\phi\leq 2\pi$$

$$=\rho^{\frac{1}{n}}\left(\cos\frac{\phi+2k\pi}{n}+i\sin\frac{\phi+2k\pi}{n}\right)，k=0, 1, 2\cdots, n-1$$

例 8 $z^3=(-1+i)$，求 z

解 $z=-1+i=\sqrt{2}\left(\cos\frac{3}{4}\pi+i\sin\frac{3}{4}\pi\right)$

$$\therefore z^{\frac{1}{3}}=(-1+i)^{\frac{1}{3}}=\sqrt{2}^{\frac{1}{3}}\left(\cos\frac{\frac{3}{4}\pi+2k\pi}{3}+i\sin\frac{\frac{3}{4}\pi+2k\pi}{3}\right)$$

$$=2^{\frac{1}{6}}\left(\cos\frac{\frac{3\pi}{4}+2k\pi}{3}+i\sin\frac{\frac{3}{4}\pi+2k\pi}{3}\right)\text{，}k=0, 1, 2$$

$\therefore k=0$ 時，$z^{\frac{1}{3}}=2^{\frac{1}{6}}\left(\cos\frac{\pi}{4}+i\sin\frac{\pi}{4}\right)$

$k=1$ 時，$z^{\frac{1}{3}}=2^{\frac{1}{6}}\left(\cos\frac{\frac{3\pi}{4}+2\pi}{3}+i\sin\frac{\frac{3}{4}\pi+2\pi}{3}\right)$

$$=2^{\frac{1}{6}}\left(\cos\frac{11}{12}\pi+i\sin\frac{11}{12}\pi\right)$$

$k=2$ 時，$z^{\frac{1}{3}}=2^{\frac{1}{6}}\left(\cos\frac{\frac{3\pi}{4}+4\pi}{3}+i\sin\frac{\frac{3}{4}\pi+4\pi}{3}\right)$

$$=2^{\frac{1}{6}}\left(\cos\frac{19}{12}\pi+i\sin\frac{19}{12}\pi\right)$$

例 9 若 $z^4=-16$，求 z

解 $z^4=-16=16(-1+0i)=16(\cos\pi+i\sin\pi)$

$$\therefore z=2\left(\cos\frac{\pi+2k\pi}{4}+i\sin\frac{\pi+2k\pi}{4}\right)$$

$$=2\left(\cos\frac{(2k+1)\pi}{4}+i\sin\frac{(2k+1)\pi}{4}\right)\text{，}k=0, 1, 2, 3$$

$k=0$ 時，$z=2\left(\cos\frac{\pi}{4}+i\sin\frac{\pi}{4}\right)=\sqrt{2}+\sqrt{2}i$

$k=1$ 時，$z=2\left(\cos\frac{3\pi}{4}+i\sin\frac{3\pi}{4}\right)=-\sqrt{2}+\sqrt{2}i$

$k=2$ 時，$z=2\left(\cos\frac{5\pi}{4}+i\sin\frac{5\pi}{4}\right)=-\sqrt{2}-\sqrt{2}i$

$k=3$ 時，$z=2\left(\cos\frac{7\pi}{4}+i\sin\frac{7\pi}{4}\right)=\sqrt{2}-\sqrt{2}i$

如果將上面四個根描繪下來，將會發現它們都落在以 $\rho=2$ 為半徑之圓內接正方形的四個頂點上。

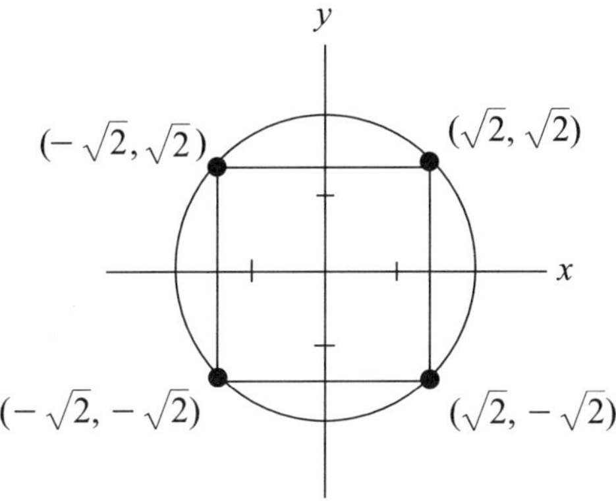

Euler 公式：$e^{x+yi}=e^{x}(\cos y+i\sin y)$

定理 D $e^{z}=e^{x+yi}=e^{x}(\cos y+i\sin y)$

證明 $e^{z}=e^{x+yi}=e^{x}\cdot e^{yi}$

$$=e^{x}\left(1+yi+\frac{(yi)^2}{2!}+\frac{(yi)^3}{3!}+\frac{(yi)^4}{4!}+\frac{(yi)^5}{5!}+\cdots\right)$$

$$= e^x\left[\left(1 - \frac{y^2}{2!} + \frac{y^4}{4!} - \frac{y^6}{6!} + \cdots\right) + i\left(y - \frac{y^3}{3!} + \frac{y^5}{5!} - \cdots\right)\right]$$

$$= e^x(\cos y + i \sin y)$$ ■

根據定理D，對任一複數$z = x + yi$之極式$z = \rho(\cos\phi + i\sin\phi)$，均可寫成$z = \rho e^{i\phi}$之形式，因此，若$z = \rho e^{i\phi}$則$z^n = \rho^n e^{in\phi}$且$z_1 = \rho_1 e^{i\phi 1}$，$z_2 = \rho_2 e^{i\phi 2}$則$z_1 \cdot z_2 = \rho_1\rho_2 e^{i(\phi 1 + \phi 2)}$及$\dfrac{z_1}{z_2} = \dfrac{\rho_1}{\rho_2} e^{i(\phi 1 - \phi 2)}$，$z_2 \neq 0$

例 10 以$z = \rho e^{i\phi}$表示$z = -2 - 2\sqrt{3}i$

解 $\rho = \sqrt{(-2)^2 + (-2\sqrt{3})^2} = 4$

$$\therefore z = -2 - 2\sqrt{3}i = 4\left(-\frac{1}{2} - \frac{\sqrt{3}}{2}i\right) = 4\left(\cos\frac{4\pi}{3} + i\sin\frac{4\pi}{3}\right) = 4e^{\frac{4}{3}\pi i}$$

練習

求$e^{2 + \frac{\pi}{3}i}$ Ans：$e^2\left(\frac{1}{2} + \frac{\sqrt{3}}{2}i\right)$

習題 1.5

1. 求 (1) $\left(\frac{1}{2} + \frac{\sqrt{3}}{2}i\right)^8$ (2) $(1 + i)^5$ (3) $(1 + \sqrt{3}i)^{-10}$

   Ans：(1) $-\frac{1}{2} + \frac{\sqrt{3}}{2}i$，(2) $-4(1 + i)$，(3) $2^{-6}(-1 + \sqrt{3}\,i)$

2. 求 (1) $z^5=-32$　(2) $z^5=1+\sqrt{3}i$ 所有 z 值

Ans：(1) $-2\left(\cos\frac{(2k+1)}{5}\pi+i\sin\frac{(2k+1)\pi}{5}\right)$，$k=0, 1, 2, 3, 4$

(2) $\sqrt[5]{2}\left(\cos\frac{(6k+1)\pi}{15}+i\sin\frac{(6k+1)\pi}{15}\right)$，$k=0, 1, 2, 3, 4$

3. 用 $z=e^{i\phi}$ 表示

(1) $\sqrt{3}+i$　(2) $-3i$　(3) $2-2\sqrt{3}i$

Ans：(1) $2e^{\frac{\pi}{6}i}$　(2) $3e^{\frac{3}{2}\pi i}$　(3) $4e^{\frac{5}{3}\pi i}$

4. 試繪 $\text{lm}(z^2)=2$

Ans：

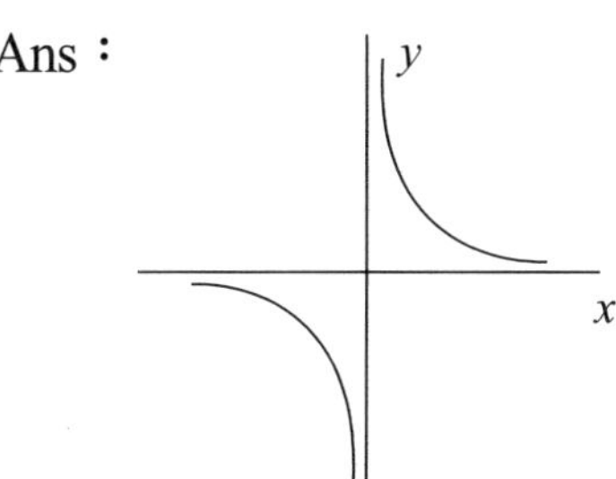

5. 試證 (1) $\overline{iz}=-i\bar{z}$　(2) $\text{lm}(iz)=\text{Re}(z)$

6. 若 $z=\rho(\cos\theta+i\sin\theta)$，試證 $z^n=\rho^n(\cos n\theta+i\sin n\theta)$，$n$ 為正整數

7. 若 $|a|=|b|=1$，試證 $\left|\frac{a-b}{1-\bar{a}b}\right|=1$（提示：$1=a\cdot\bar{a}=|\bar{a}|^2$）

8. 求證 (1) $|e^{i\theta}|=1$　(2) $\overline{e^{i\theta}}=e^{-i\theta}$

第2章

一階常微分方程式

2.1 微分方程式簡介

2.2 分離變數法

2.3 可化爲能以分離變數法求解之常微分方程式

2.4 正合方程式

2.5 一些簡易視察法

2.6 積分因子

2.7 一階線性微分方程式與 Bernoulli 方程式

2.1 微分方程式簡介

微分方程式（differential equations）是含有導數、偏導數的方程式，只含 1 個自變數者稱爲**常微分方程式**（ordinary differential equations ，簡稱 ODE），有 2 個或 2 個以上自變數者稱爲**偏微分方程式**（partial differential equations ，簡稱 PDE）。本書只討論常微分方程式。

微分方程式最高階導數之階數（order）爲微分方程式之**階數**，其對應之次數即爲該微分方程式之**次數**（degree），例如：

- $\frac{d^2y}{dx^2}=\frac{dy}{dx}+y=1$ 爲二階一次常微分方程式
- $\left(\frac{d^2y}{dx^2}\right)^4+x\left(\frac{d}{dx}y\right)^3+y=1$ 爲二階四次常微分方程式

微分方程式的解

凡是滿足 ODE 之自變數與因變數之關係式，而這關係式不含微分或導數，則稱此關係式爲微分方程式之解。例如：$y=\frac{x^3}{3}+c$，c 爲一任意常數時，滿足 $y'=x^2$，因而 $y=\frac{x^3}{3}+c$ 是 $y'=x^2$ 之解。如果我們對一自變數給出特定值，如 $y(0)=1$，$y(0)=1$ 稱爲初始條件（initial condition），這表示 $x=0$ 時 $y=1$，由初始條件便可決定 $y=\frac{x^3}{3}+c$ 之常數 c：$\because 1=0+c$，$\therefore c=1$，因而 $y=\frac{x^3}{3}+1$。在本

例，$y=\frac{x^3}{3}+c$ 稱爲**通解**（general solution；記做 y_g），而 $y=\frac{x^3}{3}+1$ 稱爲**特解**（particular solution；記做 y_p）。通解是微分方程式之原函數（primitive function），**通解所含之「任意常數」個數與階數相等**。通解中賦予任意常數以某些值者稱爲特解。有些解不是由通解求出，但仍滿足ODE，這種解稱爲**奇異解**（singular solution），例如：$(y')^2=xy'-y$ 之通解爲 $y=cx-c^2$，這代表一個直線族，而 $y=\frac{1}{4}x^2$ 是 ODE 之一個奇異解，它代表一條拋物線，$y=\frac{1}{4}x^2$ 顯然不是由通解導出。就幾何而言，通解是一個曲線族，特解就是曲線族中之某一條曲線[1]。

由以上的討論，可知微分方程式的解是一個函數，這個函數可能是隱函數，也可能是顯函數。

例 1 驗證 $y=\frac{1}{1-cx}$ 是 OED $(y-y^2)+xy'=0$ 之解。

解

$$y=\frac{1}{1-cx}=(1-cx)^{-1}\text{，得 } y'=c(1-x)^{-2}$$

$$\therefore\ (y-y^2)+xy'=\frac{1}{1-cx}-\frac{1}{(1-cx)^2}+x\cdot\frac{c}{(1-cx)^2}=0$$

從而 $y=\frac{1}{1-cx}$ 是 $(y-y^2)+xy'=0$ 之解。

例 2 考慮 ODE　$xy''+y'=0$：若 $y=f(x)$ 之定義域爲 $(0,\infty)$，顯然 $y=\ln x+c$ 是一解，但若將定義域放寬到 $(-\infty,\infty)$，因爲 $y=\ln x$ 在 $(-\infty,0)$ 中無意義，故不爲 $xy''+y'=0$ 之解。

1　奇異解在幾何上是和每條特解之曲線至少有一點相切之一條曲線。

例 3 若 $y_g=(c_1+c_2x)e^x$ 爲某 ODE 之通解，試依下列給定條件求 c_1, c_2 值？

(a) $y(0)=0$，$y'(0)=1$

(b) $y(0)=0$，$y'(1)=1$

解 (a) $y(0)=(c_1+c_2x)e^x]_{x=0}=c_1=0$ (1)

$y'(0)=c_2e^x+(c_1+c_2x)e^x]_{x=0}=c_2+c_1=1$ (2)

解 (1), (2) $c_1=0$，$c_2=1$，即 $y=xe^x$

(b) $y(0)=(c_1+c_2x)e^x]_{x=0}=c_1=0$ (3)

$y'(1)=c_2e^x+(c_1+c_2x)e^x]_{x=1}=c_2e+(c_1+c_2)\,e=1$ (4)

解 (3), (4) $c_1=0$，$c_2=\frac{1}{2e}$

$\therefore y=\frac{1}{2e}xe^x$ 是爲所求

練習

給定 ODE　$y''+2y'=0$

(1) 驗證 $y=ae^{-2x}+b$ 是它的通解 y_g

(2) 若給定一組條件 $y(0)=0$，$y'(0)=2$，求其特解 y_p

Ans：(2)$y_p=-e^{-2x}+1$

習題 2.1

A

1. 若一曲線之斜率函數 $y'=3x^2$，且過 $(-1, 1)$，求此曲線方程式，又此曲線過 $(-2, k)$，求 k。

   Ans：-8

2. 驗證 $y=axe^x$ 為方程式 $xy'-xy=y$ 之解。

3. 問 $(y')^2+y^2=-1$ 是否有解？

   Ans：否

4. 若已知 $y=c_1\sin x+c_2\cos x$ 為 $y''+y=0$ 之一個通解，若給定條件 (1) $y(0)=0$，$y'(0)=1$，求 y；(2) $y(\pi)=-1$，$y'\left(\dfrac{\pi}{2}\right)=1$，分別求 y

   Ans：(1) $y=\sin x$　(2) 解不存在。

5. 驗證 $y=\dfrac{1}{x^2-1}$ 在 $(-1, 1)$ 為 ODE $y'+2xy^2=0$ 之一個解，又 $y=\dfrac{1}{x^2-1}$ 在 $[-1, 1]$ 是否仍為 ODE $y'+2xy^2=0$ 之一個解，何故？

   Ans：否，因 y 在 $x=\pm 1$ 無定義

2.2 分離變數法

設一微分方程式 $M(x, y)\ dx+N(x, y)\ dy=0$ 能寫成 $f_1(x)\ g_1(y)\ dx+f_2(x)\ g_2(y)\ dy=0$ 之形式，我們可用 $g_1(y)\ f_2(x)$ 遍除

上式之兩邊而得解：

$$\int \frac{f_1(x)}{f_2(x)} dx + \int \frac{g_2(y)}{g_1(y)} dy = c$$

這種解法稱之爲分離變數法（method of separating variables）。

例 1　解 $(1+y)^2 dx + xdy = 0$；$y(1) = 2$。

解　將原方程式兩邊同除 $x(1+y)^2$

$$\frac{dx}{x} + \frac{dy}{(1+y)^2} = 0$$

$$\therefore \int \frac{dx}{x} + \int \frac{dy}{(1+y)^2} = 0$$

即 $\ln|x| - \frac{1}{1+y} = c$

$\because y(1) = 2$

$\ln 1 - \frac{1}{1+2} = c$，得 $c = -\frac{1}{3}$

$\therefore \ln|x| - \frac{1}{1+y} = -\frac{1}{3}$ 是爲所求。

例 2　求 $y(y') = \cos x\, e^{y^2}$ 之通解

解　$y\left(\frac{dy}{dx}\right) = \cos x \cdot e^{y^2}$

$\therefore ye^{-y^2} dy = \cos x\, dx$

$\int ye^{-y^2} dy = \int \cos x\, dx$

$\therefore -\frac{1}{2}e^{-y^2} = \sin x + c$

即 $e^{-y^2} + 2\sin x = c'$，$(c' = -2c)$

例 3 設一曲線之軌跡滿足 $\frac{dy}{dx}=-\frac{x}{y}$，且已知此曲線過點 (1, -3)，求此曲線方程式。

解 $\because \frac{dy}{dx}=-\frac{x}{y}$

$y\,dy=-x\,dx$，則 $y\,dy+x\,dx=0$

$\int y\,dy+\int x\,dx=c$

$\therefore \frac{y^2}{2}+\frac{x^2}{2}=c$

即 $x^2+y^2=c'$

又上述曲線方程式過 $(1,-3)$，則我們可求出 $c'=1^2+(-3)^2$ $=10$

$\therefore x^2+y^2=10$ 是爲所求。

練習

驗證 $y'+xy^2=0$ 之解爲 $-\frac{1}{y}+\frac{1}{2}x^2=c$，若又知 $y(1)=1$，求其特解。

Ans：$-\frac{1}{y}+\frac{1}{2}x^2=-\frac{1}{2}$

例 4 求 $\sqrt{1-x^2}\,dy=\sqrt{1-y^2}\,dx$ 之通解

解 $\sqrt{1-x^2}\,dy=\sqrt{1-y^2}\,dx$

即 $\frac{dy}{\sqrt{1-y^2}}=\frac{dx}{\sqrt{1-x^2}}$

$\therefore \sin^{-1}y = \sin^{-1}x + c$

例 4 之解 $\sin^{-1} y = \sin^{-1} x + c$ 可進一步化成下列形式：

$$y = \sin(\sin^{-1} x + c)$$
$$= \cos(\sin^{-1} x)\sin c + \sin(\sin^{-1} x)\cos c$$
$$= \sqrt{1 - x^2}\sin c + x\sqrt{1 - \sin^2 c}$$
$$= \sqrt{1 - x^2}\, b + x\sqrt{1 - b^2}$$

習題 2.2

1. 解 $2y(x^2 + 1)\,dy + (y^2 + 1)\,dx = 0$

   Ans：$\ln(1 + y^2) + \tan^{-1}x = c$

2. 解 $y' = xe^{x-y}$，$y(0) = \ln 2$

   Ans：$e^y = (x-1)e^x + 3$

3. 解 $y(1 + x)\,dx + x(1 + y)\,dy = 0$

   Ans：$x + y + \ln|xy| = c$

4. $xydx + (1 + x^2)dy = 0$

   Ans：$(1 + x^2)\,y^2 = c$

5. $(\tan y)dx + (1-x^2)dy = 0$

   Ans：$\sin^2 y = c\left(\dfrac{1 - x}{1 + x}\right)$

6. $x\sqrt{1 - y^2}dx + y\sqrt{1 - x^2}dy = 0$

   Ans：$\sqrt{1 - x^2} + \sqrt{1 - y^2} = c$

7. 利用 $\tan(x + y) = \dfrac{\tan x + \tan y}{1 - \tan x \tan y}$，試証 $(1 + x^2)y' + (1 + y^2) = 0$ 之解可表成 $x + y = c(1 - xy)$

2.3 可化為能以分離變數法求解之常微分方程式

本節將介紹二個可化爲可用分離變數法求解的 ODE：

(1) 零階齊次 ODE：即 $\frac{dy}{dx}=f(x,y)$，$f(x,y)$ 爲零階齊次方程式

(2) 形如 $\frac{dy}{dx}=f(ax+by+c)$ 之 ODE

零階齊次 ODE

在談如何解零階齊次 ODE 前，我們先看零階齊次函數之特性。設 $f(x,y)$ 爲零階齊次函數，則

$$f(\lambda x, \lambda y)=f(x,y)\text{，}\forall\lambda\in \mathrm{R}$$

取 $\lambda=\frac{1}{x}$ 代入上式，得

$$f\left(\frac{1}{x}\cdot x, \frac{1}{x}\cdot y\right)=f(x,y)\text{，即 } f(x,y)=f\left(1,\frac{y}{x}\right)=g\left(\frac{y}{x}\right)$$

因此，任一零階齊次 ODE 必可寫成下列形式

$$\frac{dy}{dx}=g\left(\frac{y}{x}\right)$$

定理 A ODE $y'=f\left(\frac{y}{x}\right)$ 可藉由 $y=vx$ 之變數變換而由分離變數法解出。

證明 令 $y=vx$，則 $y'=v'x+v$

$\therefore y'=f\left(\frac{y}{x}\right)$ 可寫成 $v'x+v=f(v)$，亦即 $x\frac{dv}{dx}+v=f(v)$，或 $xdv+vdx=f(v)dx$

化簡得：$x\,dv+(v-f(v))\,dx=0$

即 $\frac{dv}{v-f(v)}+\frac{dx}{x}=0$

$\therefore$我們可由分離變數法解出 $y'=f\left(\frac{y}{x}\right)$。 ■

例 1 解 $\frac{dy}{dx}=\frac{x+y}{x}$

解 $\because$ $f(x,y)=\frac{x+y}{x}$ 為零階齊次函數，

令 $y=vx$，則 $\frac{dy}{dx}=v+x\frac{dv}{dx}$，代入原方程式得

$v+x\frac{dv}{dx}=1+v$

$\therefore$ $x\frac{dv}{dx}=1$，

即 $dv=\frac{dx}{x}$

二邊同時積分得

$v=\ln|x|+c$

即 $\frac{y}{x}=\ln|x|+c$

例 2 解 $y'=\sec\left(\frac{y}{x}\right)+\frac{y}{x}$

解 又 $f(x,y)=\sec\left(\frac{y}{x}\right)+\frac{y}{x}$ 爲零階齊次函數

令 $y=vx$ 則 $\frac{dy}{dx}=v+x\frac{dv}{dx}$，代入原方程式得

$$v+x\frac{dv}{dx}=\sec v+v$$

$$\therefore x\frac{dv}{dx}=\sec v$$

$$\cos v\,dv=\frac{dx}{x}$$

兩邊同時積分得

$$\sin v=\ln|x|+c$$

即 $\sin\frac{y}{x}=\ln|x|+c$

練習

驗證 $y'=\left(\tan\frac{y}{x}\right)+\frac{y}{x}$ 之解爲 $\cos\frac{y}{x}=x+c$。

例 3 求 $y'x\cos\frac{y}{x}-y\cos\frac{y}{x}+x=0$

解 原式二邊同除 x 得

$$y'\cos\frac{y}{x}-\frac{y}{x}\cos\frac{y}{x}+1=0$$

取 $v=\frac{y}{x}$，$y=vx$ 則 $y'=v'x+v$

$$\therefore (v'x+v)\cos v-v\cos v+1=0$$

$$(\cos v)xv'+1=0\Rightarrow\cos v\,dv+\frac{1}{x}dx=0$$

$\therefore \sin v+\ln|x|=c$，即 $\sin\dfrac{y}{x}+\ln|x|=c$ 或

$\ln|x|=c-\sin\dfrac{y}{x}$，從而 $x=c'e^{-\sin\frac{y}{x}}$

★ 例 4　解 $xdy-(x^2+y^2+y)dx=0$

解　原 ODE 可改寫成

$$x\frac{dy}{dx}=(x^2+y^2+y)\qquad \therefore \frac{x\dfrac{dy}{dx}-y}{x^2}=1+\left(\frac{y}{x}\right)^2$$

即 $\dfrac{d}{dx}\left(\dfrac{y}{x}\right)=1+\left(\dfrac{y}{x}\right)^2$

令 $v=\dfrac{y}{x}\qquad \therefore \dfrac{d}{dx}v=1+v^2$

$$\frac{dv}{1+v^2}=dx$$

解之：

$\tan^{-1}v=x+c$　即 $\tan^{-1}\dfrac{y}{x}=x+c$ 或 $y=x\tan(x+c)$

$y'=F\left(\frac{ax+by+\alpha}{cx+dy+\beta}\right)$ 之解法

$y'=F\left(\dfrac{ax+by+\alpha}{cx+dy+\beta}\right)$ 因 $\begin{vmatrix} a & b \\ c & d \end{vmatrix}$ 是否為 0 而有不同之解法：

(1) $\begin{vmatrix} a & b \\ c & d \end{vmatrix}=0$ 時，令 $u=ax+by$ 行變數變換，然後用分離變數法求解。

例 5 解 $\frac{dy}{dx}=\frac{x-y}{x-y-1}$

解 (1) $\because \begin{vmatrix} a & b \\ c & d \end{vmatrix}=\begin{vmatrix} 1 & -1 \\ 1 & -1 \end{vmatrix}=0$

令 $u=x-y$，

$du=dx-dy$，$\frac{du}{dx}=\frac{dx}{dx}-\frac{dy}{dx}=1-\frac{dy}{dx}$，

即 $\frac{dy}{dx}=1-\frac{du}{dx}$

代入原方程式

$1-\frac{du}{dx}=\frac{u}{u-1}$ ，從而

$\frac{du}{dx}=1-\frac{u}{u-1}=\frac{-1}{u-1}$

$(u-1)du+dx=0$

$\int(u-1)du+\int dx=c$

$\therefore\ \frac{u^2}{2}-u+x=c$

$\frac{(x-y)^2}{2}-(x-y)+x=c$

即 $(x-y)^2+2y=c'$

(2) $\begin{vmatrix} a & b \\ c & d \end{vmatrix}\neq 0$ 時，令 $x=u+h$ ，$y=v+k$ ，代入原方程式消去 h，k 後即可化成零階齊次方程式。

例 6 解 $(x+y+1)dx-(x-y+3)dy=0$

解 $\because \begin{vmatrix} a & b \\ c & d \end{vmatrix} = \begin{vmatrix} 1 & 1 \\ 1 & -3 \end{vmatrix} \neq 0$

$\therefore$ 取 $x=u+h$，$y=v+k$，則

$$y'=\frac{x+y+1}{x-y+3}=\frac{(u+v)+(h+k+1)}{(u-v)+(h-k+3)} \quad (1)$$

若要消去上式之 h、k，就必須 $h+k+1=0$ 及 $h-k+3=0$

$$\therefore \begin{cases} h+k=-1 \\ h-k=-3 \end{cases}$$

得 $h=-2$，$k=1$

代 $x=u-2$，$y=v+1$ 入 (1) 得

$$\frac{dv}{du}=\frac{u+v}{u-v} \quad (2)$$

爲一齊次方程式

令 $v=\lambda u$，$dv=u\,d\lambda+\lambda\,du$

$$\frac{dv}{du}=u\frac{d\lambda}{du}+\lambda$$

$\therefore$代 (2) 入上式得： $u\dfrac{d\lambda}{du}+\lambda=\dfrac{u+\lambda u}{u-\lambda u}=\dfrac{1+\lambda}{1-\lambda}$

$$\frac{du}{u}=\frac{1-\lambda}{1+\lambda^2}\,d\lambda$$

$$\int\frac{du}{u}=\int\frac{1-\lambda}{1+\lambda^2}\,d\lambda=\int\frac{d\lambda}{1+\lambda^2}-\int\frac{\lambda}{1+\lambda^2}\,d\lambda$$

$$\therefore \ln|u|=\tan^{-1}\lambda-\frac{1}{2}\ln(1+\lambda^2)+c$$

但 $u=x+2$，$v=y-1$，$\lambda=\dfrac{v}{u}=\dfrac{y-1}{x+2}$

$$\therefore \ln|x+2|=\tan^{-1}\frac{y-1}{x+2}-\frac{1}{2}\ln\left[1+\left(\frac{y-1}{x+2}\right)^2\right]+c$$

或 $\ln[(x+2)^2+(y-1)^2]=2\tan^{-1}\dfrac{y-1}{x+2}+c'$

習題 2.3

1. 解 $y'=\left(\dfrac{y}{x}\right)^2+\left(\dfrac{y}{x}\right)$

   Ans：$\ln|x|+\dfrac{x}{y}=c$

2. 解 $y'=\dfrac{x^2+xy+y^2}{x^2}$

   Ans：$\tan^{-1}\dfrac{y}{x}=\ln|x|+c$

3. 解 $xy'-y=xe^{\frac{y}{x}}$

   Ans：$e^{-\frac{y}{x}}+\ln|x|=c$

4. 解 $y'=\dfrac{y-\sqrt{x^2+y^2}}{x}$；$y(0)=1$

   Ans：$y+\sqrt{x^2+y^2}=2$

5. 解 $xy'+x\tan\dfrac{y}{x}-y=0$

   Ans：$x\sin\dfrac{y}{x}=c$

6. 解 $xy'=\dfrac{y^2}{x}+y$

   Ans：$\dfrac{x}{y}+\ln|x|=c$

7. 解 $y'=\dfrac{3xy^2}{2x^3+y^3}$

   Ans：$y^3-x^3=cx$

2.4 正合方程式

$M(x, y)\ dx + N(x, y)\ dy = 0$ 爲一階 ODE，若存在一個函數 $u(x, y)$，使得 $M(x, y)\ dx + N(x, y)\ dy = du(x, y) = 0$，則稱 $M(x, y)\ dx + N(x, y)\ dy = 0$ 爲正合方程式（exact equation），$u(x, y)$ 稱爲該方程式之位勢函數（potential function）。

我們很難用上述定義看出 ODE $M(x, y)\ dx + N(x, y)\ dy = 0$ 是否爲正合，因此必需透過定理 A 進行判斷：

ODE $M(x, y)dx + N(x, y)dy = 0$ 為正合之充要條件為 $\frac{\partial}{\partial y}M = \frac{\partial}{\partial x}N$（即 $M_y = N_x$）

若 $M(x, y)\ dx + N(x, y)\ dy = 0$ 爲正合，我們可用下列步驟解出：

1. 取 $u(x, y) = \int^x M(x, y)\,dx + \rho(y)$；$\int^x M(x, y)\,dx$ 是將 $M(x, y)$ 對 x 積分，但常數 c 略之。
2. 令 $u_y = N(x, y)$，解出 $\rho(y)$
3. 由 1.，2. 得 $u(x, y) = c$

或

1. 取 $u(x, y) = \int^y N(x, y)dy + \rho(x)$；$\int^y N(x, y)dy$ 是將 $N(x, y)$ 對 y 積分，但常數 c 略之。
2. 令 $u_x = M(x, y)$，解出 $\rho(x)$
3. 由 1.，2. 得 $u(x, y) = c$。

另一種較爲簡易之方法是所謂之**集項法**（group of terms），此種方法有點像爾後之觀察法，通常可先將 $M(x, y)$ 之純粹 x 項，$N(x, y)$ 之純粹 y 項先提出直接積分。

例 1 解 $(2x + y)\,dx + (x + y)\,dy = 0$

解 $M(x, y) = 2x + y$，$N(x, y) = x + y$；$\because M_y = 1$，$N_x = 1$，$M_y = N_x$

$\therefore (2x + y)dx + (x + y)dy = 0$ 爲正合

我們用三種方法解此方程式。

方法一：（集項法）

$$(2x + y)dx + (x + y)dy = 2xdx + (ydx + xdy) + y\,dy$$
$$= 2xdx + d(xy) + y\,dy = 0$$

$$\therefore \quad x^2 + xy + \frac{y^2}{2} = c$$

方法二：

取 $u(x, y) = \int^x (2x + y)\,dx + \rho(y)$

$$= x^2 + xy + \rho(y) \qquad (1)$$

$$u_y = \frac{\partial}{\partial y}[x^2 + xy + \rho(y)]$$
$$= x + \rho'(y) = N(x, y) = x + y$$

$\therefore \rho'(y) = y$

即 $\rho(y)=\dfrac{y^2}{2}$ (2)

代 (2) 入 (1) 得 $u(x,y)=x^2+xy+\dfrac{y^2}{2}=c$

即 $x^2+xy+\dfrac{y^2}{2}=c$ 是爲所求

方法三：

取 $u(x,y)=\int^y (x+y)dy+\rho(x)$

$=xy+\dfrac{y^2}{2}+\rho(x)$ (3)

$u_x=\dfrac{\partial}{\partial x}\left[xy+\dfrac{y^2}{2}+\rho(x)\right]$

$=y+\rho'(x)=2x+y$ (4)

$\therefore \rho'(x)=2x$，即 $\rho(x)=x^2$

代 (4) 入 (3) 得 $u(x,y)=xy+\dfrac{y^2}{2}+x^2$

即 $x^2+xy+\dfrac{y^2}{2}=c$ 是爲所求。

例 2 解 $(2y+3)dx+(2x+1)dy=0$。

解 本例可用分離變數法，也可用正合方程式解之。因此一個 ODE 可能有兩種以上不同之解法。

方法一（正合方程式之集項法）：

$M(x,y)=2y+3$，$N(x,y)=2x+1$，

$\because M_y=N_x=2$

$\therefore (2y+3)\,dx+(2x+1)\,dy=0$ 爲正合

$3dx+2(ydx+xdy)+dy=3dx+2d(xy)+dy$

得 $3x+2xy+y=c$

方法二（分離變數法）：

$(2y+3)\,dx+(2x+1)\,dy=0$

$\therefore \dfrac{dx}{2x+1}+\dfrac{dy}{2y+3}=0$

解之 $\dfrac{1}{2}\ln|2x+1|+\dfrac{1}{2}\ln|2y+3|=c$

$\therefore (2x+1)(2y+3)=c$

練習

指出例 2 之二個結果是等價的。

例 3 解 $(x\sin y+e^x)\,dx+\left(\dfrac{x^2}{2}\cos y+y\right)dy=0$ 。

解 $(x\sin y+e^x)dx+\left(\dfrac{x^2}{2}\cos y+y\right)dy=0$ 為正合，（見本例後之練習）。

方法一：（集項法）

$(x\sin y+e^x)dx+\left(\dfrac{x^2}{2}\cos y+y\right)dy$

$=\left(x\sin y\,dx+\dfrac{x^2}{2}\cos y\,dy\right)+e^x\,dx+y\,dy$

$=d\left(\dfrac{x^2}{2}\sin y\right)+e^x\,dx+y\,dy=0$

$\therefore \dfrac{x^2}{2}\sin y+e^x+\dfrac{y^2}{2}=c$

方法二：

取 $u(x,y)=\int^{x}(x\sin y+e^{x})\,dx+\rho(y)$

$$=\frac{x^2}{2}\sin y+e^{x}+\rho(y) \tag{1}$$

$$u_y=\frac{\partial}{\partial y}\left[\frac{x^2}{2}\sin y+e^{x}+\rho(y)\right]$$

$$=\frac{x^2}{2}\cos y+\rho'(y)=N(x,y)=\frac{x^2}{2}\cos y+y$$

$\therefore\ \rho'(y)=y$

得 $\rho(y)=\frac{y^2}{2}$ (2)

代 (2) 入 (1)：

$$u(x,y)=\frac{x^2}{2}\sin y+e^{x}+\frac{y^2}{2}$$

$\therefore\ \frac{x^2}{2}\sin y+e^{x}+\frac{y^2}{2}=c$ 是爲所求

練習

(1) 驗證例 3 爲正合方程式

(2) 取 $u(x,y)=\int^{y}\left(\frac{x^2}{2}\cos y+y\right)dy+\rho(x)$，重求例 3 之通解。

練習

給定 ODE $(2xy+4x)\mathrm{d}x+(x^2+2y)\mathrm{d}y=0$

(1) 驗證 ODE 爲正合

(2) 解此方程式

Ans：$2x^2+y^2+x^2y=c$

★ **例 5** ODE $f_1(x)\ dx+f_2(x)\ f_3(y)\ dy=0$，$f_3(y)\neq 0$ 為正合之充要條件為何？

解 $M=f_1(x)$，$N=f_2(x)f_3(y)$ ∴正合條件為

$$\frac{\partial M}{\partial y}=\frac{\partial}{\partial y}\ f_1(x)=0，\frac{\partial N}{\partial x}=f_2'(x)\ f_3(y)$$

$$\frac{\partial}{\partial y}M=\frac{\partial N}{\partial x}\Rightarrow f_2'(x)\ f_3(y)=0$$

又 $f_3(y)\neq 0$ ∴$f_2'(x)=0$ 即 $f_2(x)$ 為常數函數

習題 2.4

1. 解 $(2x+y^2)\ dx+(2xy+e^y)\ dy=0$
   Ans：$xy^2+x^2+e^y=c$
2. 解 $(x^2+y\sin x)\ dx+(y-\cos x)\ dy=0$
   Ans：$\dfrac{x^3}{3}+\dfrac{y^2}{2}+y\cos x=c$
3. 解 $(x+y\cos x)\ dx+(\sin x)\ dy=0$，$y(0)=0$
   Ans：$\dfrac{1}{2}x^2+y\sin x=0$
4. 解 $(x+2y)\ dx+(y+2x+3)\ dy=0$
   Ans：$\dfrac{1}{2}x^2+2xy+\dfrac{1}{2}(y+3)^2=c$
5. 解 $(2xy+4x)\ dx+(x^2+2y)\ dy=0$
   Ans：$x^2y+2x^2+y^2=c$
6. 解 $2xydx+(x^2+y^2)dy=0$
   Ans：$\dfrac{1}{3}y^3+x^2y=c$
7. 解 $(2x+\sin y)\ dx+(x\cos y-2y)\ dy=0$
   Ans：$x^2-y^2+x\sin y=c$

2.5 一些簡易視察法

Euler 之積分因子（integration factor; IF）之概念在 ODE 之解法上占有重要地位，在未正式討論什麼是積分因子前，本節先藉觀察法（method of inspection）暖身一下。

下面有 6 個常見之基本公式，每個式子都可容易地由微分法得證，因此，判斷要用哪個公式及「如何用」，將是本節重心。

表 1 常見之視察法公式

1. $\dfrac{xdy-ydx}{x^2}=d\left(\dfrac{y}{x}\right)$
2. $\dfrac{xdy-ydx}{y^2}=d\left(-\dfrac{x}{y}\right)$
3. $\dfrac{xdy-ydx}{x^2+y^2}=d\left[\tan^{-1}\left(\dfrac{y}{x}\right)\right]$
4. $\dfrac{xdx+ydy}{x^2+y^2}=\dfrac{1}{2}\,d[\ln(x^2+y^2)]$
5. $\dfrac{xdx+ydy}{\sqrt{x^2+y^2}}=d\left(\sqrt{x^2+y^2}\right)$
6. $\dfrac{xdx-ydy}{\sqrt{x^2-y^2}}=d\left(\sqrt{x^2-y^2}\right)$

由上表，我們可做下列提示：

1. $xdx+ydy=\frac{1}{2}d(x^2+y^2)$，故有 $x\,dx+y\,dy$ 時可考慮 x^2+y^2 之因子（包括 $\ln(x^2+y^2)$）。
2. $x\,dy+y\,dx=d(xy)$，故有 $x\,dy+y\,dx$ 時可考慮 xy 之因子。
3. $x\,dy-y\,dx$ 時可考慮 $\frac{1}{x^2}$、$\frac{1}{y^2}$ 或 $\tan^{-1}\frac{y}{x}$。

例 1 解 $ydx+(3x^2y^2-x)dy=0$

解

$$\frac{ydx+(3x^2y^2-x)dy}{x^2}=\frac{(y\,dx-x\,dy)+3x^2y^2dy}{x^2}=\frac{(y\,dx-xdy)}{x^2}+3y^2dy$$

$$=d\left(\frac{-y}{x}\right)+dy^3=0$$

$$\therefore\ \frac{-y}{x}+y^3=c$$

例 2 解 $(x^2+y^2-y)\,dx+(x^2+y^2+x)\,dy=0$

解

$$\because\ \frac{(x^2+y^2-y)\,dx+(x^2+y^2+x)\,dy}{x^2+y^2}=dx+\frac{x\,dy-y\,dx}{x^2+y^2}+dy$$

$$=dx+d\left(\tan^{-1}\left(\frac{y}{x}\right)\right)+dy=0$$

$$\therefore\ x+\tan^{-1}\frac{y}{x}+y=c$$

例 3 解 $(x-x^2-y^2)\,dx+(y+x^2+y^2)\,dy=0$

解

$$\because\ \frac{(x-(x^2+y^2))dx+(y+(x^2+y^2))\,dy}{x^2+y^2}$$

$$=\frac{(x\,dx+y\,dy)-(x^2+y^2)\,dx+(x^2+y^2)\,dy}{x^2+y^2}$$

$$=\frac{1}{2}d\ln(x^2+y^2)-dx+dy=0$$

$$\therefore \frac{1}{2}\ln(x^2+y^2)-x+y=c$$

驗證 $xdx+(y+4x^2y^3+4y^5)\mathrm{d}y=0$ 之解爲 $\frac{1}{2}\ln(x^2+y^2)+y^4=c$

習題 2.5

1. $xdx+(y+x^2+y^2)dy=0$

   Ans：$\frac{1}{2}\ln(x^2+y^2)+y=c$

2. $(x^2+y^2+2y)dx+(x^2+y^2-2x)dy=0$

   Ans：$x+y+2\tan^{-1}\frac{x}{y}=c$

3. $(x^3+2y)dx+(x^2y-2x)dy=0$

   Ans：$-\frac{2y}{x}+\frac{x^2}{2}+\frac{y^2}{2}=c$

4. $(x+\sqrt{x^2+y^2})\,dx+(y+\sqrt{x^2+y^2})\,dy=0$

   Ans：$\sqrt{x^2+y^2}+x+y=c$

5. $xdy-ydx=x^2e^xdx$

   Ans：$\frac{y}{x}=e^x+c$

6. $ydx+(y^2-x)dy=0$

   Ans：$\frac{x}{y}+y=c$

7. $xdy-ydx=(1-x^2)dx$

   Ans：$y+x^2+1=cx$

8. $xdx-(y+\sqrt{x^2-y^2})dy=0$

Ans：$\sqrt{x^2-y^2}-y=c$

2.6 積分因子

$M(x, y)\,dx+N(x, y)\,dy=0$ 不為正合時，如果我們可找到一個函數 $h(x, y)$ 使得 $h(x, y)\,M(x, y)\,dx+h(x, y)\,N(x, y)\,dy=0$ 為正合，則稱 $h(x, y)$ 為積分因子（IF）。

積分因子（IF）之找法通常無定則可循，一個 ODE 所用之積分因子未必惟一。不同積分因子會影響到解題之難易度，因此，初學者在初學時往往需要試誤找出一個便於求解之積分因子。

例 1 （論例）說明何以 $y\,dx-x\,dy=0$ 除了 $-\dfrac{1}{x^2}$，$\dfrac{1}{y^2}$ 外 $-\dfrac{1}{x^2+y^2}$ 也是一個積分因子。

解 以 $\dfrac{-1}{x^2+y^2}$ 遍乘 $y\,dx-x\,dy=0$ 之兩邊得 $\dfrac{x\,dy-y\,dx}{x^2+y^2}=0$，

$$M(x, y)=\frac{-y}{x^2+y^2}，N(x, y)=\frac{x}{x^2+y^2}$$

$$\because\ M_y=\frac{(x^2+y^2)(-1)-(-y)\,2y}{(x^2+y^2)^2}=\frac{y^2-x^2}{(x^2+y^2)^2}$$

$$N_x=\frac{(x^2+y^2)\cdot 1-x\,(2x)}{(x^2+y^2)^2}=\frac{y^2-x^2}{(x^2+y^2)^2}$$

$M_y = N_x$

$\therefore\ -\dfrac{1}{x^2+y^2}$ 爲一個 IF。

練習

驗證 (1) $\dfrac{1}{xy}$ 亦爲 $ydx - xdy = 0$ 之一個積分因子。

(2) 以 $\dfrac{1}{xy}$ 爲 IF，解出 $\ln\dfrac{x}{y} = c$

(3) 以 $\dfrac{1}{x^2+y^2}$ 爲 IF，解出 $\tan^{-1}\dfrac{y}{x} = c$

(4) 其實 (2), (3) 之解爲等價，試說明之。

IF 之決定通常與微分方程式之形式有關，我們在此將列舉一個最常見之基本規則。

定理 A ODE $M\,dx + N\,dy = 0$ 有積分因子 IF

若
$$\begin{cases} \left(\dfrac{\partial M}{\partial y} - \dfrac{\partial N}{\partial x}\right)\Big/N = \phi(x)，則取\ IF = e^{\int \phi(x)dx} \\ \left(\dfrac{\partial M}{\partial y} - \dfrac{\partial N}{\partial x}\right)\Big/M = \phi(y)，則取\ IF = e^{-\int \phi(y)dy} \end{cases}$$

證明 (1) 設 IF $= \mu = \phi(x)$，則

$\mu(Mdx + Ndy) = \mu Mdx + \mu Ndy = 0$ 爲正合（注意 μ 爲 x 之函數）

$$\Rightarrow \frac{\partial}{\partial y}\mu M = \frac{\partial}{\partial x}\mu N$$

$$\mu\frac{\partial}{\partial y}M = \mu\frac{\partial}{\partial x}N + N\frac{d}{dx}\mu$$

移項

$$N\frac{d}{dx}\mu = \mu\left(\frac{\partial}{\partial y}M - \frac{\partial}{\partial x}N\right) \Rightarrow \frac{d\mu}{\mu} = \frac{1}{N}\left(\frac{\partial}{\partial y}M - \frac{\partial}{\partial x}N\right)dx$$

$$\ln\mu = \int\phi(x)\,dx \quad \therefore \mu = e^{\int\phi(x)dx}$$

(2) 同法可證。 ■

定理 A 之 $\frac{\partial M}{\partial y} - \frac{\partial N}{\partial x} = 0$ 時，表示 $M(x, y)dx + N(x, y)dy = 0$ 即已為正合。

例 2 解 $2xydx + (y^2 - x^2)dy = 0$

解 $M = 2xy$，$N = y^2 - x^2$

$$\frac{\partial M}{\partial y} - \frac{\partial N}{\partial x} = 2x - (-2x) = 4x$$

$$\frac{1}{M}\left(\frac{\partial M}{\partial y} - \frac{\partial N}{\partial x}\right) = \frac{4x}{2xy} = \frac{2}{y}$$

取 $\text{IF} = e^{-\int\frac{2}{y}dy} = \frac{1}{y^2}$

以 $\frac{1}{y^2}$ 乘方程式二邊得

$$\frac{2xy}{y^2}dx + \frac{y^2 - x^2}{y^2}dy = \frac{2xydx - x^2dy}{y^2} + dy = d\left(\frac{x^2}{y}\right) + dy = 0$$

$$\therefore \frac{x^2}{y} + y = c$$

例 3 解 $(y-\ln x)dx + x\ln x dy = 0$

解 $M = y - \ln x$，$N = x\ln x$

$$\frac{\partial M}{\partial y} - \frac{\partial N}{\partial x} = 1 - (1+\ln x) = -\ln x$$

$$\left(\frac{\partial M}{\partial y} - \frac{\partial N}{\partial x}\right)\Big/N = \frac{-\ln x}{x\ln x} = -\frac{1}{x}$$

$$\therefore \text{ IF} = e^{\int -\frac{1}{x}dx} = e^{\ln\frac{1}{x}} = \frac{1}{x}$$

以 $\frac{1}{x}$ 乘原方程式二邊：

$$\frac{1}{x}(y-\ln x)dx + \ln x\, dy = d(y\ln x) - d\ln\ln x = 0$$

$$\therefore\ y\ln x = \ln|\ln x| + c$$

練習

驗證 $(4x+3y^2)dx + 2xydy = 0$ 之 $\text{IF} = x^2$，解為 $x^4 + x^3y^2 = c$

習題 2.6

解下列各題並指出 IF

1. 解 $(4x+3y^2)dx + 2xydy = 0$

   Ans：$\text{IF} = x^2$，$x^4 + x^3y^2 = c$

2. 解 $(3xy^2+2y)\,dx + (2x^2y+x)\,dy = 0$

   Ans：$\text{IF} = x$，$x^3y^2 + x^2y = c$

3. 解 $\dfrac{dy}{dx} + \dfrac{y^2-y}{x} = 0$

Ans：IF $=\frac{1}{y^2}$，$y=\frac{x}{x-c}$ 或 $x-\frac{x}{y}=c$

4. 解 $2xydx+(y^2-2x^2)dy=0$

Ans：IF $=\frac{1}{y^3}$，$\frac{x^2}{y^2}+\ln|y|=c$

5. $(x^2+y^2+x)dx+xydy=0$

Ans：IF $=x$；$3x^4+4x^3+6x^2y^2=c$

6. $(x^2y+y+1)dx+x(1+x^2)dy=0$

Ans：IF $=\frac{1}{1+x^2}$；$xy+\tan^{-1}x=c$

2.7 一階線性微分方程式與 Bernoulli方程式

本節先介紹一階線性微分方程式 $y'+p(x)y=q(x)$ 然後是 Bernoulli 方程式 $y'+p(x)y=q(x)y^n$，$n\neq 0, 1$。顯然，一階線性微分方程式是 Bernoulli 方程式之特例。

一階線性微分方程式

本節之一階線性微分方程式之標準形式爲 $y'+p(x)y=q(x)$。

$y'+p(x)y=q(x)$ 可寫成 $\frac{dy}{dx}+p(x)y=q(x)$，$dy+p(x)ydx=q(x)dx$

$\therefore (p(x)y - q(x))dx + dy = 0$

$M = p(x)y - q(x)$，$N = 1$，由定理 2.6A

$\left(\dfrac{\partial M}{\partial y} - \dfrac{\partial N}{\partial x}\right)\Big/ N = p(x)\ /1 = p(x)$

$\therefore y' + p(x)y = q(x)$ 之積分因子 IF $= e^{\int p(x)dx}$

例 1 解 $y' + 2xy = 2x$

解 以 IF $= e^{\int 2xdx} = e^{x^2}$ 遍乘方程式兩邊：

$e^{x^2}y' + 2xye^{x^2} = 2xe^{x^2}$

$(e^{x^2}y)' = 2xe^{x^2}$

$\therefore\ ye^{x^2} = e^{x^2} + c$，即 $y = ce^{-x^2} + 1$

例 2 解 $xy' + y = \cos x$

解 原方程式可化成 $y' + \dfrac{1}{x}y = \dfrac{1}{x}\cos x$

以 IF $= e^{\int \frac{1}{x}dx} = e^{\ln x} = x$ 遍乘方程式兩邊：

$xy' + x\left(\dfrac{1}{x}y\right) = x \cdot \dfrac{\cos x}{x}$

$(xy)' = \cos x$

$\therefore\ xy = \sin x + c$

例 3 $xy' + y = e^x$

解 先化 $xy' + y = e^x$ 為標準式：$y' + \dfrac{1}{x}y = e^x/x$

以 IF $= e^{\int \frac{1}{x}dx} = x$ 遍乘方程式兩邊：

$xy' + x\left(\dfrac{1}{x}y\right) = x(e^x/x) = e^x$

即 $(xy)' = e^x$

$\therefore xy = e^x + c$

練習

驗證 $y' + y \tan x = \cos x$ 之通解是 $y = (x + c)\cos x$，又若已知 $y(0) = 1$ 求特解

Ans：$y = (x + 1)\cos x$

★ 例 4 試用本節方法解 $y' = \dfrac{y}{y - x}$

解 將 x 視爲 y 之函數，則原 ODE 化成

$$\frac{dx}{dy} + \frac{1}{y}x = 1$$

取 $\text{IF} = e^{\int \frac{1}{y}dy} = e^{\ln y} = y$

$\therefore\ y\left(\dfrac{dx}{dy} + \dfrac{1}{y}x\right) = y$，即 $y\dfrac{dx}{dy} + x = y$

$(xy)' = y \quad \therefore\ xy = \dfrac{1}{2}y^2 + c$ 或 $2xy - y^2 = c'$

Bernoulli 方程式

Bernoulli 方程式之標準式爲

$y' + p(x)y = q(x)y^n$，$n \neq 0$ 或 1

（當 $n = 0$，Bernoulli 方程式即爲一階線性微分方程式，$n = 1$ 時可用變數分離法解之）

$\because y' + p(x)y = q(x)y^n$

$$y^{-n}y' + p(x)y^{1-n} = q(x) \tag{1}$$

取 $u = y^{1-n}$ 行變數變換，則 (1) 變爲 $\frac{1}{1-n}u' + p(x)u = q(x)$

如此便可用一階線性微分方程式解之。

練習

試說明何以 $n = 1$ 時 Bernoulli 方程式可用分離變數法解之。

例 5 解 $xy' + y = y^2$

解 原方程式相當於 $y^{-2}y' + \frac{1}{x}y^{-1} = \frac{1}{x}$ (1)

令 $u = y^{1-2} = \frac{1}{y}$ ，則 $u' = -y^{-2}y'$ $\therefore$ (1) 變爲

$-u' + \frac{u}{x} = \frac{1}{x}$ 或 $u' - \frac{u}{x} = -\frac{1}{x}$

取 $\text{IF} = e^{-\int \frac{1}{x}dx} = \frac{1}{x}$ $\therefore$ $\frac{1}{x}u' - \frac{u}{x^2} = -\frac{1}{x^2}$ ，$\left(\frac{u}{x}\right)' = -\frac{1}{x^2}$

$\therefore$ $\frac{u}{x} = \frac{1}{x} + c$ ，即 $u = 1 + cx$，但 $u = \frac{1}{y}$

$\therefore$ $y = \frac{1}{1+cx}$ 是爲所求

例 6 解 $y' + y\cot x = \frac{1}{y}\csc^2 x$

解 原 ODE 相當於 $yy' + y^2\cot x = \csc^2 x$

取 $u = y^{1-(-1)} = y^2$，$u' = 2yy'$

$\therefore$ 令 $u=y^2$ 則原方程式可化爲

$$\frac{1}{2}u'+(\cot x)u=\csc^2 x$$

$$u'+2(\cot x)u=2\csc^2 x \tag{1}$$

$\therefore$ $\text{IF}=e^{\int 2\cot x dx}=\sin^2 x$，以 $\sin^2 x$ 乘上式兩邊得：

$$\sin^2 x\cdot u'+u\cdot 2\sin x\cos x=2$$

$$\Rightarrow u\sin^2 x=2x+c$$

$\therefore$ $u=(2x+c)\csc^2 x$ 即 $y^2=(2x+c)\csc^2 x$

習題 2.7

1. 解 $y'+2xy=4x$

   Ans：$y=2+ce^{-x^2}$

2. 解 $y'+y=e^{-x}$

   Ans：$y=(x+c)e^{-x}$

3. 解 $y'+y\cos x=xe^{-\sin x}$

   Ans：$y=e^{-\sin x}\left(\frac{x^2}{2}+c\right)$

4. 解 $y'-y=xy^5$

   Ans：$\frac{1}{y^4}=-x+\frac{1}{4}+ce^{-4x}$

5. 解 $y'+y=xy^3$

   Ans：$\frac{1}{y^2}=x+\frac{1}{2}+ce^{-2x}$

6. 解 $y'+y\sin x=y^2\sin x$

   Ans：$\frac{1}{y}=1+ce^{-\cos x}$

7. 試證 $y'+p(x)y=q(x)$ 之通解爲 $y=e^{-\int p(x)\,dx}(c+q(x)\,e^{\int p(x)\,dx})$

第3章

線性微分方程式

3.1 線性微分方程式

n 階線性微分方程式之通式

凡形如下列之微分方程式，我們稱之為 n 階線性微分方程式（linear differential equations of order n）

$$a_0(x)\frac{d^n}{dx^n}y + a_1(x)\frac{d^{n-1}}{dx^{n-1}}y + a_2(x)\frac{d^{n-2}}{dx^{n-2}}y + \cdots + a_{n-1}(x)\frac{dy}{dx} + a_n(x)y = b(x) \tag{3.1}$$

當 $a_0(x), a_1(x), \cdots, a_{n-1}(x), a_n(x)$ 均為常數時，稱式（3.1）為常係數微分方程式。$b(x)=0$ 時稱為齊性方程式（homogeneous equations）。

線性微分方程式是本章之主體，為了便於討論，我們先介紹 D 算子（在 3.5 節將有較多之討論）。讀者將可發現 D 算子在線性微分方程式之表達與求解上均有莫大之方便。

D 算子

若我們用 D 來表示 $\frac{d}{dx}$，則 $\frac{d}{dx}y=D_y$，$\frac{d^2}{dx^2}y=D^2{}_y\cdots\frac{d^n}{dx^n}y=D^n{}_y$，同時規定 $D^0y=y$ 則（3.1）式可表為 $L(D)y=b(x)$；其中

$$L(D) = a_0(x)D^n + a_1(x)D^{n-1} + \cdots + a_n(x)D^0$$

例如：

- $y'' - 2y' + 3y = e^x$ 可寫成 $L(D)y = (D^2 - 2D + 3)y = e^x$，$L(D) = D^2 - 2D + 3$
- $x^2y'' - 2xy' + \sqrt{x}\,y = \cos x$ 可寫成 $L(D)y = (x^2D^2 - 2xD + \sqrt{x})y = \cos x$，$L(D) = x^2D^2 - 2xD + \sqrt{x}$

例 1 若 $L(D) = D^2 + D + 1$，$y(x) = x^3 - x + 2$，求 $L(D)y$

解
$$\begin{aligned} L(D)y &= (D^2 + D + 1)(x^3 - x + 2) \\ &= (D^2 + D + 1)x^3 - (D^2 + D + 1)x + (D^2 + D + 1)2 \\ &= 6x + 3x^2 + x^3 - 1 - x + 2 \\ &= x^3 + 3x^2 + 5x + 1 \end{aligned}$$

或
$$\begin{aligned} L(D)y &= (D^2 + D + 1)(x^3 - x + 2) \\ &= D^2(x^3 - x + 2) + D(x^3 - x + 2) + 1(x^3 - x + 2) \\ &= 6x + 3x^2 - 1 + x^3 - x + 2 \\ &= x^3 + 3x^2 + 5x + 1 \end{aligned}$$

若 $L_1(D)$、$L_2(D)$ 爲二個 D 算子之常係數多項式，則我們已知它有下列諸性質：

1. $L_1(D) + L_2(D) = L_2(D) + L_1(D)$
2. $L_1(D) + [L_2(D) + L_3(D)] = [L_1(D) + L_2(D)] + L_3(D)$
3. $L_1(D)L_2(D) = L_2(D)L_1(D)$
4. $L_1(D)[L_2(D)L_3(D)] = [L_1(D)L_2(D)]L_3(D)$
5. $L_1(D)[L_2(D) + L_3(D)] = L_1(D)L_2(D) + L_1(D)L_3(D)$

練習

承例 1，驗證 $(D+2)(D+1)y=(D+1)(D+2)y$

例 2 $(D+2)(xD+1)y=(xD+1)(D+2)y$ 是否成立？

解 $(D+2)(xD+1)y=(D+2)xy'+(D+2)y$

$$=y'+xy''+2xy'+y'+2y$$

$$=2y+2y'+2xy'+xy''$$

而 $(xD+1)(D+2)y$

$=(xD+1)(y'+2y)=(xD+1)y'+(xD+1)2y$

$=xy''+y'+y'+2y=xy''+2y'+2y$

$\therefore (D+2)(xD+1)y \neq (xD+1)(D+2)y$

要注意的是，$L_1(D)L_2(D)=L_2(D)L_1(D)$ 在常數係數之常微分方程式中才成立，若不是常係數或 $L(D)$ 不為 D 之多項式則上述關係不恆成立。

$\frac{1}{L(D)}y$

若 $L(D)y=T(x)$，則 $y=\frac{1}{L(D)}T(x)$，$\frac{1}{L(D)}$ 是反算子（inverse operator），$\frac{1}{D}T(x)=\int T(x)dx$，$\frac{1}{D^m}T(x)=\underbrace{\int\cdots\int}_{m\text{ 次積分}}T(x)(dx)^m$

例如：$Dy=x^2$ 則 $y=\frac{1}{D}x^2=\int x^2dx=\frac{x^3}{3}$（不考慮積分常數 c）。

若 $L(D)y=(D+1)y=x^2$，$y=\frac{1}{D+1}x^2$，由 Maclaurin 展開式 $\frac{1}{D+1}=1-D+D^2\cdots$（若 $T(x)$ 爲 n 次多項式，取到 a_nD^n 即可，因此 $y=\frac{1}{D+1}x^2=(1-D+D^2)x^2=x^2-Dx^2+D^2x^2=x^2-2x+D(2x)=x^2-2x+2$。

我們將在 3.5 節討論 D 算子之進一步性質，以及如何應用 D 算子求 $L(D)y=b(x)$ 之特解 y_p。

線性微分方程式解之基本性質

若 $y=y(x)$ 是

$$L(D)y=a_0(x)y^{(n)}+a_1(x)y^{(n-1)}+\cdots+a_{n-1}(x)y'+a_n(x)y=0 \quad (3.2)$$

之解，則稱 $y=y(x)$ 爲（3.2）之齊性解（homogeneous solution），以 y_h 表之。

定理 A 若 $y=y_1(x)$ 與 $y=y_2(x)$ 均爲（3.2）之解，則 $y=c_1y_1(x)+c_2y_2(x)$（c_1，c_2 爲任意常數）亦爲其解

證明 $L(D)[c_1y_1(x)+c_2y_2(x)]$

$$=a_0(x)[c_1y_1(x)+c_2y_2(x)]^{(n)}+a_1(x)[c_1y_1(x)+c_2y_2(x)]^{(n-1)}$$
$$+a_2(x)[c_1y_1(x)+c_2y_2(x)]^{(n-2)}+\cdots+a_n(x)[c_1y_1(x)+c_2y_2(x)]$$

$$= c_1\,[a_0(x)y_1^{(n)}(x) + a_1(x)y_1^{(n-1)}(x) + \cdots + a_n(x)y_1(x)]$$
$$+ c_2\,[a_0(x)y_2^{(n)}(x) + a_1(x)y_2^{(n-1)}(x) + \cdots + a_n(x)y_2(x)]$$
$$= c_1 \cdot 0 + c_2 \cdot 0 = 0$$

$\therefore y = c_1y_1(x) + c_2y_2(x)$ 為（3.2）之一個解 ■

由定理 A 可推知：

1. 若 $y = y(x)$ 為（3.2）之解則 $y = cy(x)$ 亦為（3.2）之一個解，在此 c 為任意常數。
2. 若 $y = y_i(x)$ ，$i = 1, 2, \cdots n$ 為（3.2）之解則 $y = \sum_{i=1}^{n} y_i(x)$ 亦為（3.2）之解。

定理 B 若 $y = y_1(x)$ 為 $L(D)y = b(x)$ 之解且 $y = y_2(x)$ 為 $L(D)y = 0$ 之解則 $y = y_1(x) + y_2(x)$ 為 $L(D)y = b(x)$ 之解。

證明 $(y_1(x) + y_2(x)) = [a_0(x)y_1^{(n)}(x) + a_1(x)y_1^{(n-1)}(x) + \cdots + a_n(x)y_1(x)] + [a_0(x)y_2^{(n)}(x) + a_1(x)y_2^{(n-1)}(x) + \cdots + a_n(x)y_2(x)]$

$= b(x) + 0 = b(x)$ ■

根據上面之討論，我們可歸納出下列重要結果：若 y_p 為一線性常係數微分方程式之一個特解，y_h 為之齊性解，則通解 y_g 為 $y_g = y_p + y_h$。因此 ODE $L(D)y = b(x)$ 是先求齊性解 y_h ，然後由 $b(x)$ 求 y_p，如此便解得通解 $y_g = y_h + y_p$ 。

練習

想想看，爲何第二章一階常微分方程式在解題過程沒有考慮到 y_h。（提示：$y'=0$ 時 $y=$ ？）

線性獨立、線性相依與 Wronskian

$f(x)$，$g(x)$ 爲定義於 (a, b) 之二個函數，若存在二個常數 c_1，c_2（c_1 與 c_2 至少有一個不爲 0）使得 $c_1 f(x)+c_2 g(x)\equiv 0$，對 (a, b) 中之所有 x 均成立時，我們稱 $f(x)$，$g(x)$ 爲線性相依（linear dependent），否則爲線性獨立（linear independent）。爲了判斷二個函數是否線性獨立，我們將引入一個極爲便利之方法 — Wronskian（簡記 W），W 是行列式。

定理 C　$y_1(x)$，$y_2(x)$ 在 (a, b) 爲連續之可微分函數，若且唯若

$$W=\begin{vmatrix} y_1(x) & y_2(x) \\ y_1'(x) & y_2'(x) \end{vmatrix} \not\equiv 0$$

則 $y_1(x)$，$y_2(x)$ 爲線性獨立。

證明　考慮 $k_1y_1(x)+k_2y_2(x)=0$：　(1)

$\because$ $y_1(x)$ 與 $y_2(x)$ 在 (a, b) 中可微分，在 (1) 二邊同時對 x 微分得：

$$k_1y'_1(x)+k_2y'_2(x)=0 \quad (2)$$

由 (1)，(2) 可得線性聯立方程組

$$\begin{bmatrix} y_1(x) & y_2(x) \\ y'_1(x) & y'_2(x) \end{bmatrix}\begin{bmatrix} k_1 \\ k_2 \end{bmatrix}=\begin{bmatrix} 0 \\ 0 \end{bmatrix}$$

由線性代數，$\begin{bmatrix} k_1 \\ k_2 \end{bmatrix}$ 沒有零解之充要條件為 $\begin{vmatrix} y_1(x) & y_2(x) \\ y'_1(x) & y'_2(x) \end{vmatrix}=0$

$\therefore W \not\equiv 0$ 為 $y_1(x)$，$y_2(x)$ 線性獨立之充要條件 ■

定理 C 之結果可推廣至 n 個可微分函數情形。

讀者應注意的是像 x 與 x^2 的 $W=\begin{vmatrix} x & x^2 \\ 1 & 2x \end{vmatrix}=x^2$，$x=0$ 時 $W=0$，但因 $W \not\equiv 0$ 所以仍是線性獨立。

例 3 問 e^x，e^{2x} 是否為線性相依？

解

$$W=\begin{vmatrix} e^x & e^{2x} \\ e^x & 2e^{2x} \end{vmatrix}=e^x \cdot 2e^{2x}-e^{2x} \cdot e^x=e^{3x} \not\equiv 0$$

$\therefore$ e^x，e^{2x} 為線性獨立

例 4 問 $x, \sin x, \cos x$ 是否線性獨立？

解

$$W=\begin{vmatrix} x & \sin x & \cos x \\ 1 & \cos x & -\sin x \\ 0 & -\sin x & -\cos x \end{vmatrix}=x\begin{vmatrix} \cos x & -\sin x \\ -\sin x & -\cos x \end{vmatrix}$$

$$-\begin{vmatrix} \sin x & \cos x \\ -\sin x & -\cos x \end{vmatrix}=-x \neq 0$$

$\therefore$ $x, \sin x, \cos x$ 為線性獨立。

練習

問 $\sin x$，$\cos x$ 是否爲線性相依？

Ans：線性獨立。

定理 D 疊合原則（superposition principle）若 $y_1(x), y_2(x)\cdots y_n(x)$ 是線性微分方程式 $L(D)y=0$ 之線性獨立解，則 $y=c_1y_1(x)+c_2y_2(x)+\cdots+c_ny_n(x)$，$c_1, c_2\cdots c_n$ 爲任意常數，是 $L(D)y=0$ 之通解。

已知一個解下求為一線性獨立解

預備定理 E1 〔**Abel** 等式（Abel's identity）〕設 $y_1(x)$，$y_2(x)$ $y''+p(x)y'+q(x)y=0$ 之兩個解，則 $W=ce^{-\int pdx}$。

證明 $\because$ y_1，y_2 爲 $y''+py'+qy=0$ 之解

$$\therefore \begin{cases} y_1''+py_1'+qy_1=0 & (1) \\ y_2''+py_2'+qy_2=0 & (2) \end{cases}$$

$(2)\times y_1-(1)\times y_2$ 得：

$$y_1y_2''-y_2y_1''+p(y_1y_2'-y_2y_1')=0 \qquad (3)$$

但 $$W=\begin{vmatrix} y_1 & y_2 \\ y_1' & y_2' \end{vmatrix}=y_1y_2'-y_2y_1' \qquad (4)$$

$$W'=y_1'y_2'+y_1y_2''-y_2'y_1'-y_2y_1''=y_1y_2''-y_2y_1'' \tag{5}$$

$\therefore$ 代 (4)，(5) 入 (3) 得 $W'+pW=0$

$$\frac{d}{dx}W+pW=0$$

$$\Rightarrow \frac{dW}{W}=-pdx \quad \therefore \ln|W|=-\int pdx+c'$$

解之 $W=ce^{-\int pdx}$ ■

定理 E 已知 y_1 爲 $y''+p(x)y'+q(x)=0$ 之一個解，

則 $y_2=y_1\int\frac{ce^{-\int pdx}}{y_1^2}dx$ 爲方程式之另一個線性獨立解。

證明 由預備定理 E1

$$W=y_1y_2'-y_2y_1'=ce^{-\int pdx}$$

$$\frac{y_1y_2'-y_2y_1'}{y_1^{\,2}}=\frac{ce^{-\int pdx}}{y_1^{\,2}}$$

$$\Rightarrow \frac{d}{dx}\left(\frac{y_2}{y_1}\right)=\frac{ce^{-\int pdx}}{y_1^{\,2}}$$

$$\therefore\ y_2=y_1\int\frac{ce^{-\int pdx}}{y_1^{\,2}}dx$$ ■

若已知 $y_1(x)$ 爲 $y''+p(x)y'+q(x)=0$ 之一個解時，我們可應用定理 E 求得另一個線性獨立解。

例 5 若 $y_1=x^2$ 爲 $x^2y''-2xy'+2y=0$，$x\neq 0$ 之一個解，試求另一個線性獨立解 y_2。

解 我們將原方程式化爲 $y''-\frac{2}{x}y'+\frac{2}{x^2}y=0$

由定理 E

$$y_2=y_1\int\frac{ce^{-\int pdx}}{{y_1}^2}dx=x^2\int\frac{ce^{-\int\left(-\frac{2}{x}\right)dx}}{x^4}dx=x^2\int\frac{cx^2}{x^4}dx=-cx$$

爲 ODE　$x^2y''-2xy'+2y=0$ 之另一個線性獨立解。

例 6 給定 $y=x$ 可滿足 ODE　$(1+x^2)y''-2xy'+2y=0$，求此 ODE 之另一解。

解 $\because$ $y_1=x$ 爲 $y''+\frac{-2x}{1+x^2}y'+\frac{2}{1+x^2}y=0$ 之一個解

$\therefore$ 由定理 E 知另一線性獨立解爲

$$y_2=y_1\int\frac{ce^{-\int pdx}}{y_1^2}dx\text{，}p=\frac{-2x}{1+x^2}$$

$$=x\int\frac{ce^{\int\frac{2x}{1+x^2}dx}}{x^2}dx=cx\int\frac{(x^2+1)dx}{x^2}$$

$$=cx\int\left(1+\frac{1}{x^2}\right)dx=cx\left(x-\frac{1}{x}\right)$$

$$=c(x^2-1)$$

練習

若 $y=e^x$ 是 $y''-(1+x)y'+xy=0$ 之一個解，試求此 ODE 之另一線性獨立解。

Ans：$y_2=ce^x\int e^{\frac{1}{2}(x-1)^2}dx$

習題 3.1

1. 判斷 x^2e^x 與 x 是否為線性相依？

   Ans：否

2. 若 $y_1(x)$，$y_2(x)$ 均為（3.1）之解，問 $p(x)=k_1y_1(x)+k_2y_2(x)$ 是否為（3.1）之解？

   Ans：否

3. 問 x，$|x|$ 是否線性獨立？

   Ans：否

4. 驗證 $y_1=e^{-3x}$，$y_2=e^x$ 均為 $y''+2y'-3y=0$ 之解，又 $y_1=e^{-3x}$ 與 $y_2=e^x$ 是否線性相依？並據此試證 $\varphi(x)=2e^{-3x}-3e^x$ 亦為 $y''+2y'-3y=0$ 之解。

5. 方程式 $y''+Py'+Qy=0$，P，Q 均為 x 之函數，試證：

   (1) 若 $P+xQ=0$ 則 $y=x$ 為方程式之特解

   (2) 若 $1+P+Q=0$ 則 $y=e^x$ 為方程式之特解

6. 考慮 Ricatti 方程式 $u'+p_1(x)u+p_2(x)+u^2=0$

(1) 若已知 $u_1(x)$ 為上述方程式之一個解，

試證 $v=u-u_1(x)$ 能將 Ricatti 方程式化成

$v'+(p_1(x)+2u_1(x))v+v^2=0$

(2) (1) 是什麼方程式？

Ans：Bernoulli 方程式。

3.2 高階常係數齊性微分方程式

爲了簡單入門起見，我們可從二階常係數齊性線性微分方程式著手：

$$a_0y''+a_1y'+a_2y=0 \tag{1}$$

令 $y=e^{mx}$ 爲其中一個解，將 $y=e^{mx}$ 代入上式，

$$a_0y''+a_1y'+a_2y=a_0m^2e^{mx}+a_1me^{mx}+a_2e^{mx}=e^{mx}(a_2+a_1m+a_0m^2)=0$$

$$\because e^{mx}\neq 0 \therefore a_0m^2+a_1m+a_2=0 \qquad *$$

* 爲 (1) 之特徵方程式（characteristic equations），它的二個根：

$$m=\frac{-a_1\pm\sqrt{a_1^2-4a_0a_2}}{2a_0}$$

1. 判別式 $D=a_1^2-4a_0a_2>0$ 時：m 有二相異實根 m_1, m_2

$$m_1=\frac{-a_1+\sqrt{a_1^{\,2}-4a_0a_2}}{2a_0}\quad 及\quad m_2=\frac{-a_1-\sqrt{a_1^{\,2}-4a_0a_2}}{2a_0}$$

此時微分方程式有兩個線性獨立解 $y_1=e^{m_1x}$ 及 $y_2=e^{m_2x}$

$\therefore$解為 $y_h=c_1e^{m_1x}+c_2e^{m_2x}$

2. 判別式 $D=a_1^{\,2}-4a_0a_2=0$ 時：m 為同根，則

$y_h=(a+bx)e^{mx}$，a，b 為任意常數且 $m=-\dfrac{a_1}{2a_0}$

3. 判別式 $D=a_1^{\,2}-4a_0a_2<0$ 時：m 有二共軛複根，$m_1=p+qi$，$m_2=p-qi$，$p, q\in R$

則 $y_h=e^{px}(c_1\cos qx+c_2\sin qx)$

例 1 求 $y''-3y'-4y=0$ 之 y_h

解 $y''-3y'-4y=0$ 之特徵方程式為

$m^2-3m-4=(m-4)(m+1)=0$

$\therefore\ m=4$ 或 -1

故 $y_h=ae^{4x}+be^{-x}$

例 2 求 $y''-3y'+y=0$ 之 y_h

解 $y''-3y'+y=0$ 之特徵方程式為 $m^2-3m+1=0$ 得

$$m=\frac{3\pm\sqrt{5}}{2}$$

$\therefore y_h=ae^{m1x}+be^{m2x}$，$m_1=\dfrac{3+\sqrt{5}}{2}$，$m_2=\dfrac{3-\sqrt{5}}{2}$

例 3 求 $y''-y'+y=0$ 之 y_h

解 $y''-y'+y=0$ 之特徵方程式為 $m^2-m+1=0$

$$m=\frac{1\pm\sqrt{3}i}{2}，p=\frac{1}{2}，q=\frac{\sqrt{3}}{2}$$

$$\therefore y_h=e^{\frac{x}{2}}\left(c_1\cos\frac{\sqrt{3}}{2}x+c_2\sin\frac{\sqrt{3}}{2}x\right)$$

高階齊性方程式

我們可將上述之結果推廣到 n 階常係數線性微分方程式：

$$L(D)=a_0D^n+a_1D^{n-1}+a_2D^{n-2}+\cdots+a_{n-1}D+a_n$$

$\therefore L(D)y=a_0D^ny+a_1D^{n-1}y+a_2D^{n-2}y+\cdots+a_{n-1}Dy+a_ny=0$ (1)

$y=e^{mx}$ 滿足 $L(D)y=0$，茲證明如下：

$\because y^{(k)}=m^ke^{mx}$，即 $D^ky=m^ke^{mx}$，$k=0, 1, 2\cdots n$ 代之入 (1) 得

$$a_0m^ne^{mx}+a_1m^{n-1}e^{mx}+\cdots+a_{n-1}me^{mx}+a_ne^{mx}$$
$$=e^{mx}\times\underbrace{(a_0m^n+a_1m^{n-1}+\cdots+a_{n-1}m+a_n)}_{=0}=0$$

$\therefore y=e^{mx}$ 爲 (1) 之一個根，同時

$a_0m^n+a_1m^{n-1}+\cdots+a_{n-1}m+a_n=0$ (2)

若 (2) 之 $m=\lambda$ 有 r 個重根，則

$y=e^{\lambda x}(c_0+c_1x+c_2x^2+\cdots+c_rx^r)$ 爲 (1) 之一個解。

例 4 求 $D(D-1)(D-2)y=0$ 之 y_h

解 原方程式之特徵方程式爲 $m(m-1)(m-2)=0$ 有三個相異根 0，1，2

$$\therefore\ y = c_1e^{0x} + c_2e^{1x} + c_3e^{2x}$$
$$= c_1 + c_2e^{x} + c_3e^{2x}$$

例 5 求 $D(D+1)^2(D-1)^3y = 0$ 之 y_h

解 原方程式之特徵方程式爲 $m(m+1)^2(m-1)^3 = 0$ 解之 $m = 0$（一根），-1（二重根），1（三重根）

$$\therefore\ y = c_1e^{0x} + (c_2 + c_3x)e^{-x} + (c_4 + c_5x + c_6x^2)e^{x}$$
$$= c_1 + (c_2 + c_3x)e^{-x} + (c_4 + c_5x + c_6x^2)e^{x}$$

由例 4，5 可知，若 $L(D) = 0$ 爲 D 之 n 次多項式，則 y_n 之任意常數個數與 D^n 之冪次 n 一致。

$a \pm bi$ 為特徵方程式之根時

因爲 $a + bi$ 爲實係數常微分方程式之特徵方程式之一個根時，$a - bi$ 亦必爲特徵方程式之另一根。設 $p + qi$ 爲特徵方程式之 r 個重根，則：

$$y = e^{px}[(a_0 + a_1x + \cdots + a_{r-1}x^{r-1})\cos qx + (b_0 + b_1x + \cdots + b_{r-1}x^{r-1})\sin qx]$$

例 6 求 $(D^4 + 10D^2 + 25)y = 0$ 之 y_h

解 原方程式之特徵方程式 $m^4 + 10m^2 + 25 = 0 \quad (m^2+5)^2 = 0$

$\therefore\ m = \pm\sqrt{5}i$（重根）

$$y = (a_0 + a_1x)\cos\sqrt{5}x + (b_0 + b_1x)\sin\sqrt{5}x$$

例 7 解 $D(D^2+4)^2y=0$

解 原方程式之特徵方程式 $m(m^2+4)^2=0$ 之根爲 $m=0$，$\pm 2i$（重根）

$\therefore\ y=a_0+[(b_0+b_1x)\cos 2x+(c_0+c_1x)\sin 2x]$

練習

求 $(D^2+4)(D^2+D+1)(D-2)y=0$ 之 y_h

Ans：

$$y_h=(a_0\cos 2x+a_1\sin 2x)+e^{-\frac{x}{2}}\left(b_0\cos\frac{\sqrt{3}}{2}x+b_1\sin\frac{\sqrt{3}}{2}x\right)+c_0e^{2x}$$

習題 3.2

1. 解 $y''+4y'+4y=0, y(0)=1, y'(0)=2$

   Ans：$y=(4x+1)e^{-2x}$

2. 解 $D^2(D+1)y=0$

   Ans：$y=(c_1+c_2x)+c_3e^{-x}$

3. 解 $D^2(D^2+1)y=0$

   Ans：$y_h=(c_1+c_2x)+c_3\cos x+c_4\sin x$

4. 解 $(D^4-16)y=0$

   Ans：$y_h=c_1\cos 2x+c_2\sin 2x+c_3e^{2x}+c_4e^{-2x}$

5. 解 $(D^2+4D+5)y=0$

   Ans：$y_h=e^{-2x}(c_1\cos x+c_2\sin x)$

6. 解 $(D^4+2D^2+1)y=0$

   Ans：$y_h=(c_1+c_2x)\cos x+(c_3+c_4x)\sin x$

7. 解 $y''+2y'+3y=0$，$y(0)=2$，$y'(0)=-3$

Ans：$y_h=e^{-x}(2\cos\sqrt{2}\,x-\frac{\sqrt{2}}{2}\sin\sqrt{2}\,x)$

3.3 未定係數法

在求常係數線性微分方程式 $L(D)y=b(x)$ 特解 y_p，未定係數法是一個直覺簡便的方法，當 $b(x)$ 是多項式、指數函數或三角函數時尤然。

雖然有人稱未定係數法是「明智的猜測法」（method of judicious guessing），但仍有下列規則可循：爲簡便計，我們先以二階常係數微分方程式 $ay''+by'+cy=b(x)$ 爲例說明：

首先求出 $ay''+by'+cy=0$ 之齊性解。若求出之線性獨立的齊性解 y_1，y_2 均不含 $b(x)$ 之某個項時可依下表去假設 $b(x)$ 由哪些函數組成。

$b(x)$ 之形式	可能函數族
常數	$\{1\}$
x^p	$\{x^p, x^{p-1}, x^{p-2}, \cdots, x, 1\}$
e^{px}	$\{e^{px}\}$
$\sin px$	$\{\sin px, \cos px\}$
$\cos px$	$\{\sin px, \cos px\}$
函數和	對應函數之聯集

例 1 用未定係數法解 $y'' + 4y' + 3y = e^{5x}$

解 (1) 先求 y_h

$y'' + 4y' + 3y = 0$ 之齊性解：

$\because$ 特徵方程式 $m^2 + 4m + 3 = (m+3)(m+1) = 0$，$m = -1,$ -3

$\therefore y_h = c_1e^{-x} + c_2e^{-3x}$

(2) 次求 y_p：

$\because b(x) = e^{5x}$（可能函數集 $\{e^{5x}\}$）令 $y = ae^{5x}$，代入原方程式 $25ae^{5x} + 20ae^{5x} + 3ae^{5x} = 48ae^{5x} = e^{5x}$，得 $a = \dfrac{1}{48}$

即 $y_p = \dfrac{1}{48}e^{5x}$

$\therefore y = y_h + y_p = c_1e^{-x} + c_2e^{-3x} + \dfrac{1}{48}e^{5x}$

例 2 解 $y'' + y = 1 + x^2$

解 (1) 先求 y_h：

又 $y'' + y = 0$ 之特徵方程式為 $m^2 + 1 = 0$

$\therefore m = \pm i$，$y_h = c_1\cos x + c_2\sin x$

(2) 次求 y_p：

$\because b(x) = 1 + x^2$（可能函數集 $\{1, x, x^2\}$）

設 $y_p = a + bx + cx^2$，$y'_p = b + 2cx$，$y''_p = 2c$

$\therefore y_p'' + y_p = (a + 2c) + bx + cx^2 = 1 + x^2$

比較兩邊係數：

$$\begin{cases} a + 2c = 1 \\ b = 0 \\ c = 1 \end{cases}$$ 得 $c = 1$，$b = 0$，$a = -1$

$y_p = x^2 - 1$

$\therefore y_g = y_p + y_h = c_1 \cos x + c_2 \sin x + x^2 - 1$

例 3　解 $y'' - y = x + 2e^{2x}$

解　(1) 先求 y_h：

$y'' - y = 0$ 之特徵方程式 $m^2 - 1 = 0$

$\therefore m = \pm 1$，即 $y_h = c_1 e^x + c_2 e^{-x}$

(2) 次求 y_p：

$\because b(x) = x + 4e^{2x}$（可能函數集 $\{x, e^{2x}\}$）

令　$y_p = Ax + B + Ce^{2x}$，$y'_p = A + 2Ce^{2x}$，$y''_p = 4Ce^{2x}$

由　$y''_p - y_p = 3Ce^{2x} - Ax - B = x + 2e^{2x}$

得　$A = -1$，$C = \dfrac{2}{3}$，$B = 0$，$y_p = -x + \dfrac{2}{3}e^{2x}$

$\therefore y_g = y_h + y_p = c_1 e^x + c_2 e^{-x} - x + \dfrac{2}{3}e^{2x}$

當 $b(x)$ 有某些項與 y_h 之某些項重複時，我們要將重複項乘上 x^m（m 爲正整數，m 盡可能小，通常爲特徵方程式根之重根數）。

例 4　解 $y'' - 2y' + y = e^x + x$

解　(1) 先求 y_h：

$y'' - 2y' + y = 0$ 之特徵方程式 $m^2 - 2m + 1 = 0$ 得 $m = 1$（重根）

$\therefore y_h = (c_1 + c_2 x)e^x$

(2) 次求 y_p：

$\because b(x) = e^x + x$（可能之函數集 $\{x, e^x\}$）

因 y_h 中之 $c_1 e^x$ 出現在可能函數集中

$\therefore$ 令 $y_p = Ax^2e^x + (Bx + C)$

$y'_p = 2Axe^x + Ax^2e^x + B$

$y''_p = 2Ae^x + 2Axe^x + 2Axe^x + Ax^2e^x$

$= 2Ae^x + 4Axe^x + Ax^2e^x$

由 $y''_p - 2y'_p + y_p = (2Ae^x + 4Axe^x + Ax^2e^x) - 2(2Axe^x + Ax^2e^x$

$+ B) + (Ax^2e^x + Bx + C)$

$= 2Ae^x + (Bx - 2B + C) = e^x + x$

$\therefore 2A = 1,\ A = \frac{1}{2}$

$B = 1, C = 2$

得 $y_p = \frac{1}{2}x^2e^x + x + 2$

$y_g = y_h + y_p = (c_1 + c_2x)e^x + \frac{1}{2}x^2e^x + x + 2$

在結束本節前，作者強調的是：在求常係數線性微分方程式之特解時，D 算子法有時比「未定係數法」方便。

習題 3.3

1. 解 $y'' + 5y' + 6y = e^{-2x}$

   Ans：$y = (c_1 + x)e^{-2x} + c_2e^{-3x}$

2. 解 $y'' - y = x$

   Ans：$y = c_1e^x + c_2e^{-x} - x$

3. 解 $y'' - 3y' + 2y = e^x$，$y(0) = 0$，$y'(0) = 1$

   Ans：$y = -2e^x + 2e^{2x} - xe^x$

4. 解 $y'' + 9y = 2\sin 3x$

   Ans：$y = c_1\cos3x + c_2\sin3x - \frac{x}{3}\cos3x$

5. 解 $y'' + 9y = x\cos x$

   Ans：$y = c_1\cos3x + c_2\sin3x + \frac{1}{8}x\cos x + \frac{1}{32}\sin x$

3.4 參數變動法

本節我們將介紹 $y'' + a_1y' + a_2y = b(x)$ 之另一種解法，稱爲參數變動法（variation of parameters）。

設 y_1 及 y_2 爲 $y'' + a_1y' + a_2y = 0$ 之兩個齊性解，參數變動法之目的在於「找出可微分函數 $A(x)$ 及 $B(x)$ 以使得 $y(x) = A(x)y_1 + B(x)y_2$ 爲方程式 $y'' + a_1y' + a_2y = b(x)$ 的解」。如何找出 $A(x)$，$B(x)$？

定理 A 若 $y'' + a_1y' + a_2y = b(x)$ 之齊次解 $y_1 = y_1(x), y_2 = y_2(x)$（不考慮常數），則方程式之解爲 $y(x)$ 爲 $y = A(x)y_1 + B(x)y_2$，其中 $A(x), B(x)$ 滿足 $\begin{cases} A'(x)y_1 + B'(x)y_2 = 0 \\ A'(x)y'_1 + B'(x)y'_2 = b(x) \end{cases}$。

例 1 解 $y'' + y = \sec x$

解 (1) $y'' + y = 0$ 之齊性解：

$y''+y=0$ 之特徵方程式 $m^2+1=0$ 之二根為 $\pm i$ $\therefore y_1=\cos x$，$y_2=\sin x$

(2) 設 $y=A(x)\cos x+B(x)\sin x$

(3) 解 $\begin{cases} A'(x)\cos x+B'(x)\sin x=0 \\ -A'(x)\sin x+B'(x)\cos x=\sec x \end{cases}$

得 $A'(x)=\dfrac{\begin{vmatrix} 0 & \sin x \\ \sec x & \cos x \end{vmatrix}}{\begin{vmatrix} \cos x & \sin x \\ -\sin x & \cos x \end{vmatrix}}=-\tan x \Rightarrow A(\mathrm{x})=\ln|\cos x|+c_1$

$B'(x)=\dfrac{\begin{vmatrix} \cos x & 0 \\ -\sin x & \sec x \end{vmatrix}}{\begin{vmatrix} \cos x & \sin x \\ -\sin x & \cos x \end{vmatrix}}=1 \Rightarrow B(\mathrm{x})=x+c_2$

(4) $y=A(x)y_1+B(x)y_2=(\ln|\cos x|+c_1)\cos x+(x+c_2)\sin x$

$=\cos x\ln|\cos x|+x\sin x+c_1\cos x+c_2\sin x$

例 2 解 $y''+2y'-3y=e^{-x}$

解 (1) 求齊次方程式 $y''+2y'-3y=0$ 之解：

$y''+2y'-3y=0$ 之特徵方程式為 $m^2+2m-3=0$，二根為 -3，1

$\therefore y_1=e^{-3x}, y_2=e^x$

(2) 設 $y=A(x)e^{-3x}+B(x)e^x$

(3) 解 $\begin{cases} A'(x)e^{-3x}+B'(x)e^x=0 \\ -3A'(x)e^{-3x}+B'(x)e^x=e^{-x} \end{cases}$

$$\therefore A'(x)=\frac{\begin{vmatrix}0 & e^{x}\\ e^{-x} & e^{x}\end{vmatrix}}{\begin{vmatrix}e^{-3x} & e^{x}\\ -3e^{-3x} & e^{x}\end{vmatrix}}=\frac{-1}{4e^{-2x}}=-\frac{1}{4}e^{2x}$$

$$A(x)=-\frac{1}{8}e^{2x}+c_1$$

$$B'(x)=\frac{\begin{vmatrix}e^{-3x} & 0\\ -3e^{-3x} & e^{-x}\end{vmatrix}}{\begin{vmatrix}e^{-3x} & e^{x}\\ -3e^{-3x} & e^{x}\end{vmatrix}}=\frac{e^{-4x}}{4e^{-2x}}=\frac{1}{4}e^{-2x}$$

$$B(x)=-\frac{1}{8}e^{-2x}+c_2$$

(4) $y=A(x)y_1+B(x)y_2$

$$=\left(-\frac{1}{8}e^{2x}+c_1\right)e^{-3x}+\left(-\frac{1}{8}e^{-2x}+c_2\right)e^{x}$$

$$=-\frac{1}{4}e^{-x}+c_1e^{-3x}+c_2e^{x}$$

練習

以參數變動法求 $y''+5y'+6y=e^{-2x}$ 之解。

Ans：$y=(x+c_1)e^{-2x}+c_2e^{-3x}$

習題 3.4

用參數變動法解下列各微分方程式

1. 解 $y''+9y=2\sin 3x$

   Ans：$y=c_1\cos 3x+c_2\sin 3x-\dfrac{x}{3}\cos 3x+\dfrac{1}{18}\sin 3x$

2. 求 $y''-y=e^x$

   Ans：$y=c_1e^x+c_2e^{-x}+\dfrac{1}{2}xe^x$

3. 求 $y''-2y+y=\dfrac{e^x}{x}$

   Ans：$y=c_1e^x+xe^x(c_2+\ln|x|)$

4. 解 $y''+y=\csc x$

   Ans：$y=c_1\cos x+c_2\sin x-x\cos x+\sin x\ln|\sin x|$

3.5 *D*算子法

我們在 3.1 節已對 D 算子做了簡單之介紹，本節將對 D 算子之運算及如何用逆 D 算子求 $L(D)y=b(x)$ 之特解 y_p。

D 算子之性質

定理 A $\dfrac{1}{L(D)}e^{px}=\dfrac{e^{px}}{L(p)}$，$L(p)\neq 0$

證明 設 $L(D)=a_0D^n+a_1D^{n-1}+\cdots+a_{n-1}D+a_n$

則
$$\begin{aligned}L(D)e^{px}&=(a_0D^n+a_1D^{n-1}+\cdots+a_{n-1}D+a_n)e^{px}\\&=a_0D^ne^{px}+a_1D^{n-1}e^{px}+\cdots+a_{n-1}De^{px}+a_ne^{px}\\&=a_0p^ne^{px}+a_1p^{n-1}e^{px}+\cdots+a_{n-1}pe^{px}+a_ne^{px}\\&=(a_0p^n+a_1p^{n-1}+\cdots+a_{n-1}p+a_n)e^{px}\\&=L(p)e^{px}\end{aligned}$$

$$\therefore\ \frac{e^{px}}{L(D)}=\frac{e^{px}}{L(p)}$$ ■

例 1 求 $\dfrac{1}{D^2-3D+5}e^{-x}$

解
$$\begin{aligned}\frac{1}{D^2-3D+5}e^{-x}&=\frac{1}{(-1)^2-3(-1)+5}e^{-x}\\&=\frac{1}{9}e^{-x}\end{aligned}$$

例 2 求 $\dfrac{1}{D(D^2+1)}e^{-3x}$

解
$$\frac{1}{D(D^2+1)}e^{-3x}=\frac{1}{(-3)[(-3)^2+1]}e^{-3x}=-\frac{1}{30}e^{-3x}$$

爲了導出定理 B，我們先證明二個預備定理。

預備定理 B1 $D^n[e^{px}T(x)] = e^{px}(D+p)^n T(x)$，$n \in Z^+$

證明 利用數學歸納法

$n=1$ 時：$D(e^{px}T(x)) = pe^{px}T(x) + e^{px}DT(x)$

$$= e^{px}(p+D)T(x)$$

$n=k$ 時：設 $D^k(e^{px}T(x)) = e^{px}(p+D)^k T(x)$ 成立。

$n=k+1$ 時：$D^{k+1}(e^{px}T(x)) = D(D^k(e^{px}T(x)))$

$$= D(e^{px}(p+D)^k T(x))$$

$$= pe^{px}(p+D)^k T(x) + e^{px}(p+D)^k DT(x)$$

$$= e^{px}(p+D)^{k+1}T(x)$$

由數學歸納法知 $D^n(e^{px}T(x)) = e^{px}(D+p)^n T(x)$ 對所有正整數 n 均成立。 ■

預備定理 B2 $L(D)(e^{px}T(x)) = e^{px}L(D+p)T(x)$

證明 $L(D)(e^{px}T(x)) = a_0D^n(e^{px}T(x)) + a_1D^{n-1}(e^{px}T(x)) + \cdots + a_nD^o(e^{px}T(x))$

$$= a_0e^{px}(p+D)^n T(x) + a_1e^{px}(p+D)^{n-1}T(x) + \cdots + a_ne^{px}\mathrm{T}(x)$$

$$= e^{px}(a_0(p+D)^n + a_1(p+D)^{n-1} + \cdots + a_n)T(x)$$

$$= e^{px}L(D+p)T(x)$$ ■

有了上二個預備定理，我們很容易導出定理 B

定理 B $\frac{1}{L(D)}[e^{px}T(x)]=e^{px}\frac{1}{L(D+p)}T(x)$

證明 令 $\frac{1}{L(D)}[e^{px}T(x)]=y$，$L(D)y=e^{px}T(x)$ (1)

$L(D)(y)=L(D)[e^{px}(ye^{-px})]\xrightarrow{\text{預備定理 B2}}e^{px}L(D+p)(ye^{-px})\overset{(1)}{=\!=}e^{px}T(x)$

$\therefore L(D+p)ye^{-px}=T(x)$

從而 $y=e^{px}\frac{1}{L(D+p)}T(x)$

即 $\frac{1}{L(D)}[e^{px}T(x)]=e^{px}\frac{1}{L(D+p)}T(x)$ ■

定理 C $\frac{1}{(D-a)^m}e^{ax}=\frac{1}{m!}x^m e^{ax}, m\in N$。

證明 以 $m=1, 2$ 驗證之：

(1) $m=1$ 時，

$\frac{1}{D-a}e^{ax}=y$ 相當於解 $(D-a)y=e^{ax}$，即 $y'-ay=e^{ax}$，

此為一階線性方程式，取 $\text{IF}=e^{-\int a dx}=e^{-ax}$

$e^{-ax}y'-ae^{-ax}y=e^{-ax}\cdot e^{ax}$ $\therefore (e^{-ax}y)'=1$

得 $e^{-ax}y=x$（積分常數略之） 即 $y=xe^{ax}$

(2) $m=2$ 時，

$\frac{1}{(D-a)^2}e^{ax}=\frac{1}{D-a}\left(\frac{1}{D-a}e^{ax}\right)\overset{\text{由 (1)}}{=\!=}\frac{1}{D-a}xe^{ax}=y$

此相當解 $(D-a)y=xe^{ax}$，即 $y'-ay=xe^{ax}$，取

$\text{IF}=e^{-\int adx}=e^{-ax}$

$e^{-ax}y'-e^{-ax}ay=e^{-ax}xe^{ax}=x \quad \therefore (e^{-ax}y)'=x$

解之 $e^{-ax}y=\frac{x^2}{2}$，$y=\frac{x^2}{2}e^{ax}$（積分常數略之），反覆演證即得。■

定理 D $\frac{1}{D-m}T(x)=e^{mx}\int e^{-mx}T(x)dx$

證明 $y=\frac{1}{D-m}T(x)$ 相當於 $(D-m)y=T(x)$，即 $y'-my=T(x)$

取 $\text{IF}=e^{\int(-m)dx}=e^{-mx}$

$\therefore e^{-mx}y'-e^{-mx}my=e^{-mx}T(x)$

$(e^{-mx}y)'=e^{-mx}T(x)$

$e^{-mx}y=\int e^{-mx}T(x)dx$

$\therefore y=e^{mx}\int e^{-mx}T(x)dx$ ■

定理 D 可等價地表成 $\frac{1}{D+m}T(x)=e^{-mx}\int e^{mx}T(x)dx$

練習

用定理 D 驗證 $\frac{1}{D-1}e^{2x}=e^{2x}$

定理 E 定理 D 之推廣：

$$\frac{1}{(D-a)(D-b)}T(x)=e^{ax}\int e^{(b-a)x}\int e^{-bx}T(x)(dx)^2$$

證明 令 $\frac{1}{D-b}T(x)=u(x)$ 則由定理 D 得

$$u(x)=e^{bx}\int e^{-bx}T(x)dx$$

又 $y=\frac{1}{D-a}u$

$$\therefore y=\frac{1}{D-a}\left[e^{bx}\int e^{-bx}T(x)dx\right]$$

$$=e^{ax}\int e^{-ax}\cdot e^{bx}\int e^{-bx}T(x)(dx)^2$$

$$=e^{ax}\int e^{(b-a)x}\int e^{-bx}T(x)(dx)^2$$

■

定理 E 可等價地表成 $\frac{1}{(D+a)(D+b)}T(x)$ $=e^{-ax}\int e^{(a-b)x}\int e^{bx}T(x)(dx)^2$

例 3 求 $\frac{1}{D^2+2D+1}e^{-x}$

解 方法一：由定理 C

$$\frac{1}{(D+1)^2}e^{-x}=\frac{x^2}{2}e^{-x}$$

方法二：由定理 E

$$\frac{1}{D^2+2D+1}e^{-x}=\frac{1}{(D+1)^2}e^{-x}=e^{-x}\int e^{(1-1)x}\int e^{x}e^{-x}(dx)^2$$

$$=e^{-x}\iint 1(dx)^2=e^{x}\int xdx=\frac{x^2}{2}e^{-x}$$

例 4　$(D^2-1)y_p=e^x$，求 y_p

解　$$y_p=\frac{1}{D^2-1}e^x=\frac{1}{(D-1)(D+1)}e^x=e^x\int e^{(-1-1)x}\int e^xe^x(dx)^2$$

$$=e^x\int e^{-2x}(\int e^{2x}dx)dx=e^x\int e^{-2x}\frac{1}{2}e^{2x}dx=\frac{x}{2}e^x$$

例 5　求 $\frac{1}{(D-1)D}x$

解　$$\frac{1}{(D-1)D}x=e^x\int e^{(-1-0)x}\int e^{0x}x(dx)^2=e^x\int e^{-x}(\int xdx)dx$$

$$=e^x\int\frac{x^2}{2}e^{-x}dx=\frac{1}{2}e^x\int x^2e^{-x}dx$$

$$=\frac{1}{2}e^x(-x^2e^{-x}-2xe^{-x}-2e^{-x})$$

$$=\frac{-1}{2}(x^2+2x+2)$$

定理 F

$$\frac{1}{\phi(D^2)}\cos(ax+b)=\frac{1}{\phi(-a^2)}\cos(ax+b)\text{，}\phi(-a^2)\neq 0$$

$$\frac{1}{\phi(D^2)}\sin(ax+b)=\frac{1}{\phi(-a^2)}\sin(ax+b)\text{，}\phi(-a^2)\neq 0$$

若 $\phi(-a^2)=0$ 時，我們可利用定理 D 或未定係數法解之。

例 6　解 $\frac{1}{(D^2+1)^2}\cos 3x$ 及 $\frac{1}{D(D-1)}\cos x$

解　(1) $\frac{1}{(D^2+1)^2}\cos 3x=\frac{1}{[-(3)^2+1]^2}\cos 3x=\frac{1}{64}\cos 3x$

$$(2)\ \frac{1}{D(D-1)}\cos x=\frac{1}{D^2-D}\cos x=\frac{1}{(-(1)^2-D)}\cos x$$

$$=-\frac{1}{1+D}\cos x=-\frac{1-D}{1-D^2}\cos x$$

$$=-\frac{1-D}{1-(-1^2)}\cos x=-\frac{1}{2}(1-\mathrm{D})\cos x$$

$$=-\frac{1}{2}\cos x-\frac{1}{2}\sin x$$

練習

驗證 $\frac{D-1}{D^4+D^2+1}\sin x\ =\cos x-\sin x$

習題 3.5

求下列各題之特解（1～7）

1. $\frac{1}{D^2-D-1}e^{2x}$

   Ans：e^{2x}

2. $\frac{1}{D^3-3D^2+3D-1}e^{x}$

   Ans：$\frac{x^3}{6}e^{x}$

3. $\frac{1}{(D-2)^2}e^{3x}\sin x$

   Ans：$-\frac{1}{2}e^{3x}\cos x$

4. $\frac{1}{D+2}\sin 3x$

Ans：$\dfrac{1}{13}(2\sin 3x - 3\cos 3x)$

5. $\dfrac{1}{D+2}e^{-2x}\sin 3x$

   Ans：$\dfrac{-1}{3}e^{-2x}\cos 3x$

6. $\dfrac{1}{1+D}(x+1)$

   Ans：x

7. $\dfrac{1}{1+D}\cos x$

   Ans：$\dfrac{1}{2}(\cos x + \sin x)$

用 D 算子法解下列微分方程式：

8. $y'' - 3y' + 2y = \sin e^{-x}$

   Ans：$y = c_1e^{x} + c_2e^{2x} - e^{2x}\sin e^{-x}$

9. $y'' - y = 4xe^{x}$

   Ans：$y = c_1e^{x} + c_2e^{-x} + e^{x}(x^2 - x)$

3.6 尤拉線性方程式

尤拉線性方程式（Euler's linear equation）之一般式爲

$$a_0x^ny^{(n)} + a_1x^{n-1}y^{(n-1)} + \cdots + a_{n-1}xy' + a_ny = \rho(x)$$

我們可透過 $x = e^z$ 或 $y = x^m$ 之轉換來解出此類方程式。

I. $x=e^t$ 轉換

定理 A $a_0x^2y'' + a_1xy' + a_2y = b(x)$，取 $x = e^t$，則有：$xD = D_t$ 與 $x^2D^2 = D_t(D_t - 1)$

證明

1. $Dy=\frac{dy}{dx}=\frac{dy}{dt}\Big/\frac{dx}{dt}=\frac{dy}{dt}\Big/e^t=e^{-t}\frac{dy}{dt}=\frac{1}{x}D_ty$

$\therefore D_t=xD$

2. $D^2y=\frac{d^2y}{dx^2}=\frac{d}{dx}\left(\frac{d}{dx}y\right)=\frac{d}{dx}\underbrace{\left(e^{-t}\frac{dy}{dt}\right)}_{\text{由 }1}=\frac{dy}{dt}\left(e^{-t}\frac{dy}{dt}\right)\Big/\underbrace{\frac{dx}{dt}}_{e^t}$

$=e^{-2t}(D_t^2-D_t)$

$\therefore x^2D^2{}_y=(D_t^2-D_t)y=D_t(D_t-D_y)$ ■

定理 A 可引伸至 $x^3D^3=D_t(D_t-1)(D_t-2)$……等等。

II. 用 $y=x^m$ 做試解（trial solution）

我們仍以 $a_0x^2y'' + a_1xy' + a_2y = 0$ 爲例說明：令 $y = x^m$，則 $y' = mx^{m-1}$，$y'' = m(m-1)x^{m-2}$ 代入方程式後可得一個以 m 爲變數之二次方程式，而有二個根 m_1, m_2：

(1) m_1, m_2 爲相異實根則 $y=c_1x^{m_1}+c_2x^{m_2}$

(2) m_1, m_2 爲重根則 $y=(c_1\ln|x|+c_2)x^m$

(3) m_1, m_2 爲共軛複根 $p\pm qi$，則

$y=c_1x^p\cos(q\ln|x|)+c_2x^p\sin(q\ln|x|)$

例 1　解 $x^2y''-xy'-3y=0$

解　解法一：令 $x=e^t$ 則可將原方程式轉換成

$[D_t(D_t-1)-D_t-3]\,y=0$　即 $[D_t^2-2D_t-3]\,y=0$

特徵方程式 $m^2-2m-3=(m-3)(m+1)=0$，二根為 3，-1

$\therefore y=c_1e^{3t}+c_2e^{-t}=c_1x^3+\dfrac{c_2}{x}$

解法二：

令 $y=x^m$，代入 $x^2y''-xy'-3y=x^2(m(m-1)x^{m-2})-x(mx^{m-1})-3x^m=0$，得 $m^2-2m-3=(m-3)(m+1)=0$，m = 3, -1

$\therefore y=c_1x^3+\dfrac{c_2}{x}$

例 2　解 $x^2y''-2y=x$

解　方法一：令 $x=e^t$ 則原方程式轉換成

$[D_t(D_t-1)-2]y=e^t$

$(D_t^2-D_t-2)y=e^t$

(1) $(D_t^2-D_t-2)y=0$ 之 y_h

$(D_t^2-D_t-2)y=0$ 之特徵方程式為

$m^2-m-2=0$，$m=2$，-1

$\therefore\ y_h=c_1e^{2t}+c_2e^{-t}=c_1x^2+\dfrac{c_2}{x}$

(2) 求 $(D_t^2-D_t-2)y=e^t$ 之 y_p

$$y_p=\frac{1}{(D_t^2-D_t-2)}e^t=-\frac{1}{2}e^t=-\frac{x}{2}$$

故通解　$y_g=y_h+y_p=c_1x^2+\dfrac{c_2}{x}-\dfrac{x}{2}$

方法二，如下練習

用 $y = x^m$ 轉換重解例 2

例 3 解 $\dfrac{d^2y}{dx^2} - \dfrac{4}{x}\dfrac{dy}{dx} + \dfrac{4}{x^2}y = x$

解 原方程式相當於

$$x^2\frac{dy^2}{dx^2} - 4x\frac{dy}{dx} + 4y = x^3$$

取 $x = e^t$ 則，上述方程式變爲

$$[D_t(D_t - 1) - 4D_t + 4]y = e^{3t}$$

即 $[D_t^2 - 5D_t + 4]\,y = e^{3t}$

(1) 求 $(D_t^2 - 5D_t + 4)\,y = 0$ 之 y_h：

$(D_t^2 - 5D_t + 4)\,y = 0$ 之特徵方程式爲

$m^2 - 5m + 4 = 0$，$m = 1$，4 是爲二根

$\therefore y_h = c_1e^t + c_2e^{4t} = c_1x + c_2x^4$

(2) 求 $[D_t^2 - 5D_t + 4]y = e^{3t}$ 之 y_p

$$y_p = \frac{1}{D_t^2 - 5D_t + 4}e^{3t} = -\frac{1}{2}e^{3t} = -\frac{1}{2}x^3$$

$\therefore$ 通解爲 $y_g = y_h + y_p = c_1x + c_2x^4 - \dfrac{1}{2}x^3$

練習

解 $x^2y''-3xy'+4y=0$

(i) 用 $x=e^t$ (ii) 用 $y=x^m$

Ans：$y=(c_1+c_2\ln x)x^2$

★Legendre 線性方程式

Legendre 線性方程式是 Euler 線性方程式之擴張。$n=2$ 時，Legendre 線性方程式之標準式為 $a_0(\alpha x+\beta)^2y''+a_1(\alpha x+\beta)y'+a_2y=\rho(x)$，令 $\alpha x+\beta=e^z$ 即可解出。

定理 B ODE $a_0(\alpha x+\beta)^2y''+a_1(\alpha x+\beta)y'+a_2y=\rho(x)$，取 $\alpha x+\beta=e^z$ 則

$$(\alpha x+\beta)\frac{dy}{dx}=\alpha D_z,$$

$$(\alpha x+\beta)^2\frac{d^2y}{dx^2}=\alpha^2D_z(D_z-1)$$

證明 $\because e^z=\alpha x+\beta,\ z=\ln(\alpha x+\beta)$

$$\therefore \frac{dz}{dx}=\frac{\alpha}{(\alpha x+\beta)}$$

(1) $\dfrac{dy}{dx}=\dfrac{dy}{dz}\cdot\dfrac{dz}{dx}=\dfrac{dy}{dz}\dfrac{\alpha}{(\alpha x+\beta)}$

$$(\alpha x+\beta)\frac{dy}{dx}=\alpha\frac{dy}{dz}=\alpha D_z$$

(2) $$\frac{d^2y}{dx^2}=\frac{d}{dx}\left(\frac{dy}{dx}\right)=\frac{d}{dx}\left(\frac{\alpha}{\alpha x+\beta}\cdot\frac{dy}{dz}\right)$$

$$=\frac{-\alpha^2}{(\alpha x+\beta)^2}\frac{dy}{dz}+\frac{\alpha^2}{(\alpha x+\beta)^2}\frac{d}{dx}\left(\frac{dy}{dz}\right)$$

$$=\frac{-\alpha^2}{(\alpha x+\beta)^2}\frac{dy}{dz}+\frac{\alpha^2}{(\alpha x+\beta)^2}\frac{d^2y}{dz^2}$$

$$\therefore\ (\alpha x+\beta)^2\frac{d^2y}{dx^2}=\alpha^2\,(D_z^{\ 2}-D_z)=\alpha^2D_z\,(D_z-1)$$ ■

我們可輕易推廣上述結果，如 $(\alpha x+\beta)^3\frac{d^3y}{dx^3}=\alpha^3D_z\,(D_z-1)(D_z-2)$

★ **例 4** 解 $(x+2)y''-(x+2)y'+y=2x+3$

解 令 $x+2=e^z$ 則原方程式變為：

$\{D(D-1)-D+1\}y=(D-1)^2y=2(e^z-2)+3=2e^z-1$

(1) $y_h=c_1e^z+c_2ze^z=c_1(x+2)+c_2(x+2)\ln(x+2)$

(2) $y_p=\frac{1}{(D-1)^2}(2e^z-1)=e^z\int e^{-z}e^z\int e^{-z}(2e^z-1)(dz)^2$

$=e^z\iint(2-e^{-z})(dz)^2$

$=e^z\int(2z+e^{-z})dz=z^2e^z-1=(x+2)\ln^2|x+2|-1$

$\therefore y=y_h+y_p$

$=c_1(x+2)+c_2(x+2)\ln|x+2|+(x+2)\ln^2|x+2|-1$

習題 3.6

用 (1) $x=e^t$ 或 (2) $y=x^m$ 解下列尤拉線性方程式。

1. $x^2y''+2xy'-6y=0$

   Ans：$y=c_1x^{-3}+c_2x^2$

2. $x^2y''+xy'-y=8x^3$

   Ans：$y=c_1x+\dfrac{c_2}{x}+x^3$

3. $x^2y''+7xy'+9y=0$

   Ans：$y=x^{-3}(c_1+c_2\ln|x|)$

4. $x^2y''-xy'+y=\ln x$

   Ans：$y=(c_1+c_2\ln|x|)x+\ln|x|+2$

3.7 高階線性微分方程式之其他解法

本節我們研究高階 ODE 之其他解法。

直接積分

有一些特殊之高階 ODE 可直接積分或用一階 ODE 來解。

例 1 $y''=x$，$y(0)=0$，$y'(0)=1$

解 $y''=x$

$y'=\dfrac{x^2}{2}+c_1$，$y'(0)=c_1=1$，

即 $y'=\dfrac{x^2}{2}+1$

$\therefore\ y=\dfrac{x^3}{6}+x+c_2$，$y(0)=c_2=0$

即 $y=\dfrac{x^3}{6}+x$

練習

$y''=e^x-e^{-x}$，$y(0)=y'(0)=3$

Ans：$y=e^x-e^{-x}+x+3$

降階法

m 階線性常微分方程式（$m>1$）若缺 x 項或 y 項時，我們可考慮用降階法解之。令

$$y'=p\text{，即}\frac{d}{dx}y=p$$

$$\text{則}\quad y''=\frac{dp}{dx}=\frac{dp}{dy}\frac{dy}{dx}=p\frac{dp}{dy}$$

而得到 $m-1$ 階方程式。

例 2　解 $y'' + y' = 1$

解　本例方程式缺 x 及 y 項，因此我們試令 $y' = p$ ， $y'' = \frac{d}{dx}p$

則原方程式變為：

$$\frac{d}{dx}p + p = 1$$

此為一階線性 ODE，取 $\text{IF} = e^{\int dx} = e^x$

$$\therefore \frac{d}{dx}(pe^x) = e^x$$

$$pe^x = \int e^x dx = e^x + c$$

$$\therefore p = 1 + ce^{-x}$$

即　$y' = 1 + ce^{-x}$

$$\therefore y = x - ce^{-x} + c_1$$

例 3　解 $yy'' + (y')^2 = 0$

解　方程式缺 x 項，故令 $y' = p$，則 $y'' = p\frac{dp}{dy}$

原方程式變為

$$yp\frac{dp}{dy} + p^2 = 0$$

(1) $p = 0$：

$$\frac{dy}{dx} = 0 \qquad \therefore y = c$$

(2) $p \neq 0$：

原方程式變為

$$y\frac{dp}{dy} + p = 0$$

此為可分離變數方程式：

$$\frac{dp}{p}+\frac{dy}{y}=0$$

得

$\ln|p|+\ln|y|=c$，$\ln|py|=c$，$py=e^c=c_1$，

$$y\frac{dy}{dx}=c_1$$

$$\frac{y^2}{2}=c_1x+c_2$$

例 4 解 $xy'''=y''$

解 我們可令 $y''=v$，則 $y'''=v'$

∴ 原方程式變爲 $xv'=v$

$$x\frac{dv}{dx}-v=0$$

$$\frac{dv}{v}-\frac{dx}{x}=0$$

得：$\ln|v|-\ln|x|=c$，$\ln|v|=c+\ln|x|$，$v=c_1x$

∴ $y''=c_1x$

$$\Rightarrow y'=\frac{c_1}{2}x^2+c_2$$

$$\Rightarrow y=\frac{c_1}{6}x^3+c_2x+c_3$$

一階 n 次 ODE 可因式分解者

$$p^n+P_1(x,y)p^{n-1}+P_2(x,y)p^{n-2}+\cdots+P_{n-1}(x,y)p$$
$$+P_n(x,y)=0，其中\ p=y' \quad (1)$$

若 (1) 可寫成下列因子之乘積，即

$$p^n + P_1(x, y)p^{n-1} + P_2(x, y)p^{n-2} + \cdots + P_{n-1}(x, y)p + P_n(x, y)$$
$$= (p - F_1)(p - F_2)\cdots(p - F_n)$$

F_i 爲 x，y 之函數。

若 $p - F_1 = 0$，$p - F_2 = 0$，$\cdots p - F_n = 0$ 之解分別爲 $\phi_1(x, y) = 0$，$\phi_2(x, y) = 0$，…則 $\phi_1(x, y)\,\phi_2(x, y)\cdots = 0$ 是爲所求。

例 5 解 $(y')^3 - (x + y)(y')^2 + xyy' = 0$

解 令 $y' = p$ 則原方程式可寫成：

$$p^3 - (x + y)p^2 + xyp = p[p^2 - (x + y)p + xy]$$
$$= p(p - x)(p - y) = (p - 0)(p - x)(p - y)$$

$p - 0 = 0$，即 $p = \dfrac{dy}{dx} = 0$ $\quad\therefore y - c = 0$

$p - x = 0$，即 $p = \dfrac{dy}{dx} = x$ $\quad\therefore y - \dfrac{x^2}{2} - c = 0$

$p - y = 0$，即 $p = \dfrac{d}{dx}y = y$ $\quad\therefore y = ce^x$

$\therefore (y - c)(2y - x^2 - c)(y - ce^x) = 0$ 是爲可求。

例 6 解 $p^2 - (x + 3y)p + 3xy = 0$

解 $p^2 - (x + 3y) + 3xy = (p - x)(p - 3y) = 0$

$\therefore$ (1) $p = x$ 即 $y' = x$

解之 $y = \dfrac{1}{2}x^2 + c$，$y - \dfrac{1}{2}x^2 - c = 0$

(2) $p = 3y$，即 $\dfrac{dy}{dx} = 3y$，$\dfrac{dy}{y} = 3dx$，

解之 $\ln|y| = \frac{3}{2}x + c$，$\ln|y| - \frac{3}{2}x - c = 0$

$\therefore$ 通解為 $\left(y - \frac{1}{2}x^2 - c\right)\left(\ln|y| - \frac{3}{2}x - c\right) = 0$

★正合方程式

若微分方程式

$$f(y^{(n)}, y^{(n-1)}, \cdots, y', y, x) = Q(x) \quad (1)$$

能藉由 $g(y^{(n-1)}, y^{(n-2)}, \cdots, y', y, x) = Q_1(x) + c$

或更低階之方程式微分而得到解，我們稱方程式 (1) 為正合方程式。變數係數齊性 ODE 可用定理 A 驗判方程式是否為正合：

定理 A $a_0(x)y'' + a_1(x)y' + a_2(x)y = 0$ 為正合之充要條件為 $a_0'' - a_1' + a_2 = 0$，a_0，a_1，a_2 均為 x 之可微分函數

證明 「⇒」若 $a_0(x)y'' + a_1(x)y' + a_2(x)y = 0$ 為正合，則 $a_0'' - a_1' + a_2 = 0$：

設 $a_0(x)y'' + a_1(x)y' + a_2(x)y = 0$ 為正合，則依定義我們可找到一個一階 ODE $R_0(x)y' + R_1(x)y = c$ 使得在 $R_0(x)y' + R_1(x)y = c$ 兩邊對 x 微分後得

$$R'_0y' + R_0y'' + R'_1y + R_1y' = 0$$

或 $$R_0y'' + (R'_0 + R_1)y' + R'_1y = 0 \quad *$$

比較＊與 $a_0y''+a_1y'+a_2y=0$ 得

$a_0=R_0,\ a_1=R'_0+R_1,\ a_2=R'_1$

$\therefore\ a''_0-a'_1+a_2=R''_0-(R'_0+R_1)'+R'_1=R''_0-R''_0-R'_1+R'_1=0$

「$\Leftarrow$」若 $a_0y''+a_1y'+a_2y=0$ 之 a_0，a_1，a_2 滿足 $a''_0-a'_1+a_2=0$ 則方程式爲正合：

$$\frac{d}{dx}[a_0y'+(a_1-a_0')y]$$

$$=a_0'y'+a_0y''+\underbrace{(a_1'-a_0'')}_{a_2}y+(a_1-a_0')y'$$

$$=a_0y''+a_1y'+a_2y$$

即 $a_0y''+a_1y'+a_2y=0$ 爲正合 ■

我們可證明：方程式 $a_0(x)y'''+a_1(x)y''+a_2(x)y'+a_3(x)y=0$ 之正合條件爲：$a'''_0-a''_1+a'_2+a_3=0$ 以此可推廣到更高階情況。

在實算上，若方程式爲正合，我們可用表列法求解，其方法將在下列各例中說明之。

★ **例 7** 試判斷 $xy''+(x+1)y'+y=0$ 爲正合，並解之。

解 $a_0(x)=x,\ a_1(x)=x+1,\ a_2(x)=1$

$a''_0-a'_1+a_2=0-1+1=0$

$\therefore\ xy''+(x+1)y'+y=0$ 爲正合

現在我們用表列法解上述方程式：

$$
\begin{array}{rl}
 & xy'' + (x+1)y' + y = 0 \\
(xy')' = & xy'' + \qquad y' \\
\hline
 & \qquad xy' + y \\
(xy)' = & \qquad xy' + y \\
\hline\hline
\end{array}
$$

得：$xy'' + (x+1)y' + y = \frac{d}{dx}(xy' + xy) = 0$

$\Rightarrow\ xy' + xy = c$

$y' + y = \frac{c}{x}$，這是一階線性微分方程式，$IF = e^x$，

$$(e^x y)' = \frac{c}{x}e^x$$

$$\Rightarrow\ e^x y = \int \frac{c}{x}e^x dx + c_1$$

即 $y = e^{-x}\int \frac{c}{x}e^x dx + c_1 e^{-x}$

★ **例 8** 解 $xy'' + xy' + y = 0$

解 $a_0(x) = x,\ a_1(x) = x,\ a_2(x) = 1,\ a''_0 - a'_1 + a_2 = 0 - 1 + 1 = 0$

$\therefore\ xy'' + xy' + y = 0$ 爲正合

現在我們用表列法來解此方程式：

$$
\begin{array}{rl}
 & xy'' \qquad + xy' + y \\
(xy')' = & xy'' \qquad\quad y' \\
\hline
 & \qquad (x-1)y' + y \\
((x-1)y)' = & \qquad (x-1)y' + y \\
\hline\hline
\end{array}
$$

$\therefore\ xy'' + xy' + y = \frac{d}{dx}(xy' + (x-1)y) = 0$

即 $xy' + (x-1)y = c$

或 $y'+\frac{x-1}{x}y=\frac{c}{x}$

$\text{IF}=\exp\left(\int\frac{x-1}{x}dx\right)=\frac{1}{x}e^x$

$\left(\frac{1}{x}e^xy\right)'=\frac{c}{x}\cdot\frac{1}{x}e^x=\frac{c}{x^2}e^x$

$\therefore\ \frac{1}{x}e^xy=\int\frac{c}{x^2}e^xdx+c_1$ ，即 $y=cxe^{-x}\int\frac{e^x}{x^2}dx+c_1xe^{-x}$

 習題 3.7

1. 解 $xy''+(x+2)y'+y=0$

   Ans：$y=(c_1+c_2e^{-x})/x$

2. 解 $xy''+xy'+y=0$

   Ans：$e^xy=c_1x\int\frac{1}{x^2}e^xdx+c_2x$

3. 解 $p(p-2)(p-x)(p+y)=0$

   Ans：$(y-c)(2y-x^2-c)(y-ce^x)=0$

4. 解 $xy''+y'=2x$

   Ans：$y=\frac{x^2}{2}+c_1\ln|x|+c_2$

5. 解 $x^2p^2+xyp-2y^2=0$

   Ans：$(y-cx^{-2})(y-cx)=0$

6. 解 $(x-1)y''+(x+1)y'+y=2x$

   Ans：$(x-1)e^xy=(x^2-2x+2+c_1)e^x+c_2$

3.8 冪級數法

本節討論用冪級數來解微分方程式 $y'' + P(x)y' + Q(x)y = R(x)$

在應用**冪級數法**（series methods）時應注意到如何求出問題之**遞迴關係**（recurrence relation，簡稱 RR）以及 Σ 下限之變化。

常點與奇點

首先要對冪級數之常點與奇點作一介紹。

若函數 $f(x)$ 在 x_0 之某個鄰域（some neighborhood of x_0）之 **Taylor 級數**（Taylor series）

$$\sum_{n=0}^{\infty}\frac{f^{(n)}(x_0)(x-x_0)^n}{n!}$$

收斂到 $f(x)$，則稱 $f(x)$ 在 x_0 處爲**可解析**（analytic）。

常見之多項式函數，正弦、餘弦函數、指數函數，若無分母爲 0 之顧慮者多是可解析。

定義 考慮二階齊次方程式

$$y'' + P(x)y' + Q(x)y = 0 \tag{1}$$

(1) $P(x)$, $Q(x)$ 均可解析時，稱 $x = x_0$ 是 (1) 之一個常點（ordinary point）。

(2) $P(x)$, $Q(x)$ 中有一個不是可解析時，稱 $x = x_0$ 是 (1) 之一個奇點（singular point），奇點又可分正則奇點（regular singular point）與非正則奇點（irregular singular point）二種：

① $x = x_0$ 爲 (1) 之一奇點，且 $(x - x_0)P(x)$ 與 $(x - x_0)^2Q(x)$ 在 $x = x_0$ 均爲可解析，則稱 $x = x_0$ 是 (1) 之正則奇點。

② $x = x_0$ 爲 (1) 之奇點但 $(x - x_0)P(x)$ 或 $(x - x_0)^2Q(x)$ 至少有一個不可解析，則 $x = x_0$ 是 (1) 之非正則奇點。

綜上，常點與奇點可分類如下：

點
- 常點
- 奇點
  - 正則奇點
  - 非正則奇點

例 1 試對 $2y'' - 3y' + xy = 0$ 中點 $x = 1$ 作一分類？

解 $2y'' - 3y' + xy = 0$，相當於 $y'' - \frac{3}{2}y' + \frac{x}{2}y = 0$，$P(x) = -\frac{3}{2}$，$Q(x) = \frac{x}{2}$

$\therefore$ $P(x)$, $Q(x)$ 在 $x = 1$ 都是可解析，故 $x = 1$ 爲 $2y'' - 3y' + xy = 0$ 之一常點。

例 2 試對 $x^2y''-xy'+\frac{1}{x-1}y=0$ 中之點 $x=1$ 與 $x=0$ 作一分類？

解 $x^2y''-xy'+\frac{1}{x-1}y=0$ $\qquad\therefore y''-\frac{1}{x}y'+\frac{1}{(x-1)x^2}y=0$

$P(x)=\frac{-1}{x}$，$Q(x)=\frac{1}{(x-1)x^2}$

(a) $x=1$：

$x=1$ 時 $P(x)$ 爲可解析，但 $Q(x)$ 爲不可解析

$\therefore x=1$ 爲 $x^2y''-xy'+\frac{1}{x-1}y=0$ 之一個奇點

又 $(x-1)P(x)=\frac{-(x-1)}{x}$，$(x-1)^2Q(x)=\frac{x-1}{x^2}$，在 $x=1$ 時均爲可解析，

故 $x=1$ 爲 $x^2y''-xy'+\frac{1}{x-1}y=0$ 一正則奇點。

(b) $x=0$：

$P(x)$ 與 $Q(x)$ 在 $x=0$ 處均不可解析

$\therefore x=0$ 爲 $x^2y''-xy'+\frac{1}{x-1}y=0$ 之一奇點。

又 $(x-0)P(x)=-1$，$(x-0)^2Q(x)=\frac{1}{x-1}$ 在 $x=0$ 時均爲可解析

$\therefore x=0$ 爲 $x^2y''-xy'+\frac{1}{x-1}y=0$ 之一正則奇點。

練習

試對 $x^2y''+y'+xy=0$ 中之點 $x=0$ 作一分類？

Ans：非正則奇點

常點下冪級數求法

本書只對常點下之冪級數法做一介紹，至於奇點之冪級數解法難度較高，讀者可參考高等工程數學。

若 ODE $y''+P(x)y'+Q(x)y=0$ 之 x_0 為常點時，我們可循下列步驟解題：

第一步：設 $y=a_0+a_1x+a_2x^2+\cdots+a_nx^n+a_{n+1}x^{n+1}+\cdots$

第二步：求 x^n 係數之通式，通常是用遞迴關係表示。

第三步：求出各項係數，通常以 a_0，a_1 表示。

例 1 解 $y'-\dfrac{1}{1-x}y=0$

解 令 $y=\sum\limits_{n=0}^{\infty}a_nx^n$，則

$$\begin{aligned}(1-x)y'-y&=(1-x)\sum_{n=1}^{\infty}na_nx^{n-1}-\sum_{n=0}^{\infty}a_nx^n\\&=\sum_{n=1}^{\infty}na_nx^{n-1}-\sum_{n=1}^{\infty}na_nx^n-\left(a_0+\sum_{n=1}^{\infty}a_nx^n\right)\\&=\sum_{n=0}^{\infty}(n+1)a_{n+1}x^n-\sum_{n=1}^{\infty}na_nx^n-\left(a_0+\sum_{n=1}^{\infty}a_nx^n\right)\\&=\left(a_1+\sum_{n=1}^{\infty}(n+1)a_{n+1}x^n\right)-\sum_{n=1}^{\infty}na_nx^n-\left(a_0+\sum_{n=1}^{\infty}a_nx^n\right)\\&=(a_1-a_0)+\sum_{n=1}^{\infty}[(n+1)a_{n+1}-(n+1)a_n]x^n=0\end{aligned}$$

$\therefore$ RR 為 $(n+1)a_{n+1}-(n+1)a_n=0$，得：

$a_1=a_0$，$a_{n+1}=a_n$，$n=1,2\cdots\cdots$ 即 $a_0=a_1=\cdots a_n=\cdots$

得 $y=\sum\limits_{n=0}^{\infty}a_nx^n=\sum\limits_{n=0}^{\infty}a_0x^n=a_0\left(\dfrac{1}{1-x}\right)$，$|x|<1$

例 2 用冪級數法解 $y' = y + x$

解 令 $y=\sum_{n=0}^{\infty} a_n x^n$，則

$$y'-y-x = \sum_{n=1}^{\infty} n\, a_n x^{n-1} - \sum_{n=0}^{\infty} a_n x^n - x$$

$$= \sum_{n=0}^{\infty} (n+1)a_{n+1} x^n - \sum_{n=0}^{\infty} a_n x^n - x$$

$$= \sum_{n=0}^{\infty} [(n+1)a_{n+1} - a_n] x^n - x$$

$$= (a_1 - a_0) + (2a_2 - a_1 - 1)x + \sum_{n=2}^{\infty} [(n+1)a_{n+1} - a_n]\, x^n$$

$=0$，

得 RR：$a_{n+1}=\dfrac{1}{n+1}a_n$，$n=2, 3\cdots$

$\therefore\ a_1=a_0$，$a_2=\dfrac{1}{2!}(a_0+1)$，得

$$a_3=\frac{1}{3!}(a_0+1)$$

$$a_4=\frac{1}{4!}(a_0+1)\cdots\cdots a_n=\frac{1}{n!}(a_0+1)\text{，}n \geq 2$$

$$y= \sum_{n=0}^{\infty} a_n x^n = a_0 + a_1 x + a_2 x^2 + a_3 x^3 + \cdots\cdots$$

$$= a_0 + a_0 x + \frac{a_0+1}{2!}x^2 + \frac{(a_0+1)}{3!}x^3 + \cdots\cdots$$

$$= a_0\left(1 + x + \frac{x^2}{2!} + \frac{1}{3!}x^3 + \cdots\cdots\right) + \frac{1}{2!}x^2 + \frac{1}{3!}x^3 + \cdots\cdots$$

$$= a_0 e^x + (e^x - x - 1)$$

$$= (a_0+1)e^x - x - 1$$

練習

用冪級數法解 $y'=2y$：

(1)$RR=$ ？ (2)$y=$ ？

Ans：(1) $a_{n+1}=\dfrac{2}{n+1}a_n$ (2) $y=a_0e^{2x}$

在例 1、2，我們很幸運地得到一個封閉解（closed solution）。但許多情況並非如此。

例 3 解 $y''=xy$（Airy 方程式，此爲紀念英天文學家 Sir George Biddell Airy，1801-1892）

解 $y''-xy=0$，$P(x)=0$，$Q(x)=-x$，$x=0$ 爲 $y''-xy=0$ 之一個常點。

令 $y=\sum\limits_{n=0}^{\infty}a_nx^n$

$$\because\ y=\sum_{n=0}^{\infty}a_nx^n\ ,\ y'=\sum_{n=1}^{\infty}na_nx^{n-1}\ ,\ y''=\sum_{n=2}^{\infty}n(n-1)a_nx^{n-2}$$

$$y''-xy=\sum_{n=2}^{\infty}n(n-1)a_nx^{n-2}-\sum_{n=0}^{\infty}a_nx^{n+1}$$

$$=\sum_{n=0}^{\infty}(n+2)(n+1)a_{n+2}x^n-\sum_{n=1}^{\infty}a_{n-1}x^n$$

$$=2a_2+\sum_{n=1}^{\infty}[(n+2)(n+1)a_{n+2}-a_{n-1}]x^n=0 \tag{1}$$

$\therefore\ a_2=0$ 及 $(n+2)(n+1)a_{n+2}-a_{n-1}=0$

得遞迴關係式 $$a_{n+2}=\frac{1}{(n+2)(n+1)}a_{n-1}\ ,\ n\geq 2 \tag{2}$$

在 (1) 中我們已得 $a_2=0$

$$a_3=\frac{1}{(1+2)(1+1)}a_0=\frac{1}{6}a_0$$

$$a_4=\frac{1}{(2+2)(2+1)}a_1=\frac{1}{12}a_1$$

$$a_5=\frac{1}{(3+2)(3+1)}a_2=0$$

$$a_6=\frac{1}{(4+2)(4+1)}a_3=\frac{1}{30}a_3=\frac{1}{30}\cdot\frac{1}{6}a_0=\frac{1}{180}a_0$$

$$a_7=\frac{1}{(5+2)(5+1)}a_4=\frac{1}{42}a_4=\frac{1}{42}\cdot\frac{1}{12}a_1=\frac{1}{504}a_1$$

$$\therefore\ y=a_0+a_1x+0x^2+\frac{1}{6}a_0x^3+\frac{1}{12}a_1x^4+0x^5+$$

$$\frac{1}{180}a_0x^6+\frac{1}{504}a_1x^7+\cdots$$

$$=a_0\left(1+\frac{1}{6}x^3+\frac{1}{180}x^6+\cdots\right)+a_1\left(x+\frac{1}{12}x^4+\frac{1}{504}x^7+\cdots\right)$$

習題 3.8

用冪級數法解下列各題

1. $y'-y+x=0$

   Ans：$y=ce^x+x+1$

2. $y'-y=1$

   Ans：$y=ce^x-1$

3. $y''+y=0$

   Ans：$y=a_0\cos x+a_1\sin x$

4. $y''-xy'-2y=0$

   Ans：$y=a_0(1+x^2)+a_1\left(x-\frac{1}{3!}x^3-\frac{1}{5}x^5-\frac{3}{7!}x^7-\frac{15}{9!}x^9+\cdots\cdots\right)$

第 4 章

拉氏轉換

4.1 拉氏轉換之定義

常微分方程式常可透過拉氏轉換（Laplace transformation）化成代數方程式，再經由反拉氏轉換（inverse Laplace transformation）而得到解答，它在解帶有條件之常微分方程式極為有用。

Gamma 函數

在高等應用數學裡之 Gamma 函數與**拉氏轉換**有密切關係，因此我們先談 Gamma 函數。Gamma 函數常以 $\Gamma(x)$ 表示。

定義 $\Gamma(x)=\int_0^\infty t^{x-1}e^{-t}\,dt$，$x>0$

定理A $\Gamma(x+1)=x\Gamma(x)$，$x>0$

證明
$$\Gamma(x+1)=\int_0^\infty t^x e^{-t}dt=\int_0^\infty t^x d(-e^{-t})$$
$$=\underbrace{-t^x e^{-t}\Big]_0^\infty}_{0}+\int_0^\infty e^{-t}dt^x=x\int_0^\infty t^{x-1}e^{-t}dt$$
$$=x\Gamma(x)$$ ■

由此我們可得 n 為正整數時 $\Gamma(n+1)=n!$，換言之，$\int_0^\infty x^n e^{-x}dx = n!\,, n\in z^+$。

若 x 不為正整數，其計算方法可看例 2。

例 1 計算 (1)$\Gamma(5)$ (2)$\Gamma(3)$

解 (1)$\Gamma(5) = 4! = 4\cdot 3\cdot 2\cdot 1 = 24$

(2)$\Gamma(3) = 2! = 2\cdot 1 = 2$

定理 B $\Gamma\left(\frac{1}{2}\right)=\sqrt{\pi}$

證明 $\Gamma\left(\frac{1}{2}\right)=\int_0^\infty x^{-\frac{1}{2}}e^{-x}\,dx$；取 $y=x^{\frac{1}{2}}$，$dx=2ydy$

則 $\Gamma\left(\frac{1}{2}\right)=\int_0^\infty y^{-1}e^{-y^2}\cdot 2ydy = 2\int_0^\infty e^{-y^2}dy \qquad (1)$

$$\Gamma^2\left(\frac{1}{2}\right)=2\int_0^\infty e^{-s^2}ds\cdot 2\int_0^\infty e^{-t^2}dt$$

$$=4\int_0^\infty\int_0^\infty e^{-(s^2+t^2)}dsdt \qquad (2)$$

取 $s=r\cos\theta$，$t=r\sin\theta$，$0\le r<\infty$，$0\le\theta\le\pi/2$

$$|J|=\begin{vmatrix}\frac{\partial s}{\partial r} & \frac{\partial s}{\partial\theta}\\ \frac{\partial t}{\partial r} & \frac{\partial t}{\partial\theta}\end{vmatrix}_+=\begin{vmatrix}\cos\theta & -r\sin\theta\\ \sin\theta & r\cos\theta\end{vmatrix}_+=r,$$

$|\ \ |_+$ 表示行列式之絕對值。

$$\therefore (2) = 4\int_0^\infty\int_0^{\frac{\pi}{2}} re^{-r^2}d\theta dr$$

$$= 4\int_0^\infty \frac{\pi}{2} r e^{-r^2} dr$$

$$= 2\pi\left[-\frac{1}{2}e^{-r^2}\right]_0^\infty = \pi \quad (3)$$

$\therefore \Gamma^2\left(\frac{1}{2}\right) = \pi$，即 $\Gamma\left(\frac{1}{2}\right) = \sqrt{\pi}$ ■

除了 $\Gamma\left(\frac{1}{2}\right) = \sqrt{\pi}$ 外，其他 $\Gamma(x)$，$1 > x > 0$ 就直接寫 $\Gamma(x)$ 即可，如 $\Gamma\left(\frac{1}{3}\right)$，$\Gamma\left(\frac{4}{5}\right)$……

例 2 計算 (1) $\Gamma\left(\frac{5}{2}\right)$ (2) $\Gamma\left(\frac{11}{3}\right)$ (3) $\int_0^\infty x^{\frac{3}{2}} e^{-x} dx$ (4) $\int_0^\infty x^{\frac{7}{4}} e^{-x} dx$

解 (1) $\Gamma\left(\frac{5}{2}\right) = \frac{3}{2} \cdot \frac{1}{2}\Gamma\left(\frac{1}{2}\right) = \frac{3}{2} \cdot \frac{1}{2} \cdot \sqrt{\pi} = \frac{3\sqrt{\pi}}{4}$

(2) $\Gamma\left(\frac{11}{3}\right) = \frac{8}{3} \cdot \frac{5}{3} \cdot \frac{2}{3}\Gamma\left(\frac{2}{3}\right) = \frac{80}{27}\Gamma\left(\frac{2}{3}\right)$

(3) $\int_0^\infty x^{\frac{3}{2}} e^{-x} dx = \frac{3}{2} \cdot \frac{1}{2}\Gamma\left(\frac{1}{2}\right) = \frac{3}{4}\sqrt{\pi}$

(4) $\int_0^\infty x^{\frac{7}{4}} e^{-x} dx = \frac{7}{4} \cdot \frac{3}{4}\Gamma\left(\frac{1}{4}\right) = \frac{21}{16}\Gamma\left(\frac{1}{4}\right)$

練習

求 (1) $\Gamma\left(\frac{8}{7}\right)$ (2) $\Gamma\left(\frac{3}{2}\right)$

Ans：(1) $\frac{1}{7}\Gamma\left(\frac{1}{7}\right)$ (2) $\frac{1}{2}\sqrt{\pi}$

推論 B1 $\int_0^\infty x^m e^{-nx}dx = \dfrac{\Gamma(m+1)}{n^{m+1}}$，$n>0$，$m>-1$

證明 取 $nx=y$，$x=\dfrac{y}{n}$，$dx=\dfrac{1}{n}dy$

$$\therefore \int_0^\infty x^m e^{-nx}dx = \int_0^\infty \left(\frac{y}{n}\right)^m e^{-y}\cdot\frac{1}{n}dy = \int_0^\infty \frac{1}{n^{m+1}}y^m e^{-y}dy$$
$$= \frac{\Gamma(m+1)}{n^{m+1}}$$ ■

推論 B1 在爾後推導拉氏轉換公式時頗為得用。

例 3 求 (1) $\int_0^\infty x^3 e^{-2x}dx$ (2) $\int_0^\infty \sqrt{x}e^{-\frac{x}{2}}dx$

解 (1) $\int_0^\infty x^3 e^{-2x} = \dfrac{3!}{(2)^{3+1}} = \dfrac{6}{16} = \dfrac{3}{8}$

(2) $$\int_0^\infty \sqrt{x}e^{-\frac{x}{2}}dx = \frac{\Gamma\left(\frac{3}{2}\right)}{\left(\frac{1}{2}\right)^{\frac{1}{2}+1}} = \frac{\frac{1}{2}\Gamma\left(\frac{1}{2}\right)}{\left(\frac{1}{2}\right)^{\frac{3}{2}}} = \frac{\sqrt{\pi}}{2}\Big/\left(\frac{1}{2}\right)^{\frac{3}{2}} = \sqrt{2\pi}$$

練習

驗證 $\int_0^\infty t^2 e^{-st}dt = \dfrac{2}{s^3}$。

拉氏轉換之定義

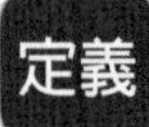

定義 對任一個函數 $f(t)$ 而言，其拉氏轉換 $\mathcal{L}(f(t))$ 定義爲

$$\mathcal{L}(f(t)) = \int_0^{\infty} f(t)e^{-st}\,dt = F(s)$$

★拉氏轉換存在之充分條件

函數 $f(t)$ 之拉氏轉換 $\mathcal{L}\{f(t)\}$ 存在的充分條件爲

(1) 片斷連續（piecewise continuity）：$f(t)$ 在其所在之區間內只有有限個不連續點。

(2) 指數階（exponential order）：在 $t > T$ 時，若我們可找到常數 M 與 α 滿足 $|f(t)| \le Me^{\alpha t}$，則稱 $f(t)$ 在 $t > T$ 時有指數階。

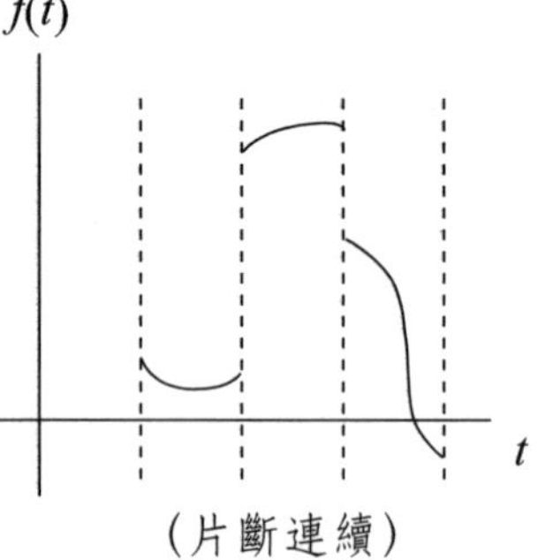

（片斷連續）

定理 C 若 $f(t)$, $g(t)$ 之拉氏轉換均存在，且 $\mathcal{L}\{f(t)\} = F(s)$，$\mathcal{L}\{g(t)\} = G(s)$ 則

(1) $\mathcal{L}\{f(t) + g(t)\} = F(s) + G(s)$

(2) $\mathcal{L}\{cf(t)\} = c\mathcal{L}\{f(t)\} = cF(s)$

證明 $\mathcal{L}\{f(t)+g(t)\}=\int_0^{\infty}(f(t)+g(t))e^{-st}dt$

$=\int_0^{\infty}f(t)e^{-st}dt+\int_0^{\infty}g(t)e^{-st}dt=F(s)+G(s)$ ■

練習

試證定理 C(2)：$\mathcal{L}\{cf(t)\}=cF(s)$。

有了拉氏轉換之定義，我們便可得到一些基本函數之拉氏轉換如定理 D：

一些基本函數之拉氏轉換如下：

基本函數之拉氏轉換

$f(t)$	$F(s)$
1	$\frac{1}{s}$, $s>0$
t^n，$n=1, 2, 3\cdots$	$\frac{n!}{s^{n+1}}$ ，$s>0$
$t^p, p>-1$	$\frac{\Gamma(p+1)}{s^{p+1}}$, $s>0$
e^{at}	$\frac{1}{s-a}$, $s>a$
$\cos\omega t$	$\frac{s}{s^2+\omega^2}$, $s>0$
$\sin\omega t$	$\frac{\omega}{s^2+\omega^2}$, $s>0$
$\cos\text{h}\,\omega t$	$\frac{s}{s^2-\omega^2}$, $s>\lvert\omega\rvert$

$f(t)$	$F(s)$
$\sinh \omega t$	$\frac{\omega}{s^2-\omega^2}$, $s>\lvert\omega\rvert$

證明 (1) $\mathcal{L}(1)=\int_0^{\infty}1\cdot e^{-st}dt=\frac{1}{s}e^{-st}\Big]_0^{\infty}=\frac{1}{s}$，$s>0$

(2) $\mathcal{L}(t^p)=\int_0^{\infty}t^p\cdot e^{-st}dt \overset{y=st}{=\!=\!=} \int_0^{\infty}\left(\frac{y}{s}\right)^p e^{-y}\frac{1}{s}dy$

$$=\frac{1}{s^{p+1}}\int_0^{\infty}y^p e^{-y}dy=\frac{\Gamma(p+1)}{s^{p+1}}$$

(3) $\mathcal{L}(t^n)=\frac{\Gamma(n+1)}{s^{n+1}}=\frac{n!}{s^{n+1}}$，$n\in z^+$

(4) $\mathcal{L}(e^{at})=\int_0^{\infty}e^{at}\cdot e^{-st}dt=\int_0^{\infty}e^{-(s-a)t}dt=\frac{1}{s-a}$，$s>a$

(5) $\because \int_0^{\infty}e^{i\omega t}e^{-st}dt=\int_0^{\infty}e^{-(s-i\omega)t}dt=\frac{1}{s-i\omega}$

$$=\frac{1}{s-i\omega}\cdot\frac{s+i\omega}{s+i\omega}=\frac{s+i\omega}{s^2+\omega^2}$$

$\therefore \mathcal{L}(\cos\omega t)=\mathrm{Re}\left\{\int_0^{\infty}e^{i\omega t}e^{-st}dt\right\}=\mathrm{Re}\left\{\frac{s+i\omega}{s^2+\omega^2}\right\}=\frac{s}{s^2+\omega^2}$ 及

(6) $\mathcal{L}(\sin\omega t)=\mathrm{Im}\left\{\int_0^{\infty}e^{i\omega t}e^{-st}dt\right\}=\mathrm{Im}\left\{\frac{s+i\omega}{s^2+\omega^2}\right\}=\frac{\omega}{s^2+\omega^2}$ ■

例 4 $\mathcal{L}\left(\frac{1}{2}\right)=\frac{1}{2}\mathcal{L}(1)=\frac{1}{2}\frac{1}{s}$，$s>0$

$\mathcal{L}(t^3)=\frac{3!}{s^{3+1}}=\frac{6}{s^4}$，$s>0$

$\mathcal{L}(\cos 2t)=\frac{s}{s^2+2^2}=\frac{s}{s^2+4}$，$s>0$

$\mathcal{L}(e^{2t})=\frac{1}{s-2}$，$s>2$

練習

驗證 $\mathcal{L}(cosh wt)=\frac{s}{s^2-w^2}$，$s>|w|$。

例 5 用定義求$\mathcal{L}(t^2e^t)$。

解 $\mathcal{L}(te^t)=\int_0^\infty t^2e^t\cdot e^{-st}dt=\int_0^\infty s^2e^{-(s-1)}dt=\frac{2}{(s-1)^3}$，$s>1$

例 6 求$\mathcal{L}(\sin 3t)$，並由此結果求$\int_0^\infty \sin 3te^{-2t}dt$。

解 $\mathcal{L}(\sin 3t)=\frac{3}{s^2+9}$ $\therefore \int_0^\infty \sin 3te^{-st}dt=\frac{3}{s^2+9}$，

取 $s=2$ 得 $\int_0^\infty \sin 3te^{-2t}dt=\frac{3}{13}$

練習

求$\mathcal{L}(\cos 3t)$，並由此求$\int_0^\infty \cos 3te^{-3t}dt$

Ans：$\frac{s}{s^2+9}$；$\frac{1}{6}$

習題 4.1

1. 用定義計算 (1) $\mathcal{L}\left(\frac{1}{3}t^2\right)$ (2) $\mathcal{L}(\sqrt{2}t^{\frac{1}{3}})$ (3) $\mathcal{L}\left(\frac{1}{\sqrt{t}}\right)$ (4) $\mathcal{L}(t^2e^t)$
(5) $\mathcal{L}[(te^{-t})]^2$ (6) $\mathcal{L}(2t-1)$

Ans：(1) $\frac{2}{3}\frac{1}{s^3}$　(2) $\frac{\frac{1}{3}\sqrt{2}\,\Gamma\left(\frac{1}{3}\right)}{s^{4/3}}$　(3) $\sqrt{\frac{\pi}{s}}$　(4) $\frac{2}{(s-1)^3}$

(5) $\frac{2}{(s+2)^3}$　(6) $\frac{2}{s^2}-\frac{1}{s}$

2. 用定理 B 計算 (1) $\mathcal{L}(\sin\sqrt{2}t)$　(2) $\mathcal{L}\{\cosh(2t)\}$　(3) $\mathcal{L}(\cos\sqrt{3}t)$　(4) $\mathcal{L}(\sin t\cos t)$

Ans：(1) $\frac{\sqrt{2}}{s^2+2}$　(2) $\frac{s}{s^2-4}$　(3) $\frac{s}{s^2+3}$　(4) $\frac{1}{s^2+4}$

3. 利用第2題之結果求 (1) $\int_0^\infty(\sin\sqrt{2}t)\,e^{-3t}\,dt$　(2) $\int_0^\infty(\cos\sqrt{3}t)e^{-t}\,dt$

Ans：(1) $\frac{\sqrt{2}}{11}$　(2) $\frac{1}{4}$

4. 試導出：(1) $\mathcal{L}(\cos h\,at)=\frac{s}{s^2-a^2}$ 及 (2) $\mathcal{L}(\sin h\,at)=\frac{a}{s^2-a^2}$

5. 用定義求 (1) $\mathcal{L}(e^{at}\cos bt)$ 及 (2) $\mathcal{L}(e^{at}\sin bt)$

Ans：(1) $\frac{s-a}{(s-a)^2+b^2}$　(2) $\frac{b}{(s-a)^2+b^2}$

4.2 拉氏轉換之性質(一)

上節我們導出一些拉氏轉換之基本結果，本節我們將續介紹拉氏轉換之進一步性質，它們可大幅地簡化計算。

下列定理均假設 $\mathcal{L}\{f(t)\}$ 存在且令 $\mathcal{L}\{f(t)\}=F(s)$。

定理 A $\mathcal{L}\{e^{at}f(t)\}=F(s-a)$

證明 $\because \mathcal{L}(f(t))=\int_0^\infty e^{-st}f(t)dt=F(s)$

$$\therefore \mathcal{L}\{e^{at}f(t)\}=\int_0^\infty e^{-st}[e^{at}f(t)]dt=\int_0^\infty e^{-(s-a)t}f(t)dt$$
$$=F(s-a)$$ ■

例 1 求 (1) $\mathcal{L}(te^t)$ (2) $\mathcal{L}(e^{-t}\cos 2t)$

解 (1) $\mathcal{L}(t)=\dfrac{1}{s^2}=F(s)$ $\therefore \mathcal{L}(te^t)=F(s-1)=\dfrac{1}{(s-1)^2}$

(2) $\because \mathcal{L}(\cos 2t)=\dfrac{s}{s^2+4}=F(s)$ $\therefore \mathcal{L}(e^{-t}\cos 2t)=F(s+1)=\dfrac{s+1}{s^2+2s+5}$

例 2 求 (a) $\mathcal{L}(3^t)$ (b) $\mathcal{L}(3^t\cos 2t)$

解 (a) $3^t=e^{\ln 3^t}=e^{t\ln 3}$

$$\therefore \mathcal{L}(3^t)=\mathcal{L}(e^{t\ln 3})=\frac{1}{s-\ln 3}$$

(b) $\mathcal{L}(\cos 2t)=\dfrac{s}{s^2+4}=F(s)$

$$\therefore \mathcal{L}(3^t\cos 2t)=\mathcal{L}(e^{t\ln 3}\cos 2t)=F(s-\ln 3)=\frac{s-\ln 3}{(s-\ln 3)^2+4}$$

練習

求$\mathcal{L}(e^{2t}\sin 2t)$

Ans：$\dfrac{2}{(s-2)^2+4}$

定理 B $\mathcal{L}\{f(at)\}=\frac{1}{a}F\left(\frac{s}{a}\right)$

證明 $\mathcal{L}\{f(at)\}=\int_0^\infty e^{-st}f(at)\,dt$

$$\underset{\underline{\underline{\quad}}}{y=at}\ \int_0^\infty e^{-s\left(\frac{y}{a}\right)}f(y)\frac{1}{a}\,dy=\frac{1}{a}\int_0^\infty e^{-\left(\frac{s}{a}\right)y}f(y)\,dy=\frac{1}{a}F\left(\frac{s}{a}\right)$$ ■

例 3 求由 $\mathcal{L}(\cos t)=\frac{s}{1+s^2}$ 導出$\mathcal{L}(\cos\omega t)$之公式

解 $\mathcal{L}\{\cos t\}=\frac{s}{1+s^2}=F(s)$，則

$$\mathcal{L}\{\cos\omega t\}=\frac{1}{\omega}F\left(\frac{s}{\omega}\right)=\frac{1}{\omega}\frac{\frac{s}{\omega}}{1+\left(\frac{s}{\omega}\right)^2}=\frac{s}{s^2+\omega^2}$$

定理 C $\mathcal{L}\{t^nf(t)\}=(-1)^n\frac{d^n}{ds^n}F(s)$

證明 （只證 $n=1$，2 之情況）

$n=1$： $F(s)=\int_0^\infty e^{-st}f(t)dt$

則 $$\frac{d}{ds}F(s)=\frac{d}{ds}\int_0^\infty e^{-st}f(t)dt=\int_0^\infty\frac{\partial}{\partial s}(e^{-st})f(t)dt$$

$$=\int_0^\infty(-t)e^{-st}f(t)dt=(-1)\int_0^\infty e^{-st}tf(t)dt$$

$$=(-1)\mathcal{L}\{tf(t)\}$$

即 $\mathcal{L}(tf(t)) = (-1)\dfrac{d}{ds}F(s)$ ■

$n=2$： $\dfrac{d^2}{ds^2}F(s)=\dfrac{d^2}{ds^2}\int_0^\infty e^{-st}f(t)dt=\dfrac{d}{ds}(-1)\int_0^\infty e^{-st}\cdot tf(t)\,dt$

$$=(-1)\int_0^\infty \frac{\partial}{\partial s}e^{-st}\cdot tf(t)\,dt=(-1)\int_0^\infty(-t)e^{-st}\cdot tf(t)\,dt$$

$$=(-1)^2\mathcal{L}\{t^2f(t)\}$$

即 $\mathcal{L}(t^2f(t)) = (-1)^2\dfrac{d^2}{ds^2}F(s)$ ■

例 4 求 (1) $\mathcal{L}(t\cos t)$ (2) 求$\mathcal{L}(t\cos 2t)$

解 (1) $\mathcal{L}(t\cos t)=(-1)\dfrac{d}{ds}\mathcal{L}(\cos t)=-\dfrac{d}{ds}\dfrac{s}{1+s^2}$

$$=-\frac{(1+s^2)-s\cdot 2s}{(1+s^2)^2}=-\frac{1-s^2}{(1+s^2)^2}$$

(2) $\mathcal{L}(\cos 2t)=\dfrac{s}{s^2+4}$

$$\therefore \mathcal{L}(t\cos 2t)=(-1)\frac{d}{ds}\frac{s}{s^2+4}=-\frac{(s^2+4)-s\cdot 2s}{(s^2+4)^2}=\frac{s^2-4}{(s^2+4)^2}$$

例 5 求$\mathcal{L}(t^2e^{3t})$

解 $\mathcal{L}(t^2e^{3t})=(-1)^2\dfrac{d^2}{ds^2}\mathcal{L}(e^{3t})=\dfrac{d^2}{ds^2}\dfrac{1}{(s-3)}=\dfrac{2}{(s-3)^3}$

別解：

$\because \mathcal{L}(t^2)=\dfrac{2}{s^3}=F(s)$

$\therefore \mathcal{L}(t^2e^{3t})=F(s-3)=\dfrac{2}{(s-3)^3}$

定理 D 若 $\lim\limits_{t\to 0}\dfrac{f(t)}{t}$ 存在且 $F(\lambda)=\int_0^\infty e^{-\lambda t}f(t)dt$，則$\mathcal{L}\left(\dfrac{f(t)}{t}\right)=\int_s^\infty F(\lambda)d\lambda$

證明 $\int_s^\infty F(\lambda)d\lambda = \int_s^\infty [\int_0^\infty e^{-\lambda t}f(t)dt]d\lambda = \int_0^\infty f(t)[\int_s^\infty e^{-\lambda t}d\lambda]dt$

$$= \int_0^\infty f(t)\cdot\left[\frac{-1}{t}e^{-\lambda t}\right]_s^\infty dt = \int_0^\infty f(t)\left[\frac{1}{t}e^{-st}\right]dt$$

$$= \int_0^\infty \frac{f(t)}{t}e^{-st}dt = \mathcal{L}\left(\frac{f(t)}{t}\right)$$ ■

例 6 求$\mathcal{L}\left(\frac{\sin\omega t}{t}\right)$

解 取$f(t)=\sin\omega t$

$$\mathcal{L}(f(t)) = \mathcal{L}(\sin\omega t) = \frac{\omega}{s^2+\omega^2}$$

$$\therefore \mathcal{L}\left(\frac{f(t)}{t}\right) = \int_s^\infty \frac{\omega}{\lambda^2+\omega^2}d\lambda$$

$$= \tan^{-1}\frac{\lambda}{\omega}\Big]_s^\infty = \frac{\pi}{2} - \tan^{-1}\frac{s}{\omega}\ (\text{或 } \cot^{-1}\frac{s}{\omega})$$

注意：$\tan^{-1}x + \cot^{-1}x = \frac{\pi}{2}$

例 7 求 $\mathcal{L}\left(\frac{e^{-t}\sin t}{t}\right)$，並利用此結果求 $\int_0^\infty \frac{e^{-t}\sin t}{t}dt=$？

解 方法一：

(a) $\mathcal{L}(\sin t) = \frac{1}{s^2+1}$，$\mathcal{L}(e^{-t}\sin t) = \frac{1}{(s+1)^2+1}$

$$\therefore \mathcal{L}\left(\frac{e^{-t}\sin t}{t}\right) = \int_s^\infty \frac{du}{(u+1)^2+1} = \tan^{-1}(u+1)\Big]_s^\infty = \frac{\pi}{2} - \tan^{-1}(1+s)$$

方法二：

$$\because \mathcal{L}(\sin t) = \frac{1}{s^2+1}$$

$$\therefore \mathcal{L}\left(\frac{\sin t}{t}\right) = \int_s^\infty \frac{du}{1+u^2} = \tan^{-1}u\Big]_s^\infty = \frac{\pi}{2} - \tan^{-1}s \quad (1)$$

從而$\mathcal{L}\left(\dfrac{e^{-t}\sin t}{t}\right)=\dfrac{\pi}{2}-\tan^{-1}(1+s)$

(b) 在 (1) 取 $s=1$ 得　$\int_0^\infty \dfrac{\sin t}{t}e^{-t}\,dt=\dfrac{\pi}{2}-\tan^{-1}1=\dfrac{\pi}{2}-\dfrac{\pi}{4}=\dfrac{\pi}{4}$

練習

求$\mathcal{L}\left(\dfrac{\sin t}{t}\right)$，並利用此結果求$\int_0^\infty \dfrac{\sin t}{t}\,dt$

Ans：$\dfrac{\pi}{2}-\tan^{-1}s$；$\dfrac{\pi}{2}$（提示：取 $s=0$）

導數之拉氏轉換

定理 E　$\mathcal{L}\{f'(t)\}=sF(s)-f(0)$

證明　$\mathcal{L}\{f'(t)\}=\int_0^\infty e^{-st}f'(t)dt=\int_0^\infty e^{-st}df(t)$

$$=\lim_{M\to\infty} e^{-st}f(t)\Big]_0^M-\int_0^\infty f(t)\,de^{-st}$$

$$=\lim_{M\to\infty}(e^{-sM}f(M)-f(0))+s\int_0^\infty e^{-st}f(t)dt \qquad (1)$$

但　$\lim_{M\to\infty} e^{-sM}f(M)=0$

$\therefore$ (1) $=s\int_0^\infty e^{-st}f(t)dt-f(0)=sF(s)-f(0)$　■

推論 E1 $\mathcal{L}\{f''(t)\} = s^2F(s) - sf(0) - f'(0)$

證明 $\mathcal{L}\{f''(t)\} = s\mathcal{L}\{f'(t)\} - f'(0)$

$= s\,[s\mathcal{L}\{f(t)\} - f(0)] - f'(0)$

$= s^2\mathcal{L}\{f(t)\} - sf(0) - f'(0)$ ■

積分之拉氏轉換

定理 H 若$\mathcal{L}\{f(t)\} = F(s)$ 則$\mathcal{L}\{\int_0^t f(u)du\} = \dfrac{F(s)}{s}$

證明 令$G(t) = \int_0^t f(u)du$，則 $G'(t) = f(t)$ 且 $G(0) = 0$

$\because \mathcal{L}\{G'(t)\} = s\,\mathcal{L}\{G(t)\} - G(0) = s\,\mathcal{L}\{G(t)\}$

但$\mathcal{L}\{G'(t)\} = \mathcal{L}\{f(t)\} = F(s)$

$\therefore \mathcal{L}\{G(t)\} = \dfrac{1}{s}F(s)$，即$\mathcal{L}\{\int_0^t f(u)du\} = \dfrac{F(s)}{s}$ ■

習題 4.2

1. 求 $\mathcal{L}(t\,e^{at})$

   Ans：$\dfrac{1}{(s-a)^2}$

2. 求$\mathcal{L}(t^3e^{-2t})$

Ans：$\dfrac{6}{(s+2)^4}$

3. 求$\mathcal{L}\left(\dfrac{e^{-2t}}{\sqrt{t}}\right)$

Ans：$\sqrt{\dfrac{\pi}{s+2}}$

4. 求$\mathcal{L}(t\sin bt)$

Ans：$\dfrac{2bs}{s^2+b^2}$

5. 求$\mathcal{L}(\sin t+t\cos t)$

Ans：$\dfrac{2s^2}{(s^2+1)^2}$

6. $\mathcal{L}(\int_0^t e^{5u}\sin 3u\,du)$

Ans：$\dfrac{3}{s(s^2-10s+34)}$

7. 求$\mathcal{L}(t2^t)$。(提示：$t2^t=te^{t\ln 2}$)

Ans：$\dfrac{1}{(s-\ln 2)^2}$

8. 若$\mathcal{L}\{f(t)\}=F(s)$，試求$\mathcal{L}\{f'''(t)\}=$？

Ans：$s^3F(s)-s^2f(0)-sf'(0)-f''(0)$

9. 若$\mathcal{L}(f(t))=F(s)$，試以 F，s 表示 $\mathcal{L}(e^{at}\int_0^t f(u)du)$

Ans：$\dfrac{F(s-a)}{s-a}$

10. $\mathcal{L}\left(\dfrac{e^{at}-e^{bt}}{t}\right)$

Ans：$\ln\left|\dfrac{s+b}{s+a}\right|$

11.求 $\mathcal{L}(\sin^2 t)$

Ans：$\dfrac{2}{s(s^2+4)}$

找一個適當之 $f(t)$，藉由拉氏轉換之結果求習題 12～13。

12.$\displaystyle\int_0^\infty \frac{e^{-bt}-e^{-at}}{t}dt$，$a, b>0$

Ans：$\ln\dfrac{b}{a}$

13.$\displaystyle\int_0^\infty \frac{\cos bt-\cos at}{t}dt$

Ans：$\ln\dfrac{a}{b}$

14.求 $\displaystyle\int_0^\infty \left[(e^{-\frac{t}{\sqrt{3}}}\sin t)/t\right]dt$

Ans：$\dfrac{\pi}{3}$

4.3　拉氏轉換之性質(二)

單步函數之拉氏轉換

$$\mathcal{L}(u(t-c))=\frac{1}{s}e^{-cs}$$

證明 $\mathcal{L}(u(t-c))=\int_c^{\infty}e^{-st}dt=\frac{1}{s}e^{-cs}$

由此可得 $\mathcal{L}(u(t))=\frac{1}{s}$ ■

定理 B $\mathcal{L}\{u(t-a)f(t-a)\}=e^{-as}F(s)$

證明 $\because u(t-a)=\begin{cases}1，t>a\\0，t<a\end{cases}$

$\therefore \mathcal{L}\{u(t-a)f(t-a)\}=\int_0^{\infty}e^{-st}u(t-a)f(t-a)dt$

$=\int_0^a e^{-st}\cdot 0\cdot f(t-a)dt+\int_a^{\infty}e^{-st}\cdot 1\cdot f(t-a)dt$

$=\int_a^{\infty}e^{-st}f(t-a)dt$

$\overset{y=t-a}{=\!=\!=}\int_0^{\infty}e^{-s(y+a)}f(y)dy$

$=e^{-as}\int_0^{\infty}e^{-sy}f(y)dy$

$=e^{-as}F(s)$ ■

定理 C $\mathcal{L}(f(t)u(t-a))=e^{-as}\mathcal{L}(f(t+a))$

證明 $\mathcal{L}\{f(t)u(t-a)\}$

$=\int_0^a \underbrace{0f(t)e^{-st}}_{0}dt+\int_a^{\infty}f(t)e^{-st}dt$

$$\overset{y=t-a}{=\!=\!=} \int_0^\infty f(y+a)e^{-s(a+y)}dy = e^{-as}\int_0^\infty f(y+a)e^{-sy}dy$$

即$\mathcal{L}(f(t)u(t-a)) = e^{-as}\mathcal{L}(f(t+a))$ ■

例 1 求$\mathcal{L}(t^2u(t-2))$

解 方法一

$$\mathcal{L}(u(t-2)) = \frac{1}{s}e^{-2s}$$

$$\therefore \mathcal{L}(t^2u(t-2)) = (-1)^2\frac{d^2}{ds^2}\left(\frac{1}{s}e^{-2s}\right) = \frac{d}{ds}\left(-\frac{1}{s^2}e^{-2s} - \frac{2}{s}e^{-2s}\right)$$

$$= \frac{-d}{ds}\left(\frac{1}{s^2} + \frac{2}{s}\right)e^{-2s} = \left(\frac{2}{s^3} + \frac{2}{s^2}\right)e^{-2s} + \left(\frac{2}{s^2} + \frac{4}{s}\right)e^{-2s}$$

$$= \frac{2}{s^3}(1+2s+2s^2)e^{-2s}$$

方法二

$$\mathcal{L}(t^2u(t-2)) \overset{\text{定理 } C}{=\!=\!=} e^{-2s}\mathcal{L}((t+2)^2) = e^{-2s}\mathcal{L}(t^2+4t+4)$$

$$= e^{-2s}\left(\frac{2}{s^3} + \frac{4}{s^2} + \frac{4}{s}\right) = \frac{2}{s^3}(1+2s+2s^2)e^{-2s}$$

例 2 求$\mathcal{L}(u(t-1) + 2u(t-2) - 3u(t-3))$

解 $\mathcal{L}(u(t-1)) + 2\mathcal{L}(u(t-2)) - 3\mathcal{L}(u(t-3))$

$$\overset{\text{定理 } A}{=\!=\!=} \frac{1}{s}e^{-s} + \frac{2}{s}e^{-2s} - \frac{3}{s}e^{-3s}$$

例 3 求下圖之$\mathcal{L}(f(t))$

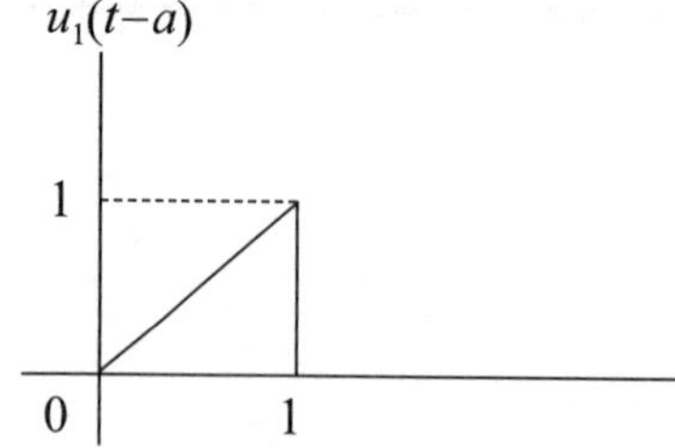

解 方法一

$$f(t)=t[u(t)-u(t-1)]$$
$$=tu(t)-tu(t-1)$$
$$=tu(t)-(t-1)u(t-1)-u(t-1)$$
$$\therefore \mathcal{L}(f(t))=\mathcal{L}(tu(t))-\mathcal{L}((t-1)u(t-1))-\mathcal{L}(u(t-1))$$
$$=\frac{1}{s^2}-\frac{1}{s^2}e^{-s}-\frac{1}{s}e^{-s}=\frac{1}{s^2}(1-e^{-s})-\frac{1}{s}e^{-s}$$

方法二

例 3 之圖形為 $y=x$ 在 [0, 1] 部分，因此，由定義：

$$\mathcal{L}(f(t))=\int_0^1 te^{-st}dt=-\frac{t}{s}e^{-st}-\frac{1}{s^2}e^{-st}\Big]_0^1$$
$$=-\frac{1}{s}e^{-s}-\frac{1}{s^2}e^{-s}+\frac{1}{s^2}=\frac{1}{s^2}(1-e^{-s})-\frac{1}{s}e^{-s}$$

例 4 若 $f(t)=\begin{cases}0 & ，0\le t\le 3\\ (t-3)^2 & ，t\ge 3\end{cases}$ 求 $\mathcal{L}\{(f(t))\}$

解 方法一

令 $h(t)=t^2$，$t\ge 0$

則 $\mathcal{L}\{f(t)\}=\mathcal{L}\{u(t-3)h(t-3)\}$

$$=e^{-3s}\mathcal{L}(t^2)=\frac{2!}{s^3}e^{-3s}=\frac{2}{s^3}e^{-3s}$$

方法二

若讀者對單步函數之拉氏轉換公式不熟悉，可以用拉氏轉換之定義

$$\mathcal{L}\{f(t)\}=\int_3^\infty (t-3)^2e^{-st}\,dt，$$
$$\overset{y=t-3}{=\!=\!=}\int_0^\infty y^2e^{-s(y+3)}\,dy=e^{-3s}\int_0^\infty y^2e^{-sy}dy$$

$$= e^{-3s} \cdot \frac{2}{s^3}$$

例 5 求右圖之$\mathcal{L}(F(t))$

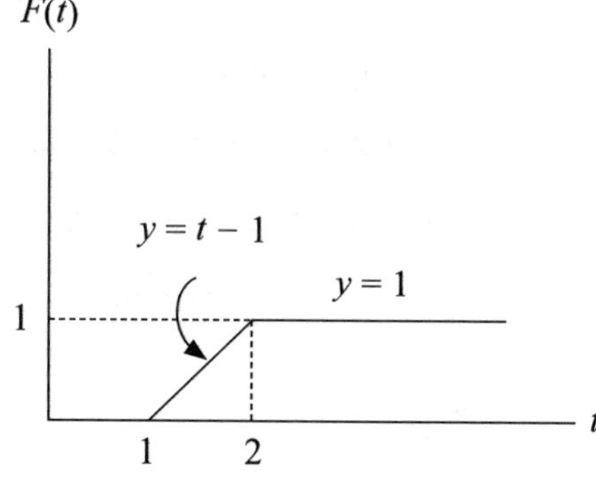

解 依圖：

$F(t) = (t-1)(u(t-1)$
$\quad - u(t-2)) + 1 \cdot$
$\quad u(t-2)$
$\quad = (t-1)u(t-1) -$
$\quad (t-2)u(t-2)$

$$\therefore \mathcal{L}(F(t)) = \mathcal{L}((t-1)u(t-1) - (t-2)u(t-2))$$
$$= \frac{e^{-s}}{s^2} - \frac{e^{-2s}}{s^2}$$

週期函數之拉氏轉換

定理 D 若$f(t+p) = f(t)$，$p>0$，即 f 是週期爲p之函數，則

$$\mathcal{L}\{f(t)\} = \frac{\int_0^p e^{-st} f(t)\,dt}{1 - e^{-sp}}$$

證明 $\mathcal{L}\{f(t)\} = \int_0^\infty e^{-st} f(t)\,dt$

$$= \int_0^p e^{-st} f(t)\,dt + \int_p^{2p} e^{-st} f(t)\,dt + \int_{2p}^{3p} e^{-st} f(t)\,dt + \cdots \quad (1)$$

但 $\int_p^{2p} e^{-st} f(t)\,dt \xlongequal{y=t-p} \int_0^p e^{-s(y+p)} f(y+p)\,dy$

$$= e^{-sp}\int_0^p e^{-sy} f(y)\,dy \quad (\because f(y+p)=f(y))$$

$$\int_{2p}^{3p} e^{-st} f(t)\,dt \overset{y=t-2p}{=\!=\!=} \int_0^p e^{-s(y+2p)} f(y+2p)dy \ (y=t-2p)$$

$$= e^{-s(2p)}\int_0^p e^{-sy} f(y)dy \ (\because F(y+2p)=F(y))$$

$$= e^{-2sp}\int_0^p e^{-sy} f(y)dy$$

同法可證

$$\int_{3p}^{4p} e^{-st} f(t)\,dt = e^{-3sp}\int_0^p e^{-sy} f(y)dy \cdots$$

代以上結果入 (1) 得

$$\mathcal{L}\{F(t)\} = \int_0^p e^{-sy} f(y)\,dy + e^{-sp}\int_0^p e^{-sy} f(y)\,dy + e^{-2sp}\int_0^p e^{-sy} f(y)\,dy + \cdots$$

$$= (1 + e^{-sp} + e^{-2sp} + \cdots)\int_0^p e^{-sy} f(y)\,dy$$

$$= \frac{1}{1-e^{-sp}}\int_0^p e^{-sy} f(y)dy，s>0$$ ■

例 6 設 $f(t)$ 爲週期是 2π 之函數，在 $0 \le t < 2\pi$，$f(t)$ 之定義爲

$$f(t) = \begin{cases} \sin t，0 \le t < \pi \\ 0 \quad ，\pi \le t < 2\pi \end{cases}$$ 求 $\mathcal{L}\{f(t)\}$

解 $p = 2\pi$

$$\therefore \mathcal{L}\{f(t)\} = \frac{1}{1-e^{-2\pi s}}\left[\int_0^\pi e^{-st}\sin t dt + \int_\pi^{2\pi} e^{-st}\cdot 0 dt\right]$$

$$= \frac{1}{1-e^{-2\pi s}}\int_0^\pi e^{-st}\sin t dt$$

$$= \frac{1}{1-e^{-2\pi s}}\left\{\frac{e^{-st}(-s\sin t - \cos t)}{s^2+1}\right\}\Bigg]_0^\pi$$

$$= \frac{1}{1-e^{-2\pi s}}\left\{\frac{1+e^{-\pi s}}{s^2+1}\right\} = \frac{1}{(1-e^{-\pi s})(s^2+1)}$$

求右圖之拉氏轉換。

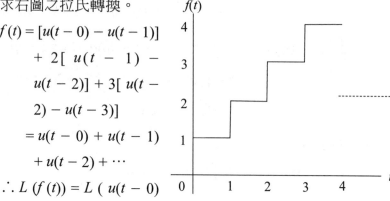

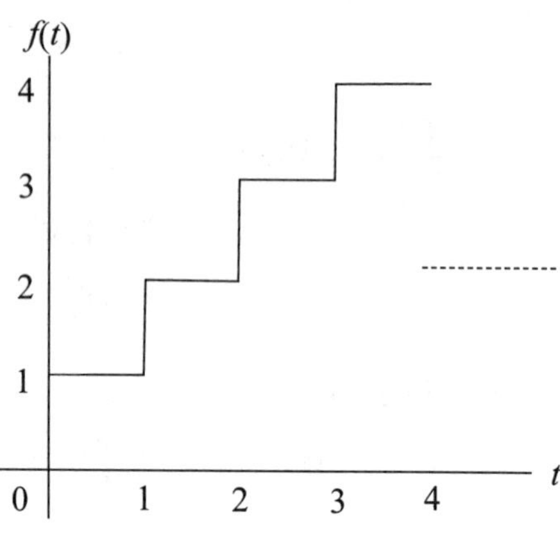

解 $f(t)=[u(t-0)-u(t-1)]+2[u(t-1)-u(t-2)]+3[u(t-2)-u(t-3)]$

$=u(t-0)+u(t-1)+u(t-2)+\cdots$

$\therefore L(f(t))=L(u(t-0)+u(t-1)+u(t-2)+\cdots)$

$$=\frac{1}{s}e^{-0s}+\frac{1}{s}e^{-s}+\frac{1}{s}e^{-2s}+\cdots$$

$$=\frac{1}{s}[1+e^{-s}+e^{-2s}+\cdots]$$

$$=\frac{1}{s}\frac{1}{1-e^{-s}}$$

習題 4.3

1. 求下列結果：

(1) $\int_0^\infty e^{-t}u(t-3)dt$ (2) $\mathcal{L}(2u(t-1)+3u(t-2))$

(3) $f(t)=\begin{cases}1 & ，0\le t<1\\ 2-t & ，1\le t<2\\ 0 & ，t\ge 2\end{cases}$，$\mathcal{L}(f(t))$

Ans：(1)e^{-3} (2) $\frac{2e^{-s}+3e^{-2s}}{s}$ (3) $\frac{1}{s}+\frac{1}{s^2}e^{-2s}-\frac{1}{s^2}e^{-s}$

2. 若 $f(t)=\begin{cases}1， & 0<t<1\\ -1， & 1<t<2\end{cases}$，且 $f(t+2)=f(t)$，求 $\mathcal{L}(f(t))$。

Ans：$\dfrac{1-e^{-s}}{s(1+e^{-s})}$

3. 求下圖之拉氏轉換：

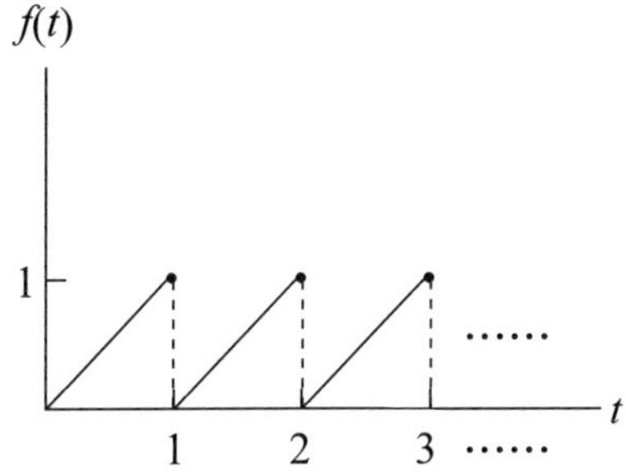

Ans：$\dfrac{1}{s^2}-\dfrac{e^{-s}}{s(1-e^{-s})}$

4. 求證下圖之拉氏轉換為$\dfrac{1}{s}\tanh\dfrac{s}{2}$

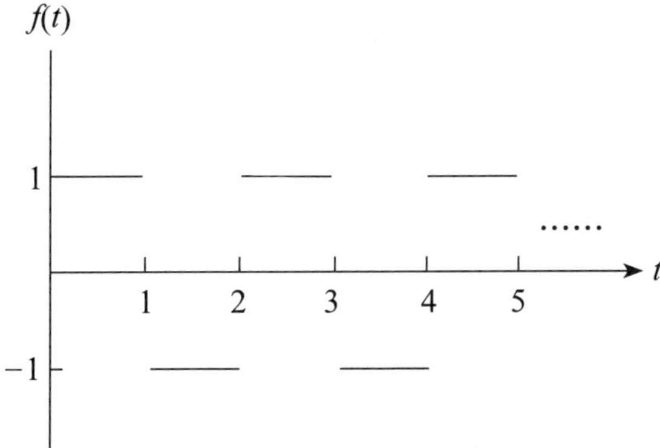

5. 求證下圖之拉氏轉換為 $\frac{1}{s^2}\tan h\frac{s}{2}$。

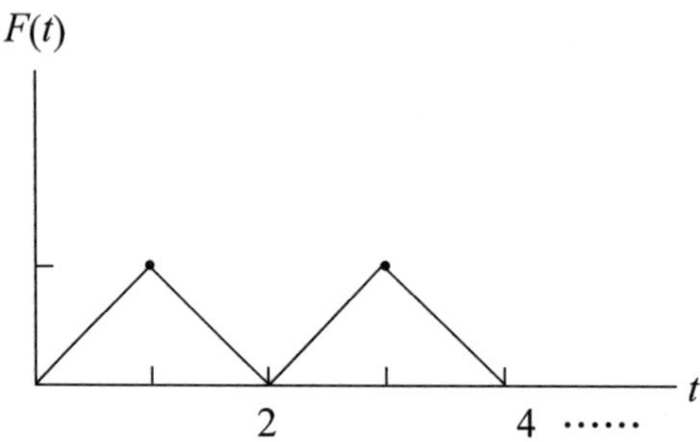

4.4 反拉氏轉換

若$\mathcal{L}\{f(t)\}=F(s)$，則稱$f(t)=\mathcal{L}^{-1}\{F(s)\}$爲反拉氏轉換（inverse Laplace transformation）。

在高等微積分中可證明，若$f(t)$，$g(t)$在$(0, \infty)$中爲連續函數，且若$\mathcal{L}\{f(t)\}=\mathcal{L}\{g(t)\}$，則在$(0, \infty)$中$f(t)=g(t)$，換言之，反拉氏轉換是唯一的。

定理 A $\mathcal{L}^{-1}\{c_1F_1(s)+c_2F_2(s)\}=c_1\mathcal{L}^{-1}\{F_1(s)\}+c_2\mathcal{L}^{-1}\{F_2(s)\}$

證明 $\mathcal{L}(c_1f_1(t)+c_2f_2(t)\}=c_1\mathcal{L}\{f_1(t)\}+c_2\mathcal{L}\{f_2(t)\}$

$$=c_1F_1(s)+c_2F_2(s)$$

$$\therefore \mathcal{L}^{-1}\{c_1F_1(s)+c_2F_2(s)\}=c_1f_1(t)+c_2f_2(t)$$
$$=c_1\mathcal{L}^{-1}\{F_1(s)\}+c_2\mathcal{L}^{-1}\{F_2(s)\}$$ ■

由 4.2 節有關定理及反拉氏轉換，即得下列諸定理：

定理 B 基本之反拉氏轉換如下表：

$F(s)$	$f(t)=\mathcal{L}^{-1}\{F(s)\}$
$\frac{1}{s}$	1
$\frac{1}{s-a}$	e^{at}
$\frac{1}{s^{n+1}}$，$n=0, 1, 2\cdots$	$\frac{t^n}{n!}$
$\frac{a}{s^2+a^2}$	$\sin at$
$\frac{s}{s^2+a^2}$	$\cos at$

定理 C

(1) $\mathcal{L}^{-1}\{F(s-a)\}=e^{at}f(t)$

(2) $\mathcal{L}^{-1}\left\{\frac{1}{a}F\left(\frac{s}{a}\right)\right\}=f(at)$

(3) $\mathcal{L}^{-1}\left\{(-1)^n\frac{d^n}{ds^n}F(s)\right\}=t^nf(t)$

(4) $\mathcal{L}^{-1}\left\{\int_s^\infty F(\lambda)d\lambda\right\}=\frac{f(t)}{t}$

(5) $\mathcal{L}^{-1}\left\{\frac{F(s)}{s}\right\}=\int_0^t f(u)du$

定理 D

(1) $\mathcal{L}^{-1}\left(\frac{1}{s}e^{-cs}\right)=u(t-c)$

(2) $\mathcal{L}^{-1}\{u(t-a)f(t-a)\}=e^{-as}F(s)$

例 1 求 (1) $\mathcal{L}^{-1}\left\{\frac{4}{s^2+4}\right\}$ (2) $\mathcal{L}^{-1}\left\{\frac{1}{s^2+2s+5}\right\}$

(3) $\mathcal{L}^{-1}\left\{\frac{2s+1}{s^2+2s+5}\right\}$ (4) $\mathcal{L}^{-1}\left\{\frac{s+2}{s^2+4s+5}\right\}$

解

(1) $\mathcal{L}^{-1}\left\{\frac{4}{s^2+4}\right\}=2\ \{\sin 2t\}=2\sin 2t$

(2) $\mathcal{L}^{-1}\left\{\frac{1}{s^2+2s+5}\right\}=\mathcal{L}^{-1}\left\{\frac{1}{(s+1)^2+2^2}\right\}=\frac{1}{2}\mathcal{L}^{-1}\left\{\frac{2}{(s+1)^2+2^2}\right\}$

$$=\frac{1}{2}e^{-t}\mathcal{L}^{-1}\left\{\frac{2}{s^2+2^2}\right\}=\frac{1}{2}e^{-t}\sin 2t$$

(3) $\mathcal{L}^{-1}\left\{\frac{2s+1}{s^2+2s+5}\right\}=\mathcal{L}^{-1}\left\{\frac{2s+1}{(s+1)^2+4}\right\}$

$$=2\mathcal{L}^{-1}\left\{\frac{s+1}{(s+1)^2+4}\right\}-\frac{1}{2}\mathcal{L}^{-1}\left\{\frac{2}{(s+1)^2+4}\right\}$$

$$=2e^{-t}\mathcal{L}^{-1}\left\{\frac{s}{s^2+4}\right\}-\frac{1}{2}e^{-t}\mathcal{L}^{-1}\left\{\frac{2}{s^2+4}\right\}$$

$$=2e^{-t}\cos 2t-\frac{1}{2}e^{-t}\sin 2t$$

(4) $\mathcal{L}^{-1}\left\{\frac{s+2}{s^2+4s+5}\right\}=\mathcal{L}^{-1}\left\{\frac{s+2}{(s+2)^2+1}\right\}$

$$=e^{-2t}\mathcal{L}^{-1}\left\{\frac{s}{s^2+1}\right\}=e^{-2t}\cos t$$

練習

若 $F(s)=\dfrac{s-3}{s^2-4s+5}$，求 $\mathcal{L}^{-1}\{F(s)\}$

Ans：$e^{2t}\cos t-e^{2t}\sin t$

定理 E $\mathcal{L}^{-1}\{e^{-as}F(s)\}=\begin{cases} f(t-a)，t>a \\ 0 \quad ，t<a \end{cases}$

證明 由定理 4.3B 即得。■

例 2 求 $\mathcal{L}^{-1}\left\{\dfrac{e^{-\frac{\pi}{3}s}}{s^2+2}\right\}$

解 $\mathcal{L}^{-1}\left\{\dfrac{1}{s^2+2}\right\}=\dfrac{1}{\sqrt{2}}\sin\sqrt{2}t=f(t)$

$$\therefore \mathcal{L}^{-1}\left\{\frac{e^{-\frac{\pi}{3}s}}{s^2+2}\right\}=\begin{cases} \dfrac{1}{\sqrt{2}}\sin\sqrt{2}\left(t-\dfrac{\pi}{3}\right)，t>\dfrac{\pi}{3} \\ 0 \qquad ，t<\dfrac{\pi}{3} \end{cases}$$

例 3 求 (1) $\mathcal{L}^{-1}\left\{\dfrac{e^{-2s}}{s^4}\right\}$ (2) $\mathcal{L}^{-1}\left\{\dfrac{e^{-2s}}{(s+1)^4}\right\}$

解 (1) $\because \mathcal{L}^{-1}\left\{\dfrac{1}{s^4}\right\}=\dfrac{t^3}{3!}=\dfrac{t^3}{6}=f(t)$

$$\therefore \mathcal{L}^{-1}\left\{\frac{e^{-2s}}{s^4}\right\}=\begin{cases} \dfrac{(t-2)^3}{6}，t>2 \\ 0 \qquad ，t<2 \end{cases}$$

(2) $\mathcal{L}^{-1}\left\{\frac{1}{s^4}\right\}=\frac{t^3}{6}$，$\mathcal{L}^{-1}\left\{\frac{1}{(s+1)^4}\right\}=\frac{e^{-t}t^3}{6}=f(t)$

故 $$\mathcal{L}^{-1}\left\{\frac{e^{-2s}}{(s+1)^4}\right\}=\begin{cases}\frac{e^{-(t-2)}(t-2)^3}{6}, & t>2\\ 0, & t<2\end{cases}$$

例 4 求 $\mathcal{L}^{-1}\left\{\frac{e^{2s}}{s(s+1)}\right\}$

解
$$\mathcal{L}^{-1}\left\{\frac{1}{s(s+1)}\right\}=\mathcal{L}^{-1}\left\{\frac{1}{s}-\frac{1}{s+1}\right\}$$
$$=\mathcal{L}^{-1}\left\{\frac{1}{s}\right\}-\mathcal{L}^{-1}\left\{\frac{1}{s+1}\right\}$$
$$=1-e^{-t}\mathcal{L}^{-1}\left\{\frac{1}{s}\right\}=1-e^{-t}=f(t)$$
$$\therefore \mathcal{L}^{-1}\left\{\frac{e^{2s}}{s(s+1)}\right\}=\begin{cases}1-e^{-(t-2)}, & t>2\\ 0, & t<2\end{cases}$$

迴旋及其應用

二個函數 f, g 之迴旋（convolution）記做 $f * g$，定義爲 $f*g=\int_0^t f(u)g(t-u)du$。

例 5 求 $t*e^t$ 及 e^t*t

解 (a) $f(t)=t$，$g(t)=e^t$

則 $f*g=\int_0^t ue^{t-u}du=e^t\int_0^t ue^{-u}du$
$$=e^t(-ue^{-u}-e^{-u})\Big]_0^t$$

$$= e^t(1 - te^{-t} - e^{-t})$$
$$= e^t - t - 1$$

(b) $f(t) = e^t$，$g(t) = t$

則 $f * g = \int_0^t e^u (t - u)\,du$

$$= te^u\Big]_0^t - \int_0^t ue^u du$$
$$= (te^t - t) - (ue^u - e^u)\Big]_0^t$$
$$= (te^t - t) - (te^t - e^t - 0 + 1)$$
$$= e^t - t - 1$$

比較 (a)、(b) 之結果，$f * g = g * f$，其實這一結果在一般情況下均成立。

定理 F 迴旋定理，Convolution theorem：

若 $\mathcal{L}(f(t)) = F(s)$，$\mathcal{L}(g(t)) = G(s)$，則

(1) $\mathcal{L}\left[\int_0^t f(\tau)g(t-\tau)d\tau\right] = F(s)G(s)$ 且

(2) $\mathcal{L}^{-1}[F(s)G(s)] = \int_0^t f(\tau)g(t-\tau)d\tau = \int_0^t f(t-\tau)\,g(\tau)\,d\tau$

證明 (1) $\mathcal{L}\left[\int_0^t f(\tau)g(t-\tau)d\tau\right]$

$$= \int_0^\infty \left[\int_0^t f(\tau)g(t-\tau)d\tau\right]e^{-st}\,dt$$
$$= \int_0^\infty \left[\int_0^t f(\tau)g(t-\tau)e^{-st}d\tau\right]dt$$
$$= \int_0^\infty \int_\tau^\infty f(\tau)g(t-\tau)e^{-st}dt\,d\tau \text{（改變積分順序）}$$

令 $t-\tau = u$ 則上式變爲

$$\int_0^\infty \int_0^\infty f(\tau)g(u)e^{-s(u+\tau)}\,du d\tau = \int_0^\infty f(\tau)e^{-s\tau}d\tau \cdot \int_0^\infty g(u)e^{-su}\,du$$

$$= F(s) \cdot G(s)$$

(2) $\mathcal{L}^{-1}(F(s)G(s)) = \int_0^t f(\tau)g(t-\tau)d\tau$ ，由 (1) 之結果即得。

$$= -\int_t^0 f(t-u)g(u)du \text{，（取 } u = t-\tau\text{）}$$

$$= \int_0^t f(t-\tau)g(\tau)d\tau$$ ■

例 6 用迴旋定理求 $\mathcal{L}^{-1}\left(\frac{1}{s(s-1)^2}\right)$

解 方法一

$\mathcal{L}^{-1}\left(\frac{1}{s}\right) = 1$，$\mathcal{L}^{-1}\left(\frac{1}{(s-1)^2}\right) = e^t\mathcal{L}^{-1}\left\{\frac{1}{s^2}\right\} = te^t$

$$\therefore \mathcal{L}^{-1}\left(\frac{1}{s} \cdot \frac{1}{(s-1)^2}\right) = \int_0^t 1 \cdot \tau e^\tau d\tau$$

$$= \int_0^t \tau e^\tau d\tau = \tau e^\tau - e^\tau \Big|_0^t$$

$$= te^t - e^t + 1$$

方法二

$$\mathcal{L}^{-1}\left(\frac{1}{s} \cdot \frac{1}{(s-1)^2}\right) = \int_0^1 1 \cdot (t-\tau)e^{t-\tau}d\tau$$

$$= e^t\int_0^1 (t-\tau)e^{-\tau}d\tau$$

$$= e^t\left[-(t-\tau)e^{-\tau} + e^{-\tau}\right]_0^t$$

$$= te^t - e^t + 1$$

由例6可知在應用迴旋定理時，若f、g選得好，常可簡化計算。

練習

用迴旋定理求$\mathcal{L}^{-1}\left(\frac{1}{s^2(s-a)}\right)$

Ans：$\frac{1}{a^2}e^{at}-\frac{t}{a}-\frac{1}{a^2}$

習題 4.4

1. 求$\mathcal{L}^{-1}\left(\frac{s+1}{s^2+s-6}\right)$

   Ans：$\frac{2}{5}e^{-3t}+\frac{3}{5}e^{2t}$

2. 求$\mathcal{L}^{-1}\left(\frac{s-3}{s^2-1}\right)$

   Ans：$2e^{-t}-e^{t}$

3. 求$\mathcal{L}^{-1}\left(\frac{s-2}{s^2-16}\right)$

   Ans：$\frac{3}{4}e^{-4t}+\frac{1}{4}e^{4t}$

4. 求$\mathcal{L}^{-1}\left(\frac{3s-2}{s^2-4s+20}\right)$

   Ans：$e^{2t}(3\cos 4t+\sin 4t)$

5. 求$\mathcal{L}^{-1}\left(\frac{s-2}{s^2+2s+10}\right)$

   Ans：$e^{-t}(\cos 3t-\sin 3t)$

6. 求$\mathcal{L}^{-1}\left(\frac{1}{s^2(s-3)}\right)$

Ans：$\frac{1}{9}(e^{3t}-1)-\frac{t}{3}$

7. 求$\mathcal{L}^{-1}\left(\frac{1}{s(s^2+4)}\right)$

Ans：$\frac{1}{4}(1-\cos 2t)$

8. 求$\mathcal{L}^{-1}\left(\frac{1}{s^2(s+1)^2}\right)$

Ans：$t-2-2e^{-t}+te^{-t}$

9. 求$\mathcal{L}^{-1}\left(\frac{s}{s^2+4s+13}\right)$

Ans：$e^{-2t}\left(\cos 3t-\frac{2}{3}\sin 3t\right)$

10. 求$\mathcal{L}^{-1}\left(\frac{e^{-as}}{s^2(s-3)}\right)$

Ans：$u(t-a)\left[\frac{1}{9}e^{3(t-a)}-\frac{1}{3}(t-a)-\frac{1}{9}\right]$

11. 試證$f*g=g*f$

4.5 拉氏轉換在解常微分方程式上之應用

應用拉氏轉換來解常微分方程式之基本過程很簡單，即：先對微分方程式兩邊取拉氏轉換得$\mathcal{L}(y)=F(s)$，然後以反拉氏轉換求出$y=\mathcal{L}^{-1}\{F(s)\}$。

例 1 解$y'+3y=e^{-t}$，$t\geq 0$，$y(0)=0$

解 這是線性方程式，可用第一章之解法，現在我們用拉氏轉換來解。

第一步：兩邊取拉氏轉換

$$\mathcal{L}\{y'+3y\}=\mathcal{L}\{e^{-t}\}$$

$$\therefore \mathcal{L}\{y'\}+3\mathcal{L}\{y\}=\frac{1}{s+1} \qquad (1)$$

又 $$\mathcal{L}\{y'\}+3\mathcal{L}\{y\}=[s\mathcal{L}\{y\}-y(0)]+3\mathcal{L}\{y\}$$

$$=(s+3)\mathcal{L}(y) \qquad (2)$$

第二步：求$\mathcal{L}\{y\}=$ ？

代 (2) 入 (1) 得

$$\mathcal{L}\{y\}=\frac{1}{(s+3)(s+1)}=\frac{1}{2}\left(\frac{1}{s+1}-\frac{1}{s+3}\right)$$

第三步：求反拉氏轉換

$$y=\mathcal{L}^{-1}\left\{\frac{1}{2}\left(\frac{1}{s+1}-\frac{1}{s+3}\right)\right\}=\frac{1}{2}\left(\mathcal{L}^{-1}\left\{\frac{1}{s+1}\right\}-\mathcal{L}^{-1}\left\{\frac{1}{s+3}\right\}\right)$$

$$=\frac{1}{2}[e^{-t}-e^{-3t}]$$

例 2 解 $y'' + 3y' + 2y = 0$，$y(0) = 1$，$y'(0) = 0$

解 第一步：兩邊取拉氏轉換

$$\mathcal{L}\{y'' + 3y' + 2y\}$$
$$= \mathcal{L}\{y''\} + 3\mathcal{L}\{y'\} + 2\mathcal{L}\{y\}$$
$$= [s^2\mathcal{L}\{y\} - sy(0) - y'(0)] + 3[s\mathcal{L}\{y\} - y(0)] + 2\mathcal{L}\{y\}$$
$$= [s^2\mathcal{L}\{y\} - s - 0] + 3[s\mathcal{L}\{y\} - 1] + 2\mathcal{L}\{y\}$$
$$= (s^2 + 3s + 2)\mathcal{L}\{y\} - s - 3 = 0$$

第二步：求 $\mathcal{L}\{y\}$ = ？

$$\mathcal{L}\{y\} = \frac{s+3}{s^2+3s+2} = \frac{-1}{s+2} + \frac{2}{s+1}$$

第三步：求反拉氏轉換

$$y = \mathcal{L}^{-1}\left\{\frac{-1}{s+2} + \frac{2}{s+1}\right\}$$
$$= -1\mathcal{L}^{-1}\left\{\frac{1}{s+2}\right\} + 2\mathcal{L}^{-1}\left\{\frac{1}{s+1}\right\}$$
$$= -e^{-2t} + 2e^{-t}$$

例 3 求 $y'' + 4y = t$，$y(0) = 0$，$y'(0) = 1$

解 第一步：兩邊取拉氏轉換：

$$\mathcal{L}\{y'' + 4y\} = \mathcal{L}(t)$$
$$\mathcal{L}\{y''\} + 4\mathcal{L}\{y\} = \frac{1}{s^2} \tag{1}$$

但 $\mathcal{L}\{y''\} + 4\mathcal{L}\{y\} = [s^2\mathcal{L}\{y\} - sy(0) - y'(0)] + 4\mathcal{L}\{y\}$

$$= [s^2\mathcal{L}\{y\} - s \cdot 0 - 1] + 4\mathcal{L}\{y\}$$
$$= (s^2 + 4)\mathcal{L}\{y\} - 1 \tag{2}$$

第二步：求 $\mathcal{L}(y)$ = ？

代 (2) 入 (1) 得

$$(s^2+4)\mathcal{L}\{y\}-1=\frac{1}{s^2}$$

$$\therefore\ \mathcal{L}\{y\}=\frac{1}{s^2(s^2+4)}+\frac{1}{s^2+4}=\frac{1}{4}\left[\frac{1}{s^2}-\frac{1}{s^2+4}\right]+\frac{1}{s^2+4}$$

$$=\frac{1}{4}\frac{1}{s^2}+\frac{3}{4}\frac{1}{s^2+4}$$

第三步：求反拉氏轉換

$$y=\mathcal{L}^{-1}\left\{\frac{1}{4}\frac{1}{s^2}+\frac{3}{4}\frac{1}{s^2+4}\right\}$$

$$=\frac{1}{4}\mathcal{L}^{-1}\left\{\frac{1}{s^2}\right\}+\frac{3}{4}\mathcal{L}^{-1}\left\{\frac{1}{s^2+4}\right\}$$

$$=\frac{1}{4}\cdot t+\frac{3}{4}\cdot\frac{1}{2}\mathcal{L}^{-1}\left\{\frac{2}{s^2+4}\right\}$$

$$=\frac{t}{4}+\frac{3}{8}\sin 2t$$

習題 4.5

1. 解 $y''+2y'+y=e^{-2t}$，$y(0)=-1$，$y'(0)=1$

   Ans：$y(t)=(-2+t)e^{-t}+e^{-2t}$

2. 解 $y''+4y'+3y=e^{t}$，$y(0)=0$，$y'(0)=2$

   Ans：$y(t)=\frac{1}{8}e^{t}+\frac{3}{4}e^{-t}-\frac{7}{8}e^{-3t}$

3. 解 $y''+y=t$，$y(0)=0$，$y'(0)=2$

   Ans：$y(t)=\sin t+t$

4. 解 $y''-2y'-3y=0$，$y(0)=1$，$y'(0)=6$

   Ans：$y(t)=\frac{-3}{4}e^{-t}+\frac{7}{4}e^{3t}$

第5章

富利葉分析

5.1 富利葉級數

5.2 富利葉積分、富利葉轉換簡介

5.1 富利葉級數

本章討論傅利葉分析，包括富利葉級數（Forier series）與富利葉轉換（Fourier transformation）二部分。

富利葉級數和微積分之馬克勞林級數（Maclaurin series）有類似之處，比方馬克勞林級數是將 $f(x)$ 展開為多項式，而富利葉級數是將 $f(x)$ 展成正弦函數和餘弦函數之無窮級數。

富利葉級數之定義

定義 設 $f(x)$ 定義於區間 $(-L, L)$，$(-L, L)$ 外之區間則由 $f(x+2L)=f(x)$ 定義（即 $f(x)$ 之週期為 $2L$）則 $f(x)$ 之富利葉級數定義為

$$f(x)=\frac{a_0}{2}+\sum_{n=1}^{\infty}\left(a_n\cos\frac{n\pi x}{L}+b_n\sin\frac{n\pi x}{L}\right)$$

因此，給定一個函數 $f(x)$ 要求其富利葉級數，只需求出 a_0, a_n, b_n 即可，為導出 a_0, a_n, b_n，我們需有一些關於正弦函數與餘弦函數之定積分，而這些定積分要用到下列三角學之積化和差公式：

$$2\sin\alpha\cos\beta=\sin(\alpha+\beta)+\sin(\alpha-\beta)$$

$$2\cos\alpha\cos\beta=\cos(\alpha+\beta)+\cos(\alpha-\beta)$$

$$2\sin\alpha\sin\beta=\cos(\alpha-\beta)-\cos(\alpha+\beta)$$

預備定理 A1

1. $\int_{-L}^{L}\sin\frac{k\pi x}{L}dx=\int_{-L}^{L}\cos\frac{k\pi x}{L}dx=0$；$k=1, 2, 3,\cdots$

2. $\int_{-L}^{L}\cos\frac{m\pi x}{L}\cos\frac{n\pi x}{L}dx=\int_{-L}^{L}\sin\frac{m\pi x}{L}\sin\frac{n\pi x}{L}dx$

$$=\begin{cases}0 & m\neq n\\ L & m=n\end{cases}$$

3. $\int_{-L}^{L}\sin\frac{m\pi x}{L}\cos\frac{n\pi x}{L}dx=0$

其中 m 與 n 爲任意正整數。

證明 (1) $\int_{-L}^{L}\sin\frac{k\pi x}{L}dx=-\frac{L}{k\pi}\cos\frac{k\pi x}{L}\Big|_{-L}^{L}$

$$=-\frac{L}{k\pi}\cos k\pi+\frac{L}{k\pi}\cos(-k\pi)=0$$

$$\int_{-L}^{L}\cos\frac{k\pi x}{L}dx=\frac{L}{k\pi}\sin\frac{k\pi x}{L}\Big|_{-L}^{L}$$

$$=\frac{L}{k\pi}\sin k\pi-\frac{L}{k\pi}\sin(-k\pi)=0$$

(2) 應用 $\cos A\cos B=\frac{1}{2}\{\cos(A-B)+\cos(A+B)\}$，

$\sin A\sin B=\frac{1}{2}\{\cos(A-B)-\cos(A+B)\}$

① $m\neq n$ 時：

$$\int_{-L}^{L}\cos\frac{m\pi x}{L}\cos\frac{n\pi x}{L}dx$$

$$=\frac{1}{2}\int_{-L}^{L}\left\{\cos\frac{(m-n)\pi x}{L}+\cos\frac{(m+n)\pi x}{L}\right\}dx=0$$ （由 (1)）

及

$$\int_{-L}^{L}\sin\frac{m\pi x}{L}\sin\frac{n\pi x}{L}\,dx$$

$$=\frac{1}{2}\int_{-L}^{L}\left\{\cos\frac{(m-n)\pi x}{L}-\cos\frac{(m+n)\pi x}{L}\right\}dx=0$$

② $m=n$ 時，

$$\int_{-L}^{L}\cos\frac{m\pi x}{L}\cos\frac{n\pi x}{L}dx=\frac{1}{2}\int_{-L}^{L}\left(1+\cos\frac{2n\pi x}{L}\right)dx=L$$

$$\int_{-L}^{L}\sin\frac{m\pi x}{L}\sin\frac{n\pi x}{L}dx=\frac{1}{2}\int_{-L}^{L}\left(1-\cos\frac{2n\pi x}{L}\right)dx=L$$

(3) 留作習題 ■

由預備定理 A1，便可方便導出定理 A。

定理 A 若 $f(x)$ 定義於 $(-L,L)$，且假定 $f(x)$ 之週期為 $2L$，$f(x)$ 之富利葉級數為 $f(x)=\frac{a_0}{2}+\sum_{n=1}^{\infty}\left(a_n\cos\frac{n\pi x}{L}+b_n\sin\frac{n\pi x}{L}\right)$

則 a_0, a_n, b_n 為：

$$a_0=\frac{1}{L}\int_{-L}^{L}f(x)\,dx$$

$$a_n=\frac{1}{L}\int_{-L}^{L}f(x)\cos\frac{n\pi x}{L}dx \quad n=0,1,2,\cdots$$

$$b_n=\frac{1}{L}\int_{-L}^{L}f(x)\sin\frac{n\pi x}{L}dx \quad n=0,1,2,\cdots$$

證明 若 $f(x)=\frac{a_0}{2}+\sum_{n=1}^{\infty}\left(a_n\cos\frac{n\pi x}{L}+b_n\sin\frac{n\pi x}{L}\right)$，$n=1,2,3$ ....

在 $(-L,L)$ 中均勻收斂到 $f(x)$，(1)

1. 以 $\cos\frac{m\pi x}{L}$ 乘 (1) 之兩邊後，從 $-L$ 積分到 L 得：

$$\int_{-L}^{L} f(x)\cos\frac{m\pi x}{L}dx$$

$$=\frac{a_0}{2}\int_{-L}^{L}\cos\frac{m\pi x}{L}dx+\sum_{n=1}^{\infty}\left\{a_n\int_{-L}^{L}\cos\frac{m\pi x}{L}\cos\frac{n\pi x}{L}dx\right.$$

$$\left.+b_n\int_{-L}^{L}\cos\frac{m\pi x}{L}\sin\frac{n\pi x}{L}dx\right\}$$

$$=a_n L$$

$$\therefore\ a_n=\frac{1}{L}\int_{-L}^{L} f(x)\cos\frac{n\pi x}{L}dx\quad n=1,2,3,\cdots$$

2. 以 $\sin\frac{m\pi x}{L}$ 乘 (1) 之兩邊後，且從 $-L$ 積分到 L 得：

$$\int_{-L}^{L} f(x)\sin\frac{m\pi x}{L}dx=\frac{a_0}{2}\int_{-L}^{L}\sin\frac{m\pi x}{L}dx+$$

$$\sum_{n=1}^{\infty}\left\{a_n\int_{-L}^{L}\sin\frac{m\pi x}{L}\cos\frac{n\pi x}{L}dx+b_n\int_{-L}^{L}\sin\frac{m\pi x}{L}\sin\frac{n\pi x}{L}dx\right\}$$

$$=b_n L$$

$$\therefore\ b_n=\frac{1}{L}\int_{-L}^{L} f(x)\sin\frac{n\pi x}{L}dx\quad n=1,2,3,\cdots$$

3. 將 (1) 從 $-L$ 積分到 L 得

$$\int_{-L}^{L} f(x)\,dx=a_0 L$$

$$\therefore\ a_0=\frac{1}{L}\int_{-L}^{L} f(x)\,dx$$

若 $f(x)$ 為偶函數則 $b_n=0$，$n=1, 2, 3\cdots$，若 $f(x)$ 為奇函數則 $a_n=0$，$n=1, 2, 3\cdots$

Dirichlet 條件

到此，我們導出了 $f(x)$ 之富利葉級數，但我們不知道此級數是否收斂到 $f(x)$。Dirichlet 條件給出了富利葉級數之收斂之充分條件。

定理 B Dirichlet 條件：

設

(1) $f(x)$ 定義於 $(-L, L)$ 且除了有限個點外，皆爲單值（single-valued），即一對一之對應。

(2) $f(x)$ 之週期爲 $2L$。

(3) $f(x)$ 及 $f'(x)$ 在 $(-L, L)$ 是分段連續。

則 $\frac{a_0}{2}+\sum_{n=1}^{\infty}\left(a_n\cos\frac{n\pi x}{L}+b_n\sin\frac{n\pi x}{L}\right)$ 收斂到

$$\begin{cases} f(x)\text{，若 } x \text{ 是一連續點} \\ \dfrac{f(x+0)+f(x-0)}{2}\text{，若 } x \text{ 是一不連續點} \end{cases}$$

注意：Dirichlet 條件是富利葉級數收斂到 $f(x)$ 之充分而非必要條件，雖然大多數情況下這些條件都是被滿足的。

例 1 求 $f(x)=x$，$1\geq x\geq -1$ 之富利葉級數。

解 $L=1$，$f(x)=x$ 在 $1\geq x\geq -1$ 為奇函數 $\therefore a_n=0, n=1,2,3\cdots$

$$b_n=\frac{1}{1}\int_{-1}^{1}x\sin n\pi x\,dx=\int_{-1}^{1}x\sin n\pi x\,dx=2\int_{0}^{1}x\sin n\pi x\,dx$$

$$=-\left[\frac{2x}{n\pi}\cos n\pi x+\frac{2}{n^2\pi^2}\sin n\pi x\right]\Bigg|_0^1=\begin{cases}\dfrac{2}{n\pi}, & n\text{ 為奇數}\\ \dfrac{-2}{n\pi}, & n\text{ 為偶數}\end{cases}$$

$$\therefore f(x)=\frac{2}{\pi}\left[\sin\pi x-\frac{1}{2}\sin 2\pi x+\frac{1}{3}\sin 3\pi x-\frac{1}{4}\sin 4\pi x\cdots\right]$$

在求 a_n, b_n 時，如果善用分部積分之積分表法，將可大幅簡化計算。

例 2 (a) 求 $f(x)=x^2$，$\pi\geq x\geq -\pi$，$L=2\pi$ 之富利葉級數，並試以此結果求

(b) $\sum_{n=1}^{\infty}\frac{1}{n^2}=$?

(c) $\frac{-1}{1}+\frac{1}{2^2}-\frac{1}{3^2}+\frac{1}{4^2}+\cdots$

解 (a) $\because f(x)=x^2$ 在 $\pi\geq x\geq -\pi$ 為偶函數 $\therefore b_n=0$

$$a_0=\frac{1}{\pi}\int_{-\pi}^{\pi}x^2\,dx=\frac{2}{\pi}\int_{0}^{\pi}x^2\,dx=\frac{2}{3}\pi^2$$

$$a_n=\frac{1}{\pi}\int_{-\pi}^{\pi}x^2\cos\frac{n\pi x}{\pi}\,dx=\frac{2}{\pi}\int_{0}^{\pi}x^2\cos nx\,dx$$

$$=\frac{2}{\pi}\left[\frac{x^2}{n}\sin nx+\frac{2x}{n^2}\cos nx-\frac{2}{n^3}\sin nx\right]\Bigg|_0^{\pi}$$

$$=\frac{4}{n^2}\cos n\pi=\begin{cases}\dfrac{4}{n^2}&，n\text{ 為偶數}\\[2ex]-\dfrac{4}{n^2}&，n\text{ 為奇數}\end{cases}$$

$$\therefore f(x)=\frac{a_0}{2}+\sum_{n=1}^{\infty}a_n\cos\frac{n\pi x}{\pi}$$

$$=\frac{\pi^2}{3}+\sum_{n=1}^{\infty}\frac{4}{n^2}\cos n\pi\cdot\cos nx$$

$$=\frac{\pi^2}{3}+4\left\{\frac{-\cos x}{1^2}+\frac{\cos 2x}{2^2}-\frac{\cos 3x}{3^2}+\frac{\cos 4x}{4^2}-\cdots\right\}$$

$$=\frac{\pi^2}{3}-4\left\{\frac{\cos x}{1^2}-\frac{1}{2^2}\cos 2x+\frac{1}{3^2}\cos 3x-\frac{1}{4^2}\cos 4x+\cdots\right\}$$

(b) 對 (a) 之結果，取 $x=\pi$ 得：

$$\pi^2=\frac{\pi^2}{3}-4\left\{\frac{\cos\pi}{1^2}-\frac{\cos 2\pi}{2^2}+\frac{\cos 3\pi}{3^2}-\frac{\cos 4\pi}{4^2}+\cdots\right\}，$$

取 $x=\pi$ 得

$$\therefore\frac{2\pi^2}{3}=-4\left\{\frac{-1}{1^2}-\frac{1}{2^2}-\frac{1}{3^2}-\frac{1}{4^2}+\cdots\right\}$$

$$=4\left\{\frac{1}{1^2}+\frac{1}{2^2}+\frac{1}{3^2}+\frac{1}{4^2}+\cdots\right\}$$

即 $\frac{1}{1^2}+\frac{1}{2^2}+\frac{1}{3^2}+\cdots=\frac{\pi^2}{6}$

(c) 在 $f(x)=x^2=\frac{\pi^2}{3}-4\left\{\frac{\cos x}{1^2}-\frac{\cos 2x}{2^2}+\frac{\cos 3x}{3^2}-\frac{\cos 4x}{4^2}+\cdots\right\}$

取 $x=0$

得 $0=\frac{\pi^2}{3}-4\left\{\frac{1}{1^2}-\frac{1}{2^2}+\frac{1}{3^2}-\frac{1}{4^2}+\cdots\right\}$

$$\therefore \frac{\pi^2}{3}=4\left\{\frac{1}{1^2}-\frac{1}{2^2}+\frac{1}{3^2}-\frac{1}{4^2}+\cdots\right\}$$

得 $\frac{1}{1^2}-\frac{1}{2^2}+\frac{1}{3^2}-\frac{1}{4^2}+\cdots=\frac{\pi^2}{12}$

或許有些讀者會問，如果例 2 取 $x=2\pi$

則 $f(x)=4\pi^2=\frac{\pi^2}{3}-4\left\{\frac{1}{1^2}-\frac{1}{2^2}+\frac{1}{3^2}-\frac{1}{4^2}+\cdots\right\}$

$\therefore \frac{1}{1^2}-\frac{1}{2^2}+\frac{1}{3^2}-\frac{1}{4^2}+\cdots=\frac{11}{3}\pi^2$ 與例 2 結果不同，這是因爲 $f(2\pi)$ 對原函數無意義（$\because$ 2π 不在 $(-\pi, \pi)$ 中），因此這個結果是錯的。

例 3 求 $f(x)=\begin{cases}-1, & -1\le x\le 0\\ 1, & 0\le x\le 1\end{cases}$ 之富利葉級數，並以此結果求

$1-\frac{1}{3}+\frac{1}{5}-\frac{1}{7}+\cdots$

解 $\because f(x)$ 在 $-1\le x\le 1$ 爲奇函數 $\quad\therefore a_n=0$

$$b_n=\frac{1}{L}\int_{-1}^{1}f(x)\sin\frac{n\pi}{L}x\,dx=\int_{-1}^{1}f(x)\sin n\pi x\,dx$$

$$=\int_{-1}^{0}(-1)\sin n\pi x\,dx+\int_{0}^{1}(1)\sin n\pi x\,dx$$

$$=\left.\frac{\cos n\pi x}{n\pi}\right|_{-1}^{0}+\left.\frac{-\cos n\pi x}{n\pi}\right|_{0}^{1}$$

$$=\frac{1-\cos n\pi}{n\pi}+\frac{-\cos n\pi+1}{n\pi}=\frac{2-2\cos n\pi}{n\pi}=\begin{cases}\frac{4}{n\pi}, & n\text{ 為奇數}\\ 0, & n\text{ 為偶數}\end{cases}$$

$$\therefore f(x)=\frac{4}{\pi}\left(\frac{\sin\pi x}{1}+\frac{\sin 3\pi x}{3}+\frac{\sin 5\pi x}{5}+\cdots\right)$$

取 $x=\frac{1}{2}$ 得 $\frac{4}{\pi}\left(1-\frac{1}{3}+\frac{1}{5}-\frac{1}{7}+\cdots\right)=1$

$\therefore 1-\frac{1}{3}+\frac{1}{5}-\frac{1}{7}+\cdots=\frac{\pi}{4}$

例 4 求 $f(x)=\begin{cases}0，-1<x<0\\ x，0<x<1\end{cases}$ 之富利葉級數，並以此結果驗證 $1-\frac{1}{3}+\frac{1}{5}-\frac{1}{7}+\cdots=\frac{\pi}{4}$

解

$$a_0=\frac{1}{L}\int_{-1}^{1}f(x)\,dx=\int_{-1}^{0}0dx+\int_{0}^{1}(1)x\,dx=\frac{1}{2}$$

$$a_n=\frac{1}{L}\int_{-1}^{1}f(x)\cos\frac{2n\pi}{L}\,xdx$$

$$=\int_{-1}^{0}0\cdot\cos(n\pi x)\,dx+\int_{0}^{1}x\cos n\pi x\,dx$$

$$=\frac{\sin n\pi x}{n\pi}+\frac{\cos n\pi x}{n^2\pi^2}\Big|_0^1=\begin{cases}\frac{-2}{n^2\pi^2}，n\text{ 為奇數}\\ 0\quad，n\text{ 為偶數}\end{cases}$$

$$b_n=\frac{1}{L}\int_{-1}^{1}f(x)\sin\frac{2n\pi}{L}\,dx=\int_{-1}^{1}f(x)\sin n\pi x\,dx$$

$$=\int_{-1}^{0}0\sin n\pi x\,dx+\int_{0}^{1}x\sin n\pi x\,dx=\frac{-x\cos n\pi x}{n\pi}+\frac{\sin n\pi x}{n^2\pi^2}\Big|_0^1$$

$$=\frac{-\cos n\pi}{n\pi}=\begin{cases}\frac{-1}{n\pi}，n\text{ 為偶數}\\ \frac{1}{n\pi}\quad，n\text{ 為奇數}\end{cases}$$

$$\therefore f(x)=\frac{1}{4}-\frac{2}{\pi^2}\left(\cos\pi x+\frac{1}{9}\cos 3\pi x+\frac{1}{25}\cos 5\pi x+\cdots\right)$$

$$+\frac{1}{\pi}\left(\sin\pi x-\frac{1}{2}\sin 2\pi x+\frac{1}{3}\sin 3\pi x\cdots\right)$$

取 $x=\frac{1}{2}$

$$f\left(\frac{1}{2}\right)=\frac{1}{2}=\frac{1}{4}-\frac{2}{\pi^2}(0)+\frac{1}{\pi}\left(1-\frac{1}{3}+\frac{1}{5}-\frac{1}{7}+\cdots\right)$$

$$\therefore 1-\frac{1}{3}+\frac{1}{5}-\frac{1}{7}+\cdots=\frac{\pi}{4}$$

由例 3，4 可知，我們可對某些特定函數之富利葉級數取適當的值而得到一些特殊無窮數列之和。

練習

求 $f(x)=x$，$-\pi\le x\le\pi$ 之富利葉級數，並求 $\sum_{n=1}^{\infty}\frac{(-1)^{n-1}}{(2n-1)}$

Ans：$2\left(\sin x-\frac{1}{2}\sin 2x+\frac{1}{3}\sin 3x-\cdots\frac{(-1)^{n-1}}{n}\sin nx+\cdots\right)$；$\frac{\pi}{4}$

半幅展開式

半幅富立葉正弦或餘弦級數分別分別是僅含正弦項或餘弦項的級數。當我們要求 $f(x)$ 之半幅富立葉級數時，通常設 $f(x)$ 在（0, L）內有定義的。因（0, L）爲（$-L$, L）一半故稱爲半幅（half range）。我們的重點是如何將 $f(x)$ 之定義域擴展成（$-L$, L），以使得 $f(x)$ 在（$-L$, L）可展成**半幅富利葉級數**（half range Fourier series），如半幅正弦級數或半幅餘弦級數。我們以 $f(x)=x$，$1>x>0$ 爲例，其圖形如圖 a，現我們要在（$-L$, 0）做一個「補充」定義：

(i) 如果要得到一半幅正弦函數，正弦函數爲奇函數，我們將拓展成 $f(x)=x$，$1>x>-1$，如此就變成奇函數（如圖 b）

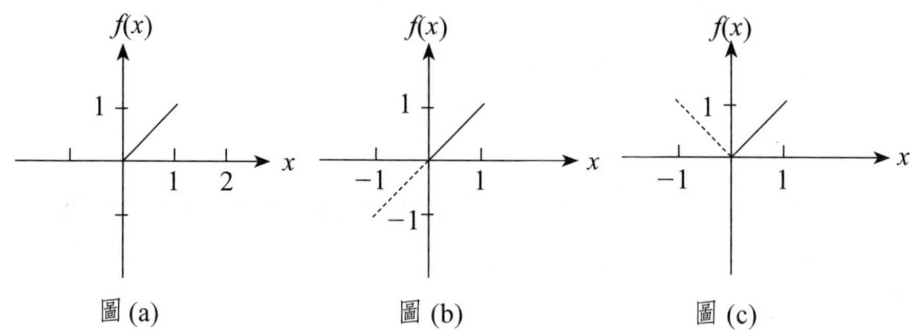

圖 (a)　圖 (b)　圖 (c)

(ii) 如果要得到一半幅餘弦函數，餘弦函數爲偶函數，我們將拓展成 $f(x)=\begin{cases} x &，1>x>0 \\ -x &，0>x>-1 \end{cases}$，如此就變成偶函數（如圖 c）。

總之：$f(x)$ 定義於（$0, L$）則其半幅富利葉級數是：

(1) 半幅正弦級數：$a_n=0$，$b_n=\dfrac{2}{L}\displaystyle\int_0^L f(x)\sin\frac{n\pi x}{L}\,dx$

(2) 半幅餘弦級數：$b_n=0$，$a_n=\dfrac{2}{L}\displaystyle\int_0^L f(x)\cos\frac{n\pi x}{L}\,dx$

例 5　求 $f(x)-1$ 在 $2>x>0$ 之半幅正弦級數。

解　$L=2$

$$\therefore b_n=\frac{2}{L}\int_o^L f(x)\sin\frac{n\pi x}{L}\,dx=\int_o^2 1\sin\frac{n\pi x}{2}\,dx=-\frac{2}{n\pi}\cos\frac{n\pi x}{2}\Big]_o^2$$

$$=-\frac{2}{n\pi}(\cos n\pi-1)$$

$$=\begin{cases} 0 &，n\text{ 為偶數} \\ \dfrac{4}{n\pi} &，n\text{ 為奇數} \end{cases}$$

$$\therefore 1 = f(x) = \frac{4}{\pi}\left(\frac{1}{1}\sin\frac{\pi x}{2} + \frac{1}{3}\sin\frac{3\pi x}{2} + \frac{1}{5}\sin\frac{5\pi x}{2} + \cdots\right)$$

例 6 求 $f(x) = x$ 在 $2 > x > 0$ 之半幅餘弦級數。

解 $L = 2$

$$\therefore a_n = \frac{2}{L}\int_o^L f(x)\cos\frac{n\pi x}{L}dx = \int_o^2 x\cos\frac{n\pi x}{2}dx$$

$$= -\frac{2x}{n\pi}\sin\frac{n\pi}{2}x + \frac{4}{n^2\pi^2}\cos\frac{n\pi}{2}x\Big]_o^2$$

$$= \frac{4}{n^2\pi^2}(\cos n\pi - 1) \text{ ，} n \neq 0$$

$$= \begin{cases} \dfrac{-8}{n^2\pi^2} \text{，} n \text{ 為奇數} \\ 0 \quad \text{，} n \text{ 為偶數} \end{cases}$$

又 $n = 0$ 時，$a_o = \int_o^2 x\,dx = 2$

$$\therefore x = f(x) = 1 - \frac{8}{\pi^2}\left(\frac{1}{1^2}\cos\frac{\pi x}{2} + \frac{1}{3^2}\cos\frac{3\pi x}{2} + \frac{1}{5^2}\cos\frac{5\pi x}{2} + \cdots\right)$$

例 7 求 $f(x) = x^2$，在 $1 > x > 0$ 之半幅正弦級數。

解 $L = 1$

$$\therefore b_n = \frac{2}{L}\int_o^L f(x)\sin\frac{n\pi}{L}x\,dx$$

$$= 2\int_o^1 x^2\sin n\pi x\,dx$$

$$= 2\left[-\frac{x^2}{n\pi}\cos n\pi x + \frac{2x}{n^2\pi^2}\sin n\pi x + \frac{2}{n^3\pi^3}\cos n\pi x\right]_o^1$$

$$= 2\left[-\frac{1}{n\pi}\cos n\pi + \frac{2}{n^3\pi^3}\cos n\pi - \frac{2}{n^3\pi^3}\right]$$

$$=\begin{cases}\dfrac{2}{n\pi}-\dfrac{8}{n^3\pi^3}，n \text{ 為奇數}\\ -\dfrac{2}{n\pi}\qquad\quad，n \text{ 為偶數}\end{cases}$$

$$\therefore x^2=f(x)=\left[\left(\frac{2}{\pi}-\frac{8}{\pi^3}\right)\sin\pi x-\frac{1}{\pi}\sin 2\pi x+\left(\frac{2}{3\pi}-\frac{8}{27\pi^3}\right)\sin 3\pi x\right.$$

$$\left.-\frac{1}{2\pi}\sin 4\pi x+\left(\frac{2}{5\pi}-\frac{8}{125\pi^3}\right)\sin 5\pi x-\frac{1}{3\pi}\sin 6\pi x+\cdots\right]$$

★ Parseval 等式

定理 A Parseval 等式：若 a_n ，b_n 是與 $f(x)$ 相對應之富利葉係數，則

$$\frac{1}{L}\int_{-L}^{L}\{f(x)\}^2dx=\frac{a_0^2}{2}+\sum_{n=1}^{\infty}(a_n^2+b_n^2)$$

證明 $f(x)=\dfrac{a_0}{2}+\sum\limits_{n=1}^{\infty}\left(a_n\cos\dfrac{n\pi x}{L}+b_n\sin\dfrac{n\pi x}{L}\right)$ ，兩邊同乘 $f(x)$ 得：

$$f^2(x)=\frac{a_0}{2}f(x)+\sum_{n=1}^{\infty}\left(a_nf(x)\cos\frac{n\pi x}{L}+b_nf(x)\sin\frac{n\pi x}{L}\right)$$

從而

$$\int_{-L}^{L}f^2(x)d(x)=\frac{a_0}{2}\int_{-L}^{L}f(x)dx+\sum_{n=1}^{\infty}\left\{a_n\int_{-L}^{L}f(x)\cos\frac{n\pi x}{L}dx\right.$$

$$\left.+b_n\int_{-L}^{L}f(x)\sin\frac{n\pi x}{L}dx\right\}\qquad(1)$$

但 $a_n=\dfrac{1}{L}\int_{-L}^{L}f(x)\cos\dfrac{n\pi x}{L}dx$ ，即 $\int_{-L}^{L}f(x)\cos\dfrac{n\pi x}{L}dx=La_n$

同理 $\int_{-L}^{L} f(x)\sin\frac{n\pi x}{L}\,dx = Lb_n$，

又 $a_0 = \frac{1}{L}\int_{-L}^{L} f(x)\,dx$，從而 $\int_{-L}^{L} f(x)\,dx = a_0 L$

將上述結果代入 (1) 即得：

$$\int_{-L}^{L} f^2(x)dx = \frac{a_0}{2}\cdot a_0 L + \sum_{n=1}^{\infty}(a_n\cdot La_n + b_n\cdot Lb_n)$$

$$= \frac{a_0^2}{2}L + L\sum_{n=1}^{\infty}(a_n^2 + b_n^2)$$

$$\therefore \frac{1}{L}\int_{-L}^{L} f^2(x)dx = \frac{a_0^2}{2} + \sum_{n=1}^{\infty}(a_n^2 + b_n^2)$$ ■

★ 例 8 利用例 2 之結果及 Parseval 等式求

$$1 + \frac{1}{2^4} + \frac{1}{3^4} + \frac{1}{4^4} + \cdots$$

解 在例 2

$$a_0 = \frac{2}{3}\pi^2，a_n = \frac{4}{n^2}\cos n\pi，b_n = 0$$

$$\therefore \frac{1}{L}\int_{-L}^{L}\{f(x)\}^2 dx = \frac{1}{\pi}\int_{-\pi}^{\pi} x^4\,dx = \frac{2}{5}\pi^4 \tag{1}$$

又 $$\frac{a_0^2}{2} + \sum_{n=1}^{\infty}(a_n^2 + b_n^2) = \frac{1}{2}\left(\frac{2}{3}\pi^2\right)^2 + \sum_{n=1}^{\infty}\left(\frac{4}{n^2}\cos n\pi\right)^2$$

$$= \frac{2}{9}\pi^4 + \sum_{n=1}^{\infty}\left(\frac{4}{n^2}\right)^2 = \frac{2}{9}\pi^4 + 16\sum_{n=1}^{\infty}\frac{1}{n^4} \tag{2}$$

$\because$ (1) = (2)

$$\therefore \frac{2}{5}\pi^4 = \frac{2}{9}\pi^4 + 16\sum_{n=1}^{\infty}\frac{1}{n^4}$$

得 $$\sum_{n=1}^{\infty}\frac{1}{n^4} = \frac{1}{16}\left(\frac{2}{5}\pi^4 - \frac{2}{9}\pi^4\right) = \frac{1}{90}\pi^4$$

習題 5.1

1. 求 $f(x)=1-|x|$，$-3\leq x\leq 3$ 之富利葉級數

   Ans：$-\frac{1}{2}+\frac{12}{\pi^2}\left(\cos\frac{\pi}{3}x+\frac{1}{9}\cos\frac{3\pi}{3}x+\frac{1}{25}\cos\frac{5\pi}{3}x+\cdots\right)$

2. 求 $f(x)=1-x^2$，$1>x>-1$ 之富利葉級數

   Ans：$\frac{2}{3}+\frac{4}{\pi^2}\left(\cos\pi x-\frac{1}{4}\cos 2\pi x+\frac{1}{9}\cos 3\pi x-\cdots\right)$

3. 求 $f(x)=\begin{cases}0, & -\pi\leq x<0\\ \pi, & 0\leq x<\pi\end{cases}$ 之富利葉級數

   Ans：$\frac{\pi}{2}+2\left[\sin x+\frac{1}{3}\sin 3x+\frac{1}{5}\sin 5x+\cdots\right]$

4. 求 $f(x)=|\sin x|$，$\pi>x>-\pi$ 之富利葉級數

   Ans：$\frac{2}{3}-\frac{4}{\pi}\left(\frac{1}{3\times 1}\cos 2x+\frac{1}{5\times 3}\cos 4x+\cdots\right)$

5. 求 $f(x)=\begin{cases}1 & -\frac{\pi}{2}<x<\frac{\pi}{2}\\ 0 & \frac{\pi}{2}<x<\frac{3}{2}\pi\end{cases}$ 之富利葉級數

   Ans：$\frac{1}{2}+\frac{2}{\pi}\left(\cos x-\frac{1}{3}\cos 3x+\frac{1}{5}\cos 5x-\frac{1}{7}\cos 7x+\cdots\right)$

6. (1) 求 $f(x)=|x|$，$\pi\geq x\geq-\pi$ 之富利葉級數並以此求

   (2) $\frac{1}{1^2}+\frac{1}{3^2}+\frac{1}{5^2}+\frac{1}{7^2}+\cdots$

   Ans：(1) $\frac{\pi}{2}-\frac{4}{\pi}\left(\cos x+\frac{1}{9}\cos 3x+\frac{1}{25}\cos 5x+\cdots\right)$；(2) $\frac{\pi^2}{8}$

7. (1) 求 $f(x)=\begin{cases}x, & 1>x\geq 0\\ 0, & 2\geq x>1\end{cases}$ 之富利葉級數並以此求

   (2) $\frac{1}{1^2}+\frac{1}{3^2}+\frac{1}{5^2}+\frac{1}{7^2}+\cdots$

Ans：(1) $\frac{1}{4}-\frac{2}{\pi^2}\left(\cos\pi x+\frac{1}{9}\cos3\pi x+\frac{1}{25}\cos5\pi x+\cdots\right)$

$+\frac{1}{\pi}\left(\sin\pi x-\frac{1}{2}\sin2\pi x+\frac{1}{3}\sin3\pi x+\cdots\right)$；(2) $\frac{\pi^2}{8}$

8. (1) 求 $f(x)=\begin{cases}0 & ,-\pi<x<0\\ \sin x, & 0\le x<\pi\end{cases}$ 之富利葉級數並以此結果求

(2) $\frac{1}{1\cdot3}+\frac{1}{3\cdot5}+\frac{1}{5\cdot7}+\frac{1}{7\cdot9}+\cdots=$?

(3) $\frac{1}{1\cdot3}-\frac{1}{3\cdot5}+\frac{1}{5\cdot7}-\frac{1}{7\cdot9}+\cdots=$?

Ans：(1) $\frac{1}{\pi}-\frac{2}{\pi}\left[\frac{\cos2x}{1\times3}+\frac{\cos4x}{3\times5}+\frac{\cos6x}{5\times7}+\cdots\right]+\frac{1}{2}\sin x$

(2) $\frac{1}{2}$（代 $x=0$）

(3) $\frac{\pi-2}{4}$（代 $x=\frac{\pi}{2}$）

9. 求 $f(x)=1$，$1>x>0$ 之半幅正弦展開式

Ans：$\frac{4}{\pi}\left(\sin\pi x+\frac{1}{3}\sin3\pi x+\frac{1}{5}\sin5\pi x+\cdots\right)$

10. $f(x)=x(1-x)$，$0<x<1$

求半幅正弦展開式

Ans：$\frac{8}{\pi^3}\left(\sin\pi x+\frac{1}{27}\sin3\pi x+\frac{1}{125}\sin5\pi x+\cdots\right)$

★5.2 富利葉積分、富利葉轉換簡介

本章前面所談之富利葉級數涉及週期函數，但對於非週期函數，若$f(x)$在$(-L, L)$內滿足Dirichlet條件，且$\int_{-\infty}^{\infty}|f(x)|\,dx$爲收斂，則富利葉積分

$$f(x)=\int_0^{\infty}A(\omega)\cos\omega x+B(\omega)\sin\omega x\,d\omega \qquad (1)$$

其中

$$A(\omega)=\frac{1}{\pi}\int_{-\infty}^{\infty}f(x)\cos\omega x\,dx$$

$$B(\omega)=\frac{1}{\pi}\int_{-\infty}^{\infty}f(x)\sin\omega x\,dx$$

若$f(x)$在$-\infty<x<\infty$爲偶函數時，$B(\omega)=0$，則

$A(\omega)=\frac{1}{\pi}\int_{-\infty}^{\infty}f(x)\cos\omega x\,dx=\frac{2}{\pi}\int_0^{\infty}f(x)\cos\omega x\,dx$ 爲$f(x)$之富利葉餘弦積分（Fourier-cosine integral），同理，$f(x)$在$-\infty<x<\infty$爲奇函數時$B(\omega)=\frac{2}{\pi}\int_0^{\infty}f(x)\sin\omega x\,dx$ 爲$f(x)$之富利葉正弦積分（Fourier-sine integral），而(1)稱爲富利葉全三角積分（Fourier complete trigonometric integral）。

例 1 求 $f(x)=\begin{cases}1, & |x|<1\\ 0, & |x|>1\end{cases}$ 之富利葉積分式。

解 $\because f(x)$ 爲偶函數

$\therefore f(x)$ 以富利葉餘弦積分式表示：

$$f(x)=\int_0^{\infty} A(\omega)\cos\omega x\, d\omega$$

$$A(\omega)=\frac{2}{\pi}\int_0^{\infty} f(x)\cos\omega x\, dx$$

$$=\frac{2}{\pi}\int_0^{1}\cos\omega x\, dx=\frac{2}{\pi}\left.\frac{\sin\omega x}{\omega}\right]_0^1=\frac{2}{\pi\omega}\sin\omega$$

$$\therefore f(x)=\int_0^{\infty} A(\omega)\cos\omega x\, d\omega$$

$$=\int_0^{\infty}\frac{2}{\pi\omega}\sin\omega\cos\omega x\, d\omega$$

$$=\frac{2}{\pi}\int_0^{\infty}\frac{\sin\omega}{\omega}\cos\omega x\, d\omega$$

如同拉氏轉換，富利葉積分式也可用求某些特殊定積分。

例 2 承例 1. 求 $\int_0^{\infty}\frac{\sin\omega}{\omega}d\omega$ 及 $\int_0^{\infty}\frac{\sin\omega\cos\omega}{\omega}d\omega$

解

$$f(x)=\frac{2}{\pi}\int_0^{\infty}\frac{\sin\omega}{\omega}\cos\omega x\, d\omega$$

(a) $x=0$，$f(x)$ 在 $x=0$ 時為連續

$$\therefore f(0)=\frac{2}{\pi}\int_0^{\infty}\frac{\sin\omega}{\omega}\,d\omega$$

即 $\int_0^{\infty}\frac{\sin\omega}{\omega}\,d\omega=\frac{\pi}{2}f(0)=\frac{\pi}{2}$

(b) 取 $x=1$，$f(x)$ 在 $x=1$ 處為不連續

$$\therefore \frac{2}{\pi}\int_0^{\infty}\frac{\sin\omega}{\omega}\cos\omega\, d\omega=\frac{f(1^+)+f(1^-)}{2}\text{，}$$

即 $\int_0^{\infty}\frac{\sin\omega\cos\omega}{\omega}\,d\omega=\frac{\pi}{2}\cdot\frac{0+1}{2}=\frac{\pi}{4}$

例 3 求 $f(x)=\begin{cases} e^{-x}, & x>0 \\ 0, & x<0 \end{cases}$ 之富利葉積分式，並以此結果證明

$$\int_0^{\infty} \frac{\cos x\omega + \omega \sin x\omega}{1+\omega^2} d\omega = \begin{cases} 0, & x<0 \\ \frac{\pi}{2}, & x=0 \\ \pi e^{-x}, & x>0 \end{cases}$$

解 (a) $f(x)$ 既非奇函數亦非偶函數故需以全三角積分式表示。

$$A(\omega) = \frac{1}{\pi}\int_{-\infty}^{\infty} f(x)\cos \omega x \, dx$$

$$= \frac{1}{\pi}\int_0^{\infty} e^{-x}\cos \omega x \, dx = \frac{1}{\pi}\frac{1}{1+\omega^2}$$

$[\int_0^{\infty} e^{-x}\cos \omega x \, dx$ 可視為 $\mathcal{L}(\cos bt)|_{b=\omega, s=1}]$

$$B(\omega) = \frac{1}{\pi}\int_{-\infty}^{\infty} e^{-x}\sin \omega x \, dx$$

$$= \frac{1}{\pi}\int_0^{\infty} e^{-x}\sin \omega x \, dx = \frac{1}{\pi}\frac{\omega}{1+\omega^2}$$

$$\therefore f(x) = \int_0^{\infty} A(\omega)\cos \omega x + B(\omega)\sin \omega x \, d\omega$$

$$= \int_0^{\infty} \frac{1}{\pi}\frac{\cos \omega x}{1+\omega^2} + \frac{1}{\pi}\frac{\omega \sin \omega x}{1+\omega^2} d\omega$$

$$= \frac{1}{\pi}\int_0^{\infty} \frac{\cos \omega x + \omega \sin \omega x}{1+\omega^2} d\omega$$

(b) $x<0$ 時，$f(x)=0$

$x=0$ 時，$f(x)$ 在 $x=0$ 時不連續

$$\therefore \frac{1}{\pi}\int_0^{\infty} \frac{\cos \omega x + \omega \sin \omega x}{1+\omega^2} d\omega = \frac{f(0^+)+f(0^-)}{2} = \frac{e^{-0}+0}{2} = \frac{1}{2}$$

$x>0$ 時，$f(x)=e^{-x}$

$$\therefore \frac{1}{\pi}\int_0^\infty \frac{\cos\omega x+\omega\sin\omega x}{1+\omega^2}d\omega=e^{-x}$$

即 $$\int_0^\infty \frac{\cos\omega x+\omega\sin\omega x}{1+\omega^2}d\omega=\pi e^{-x}$$

富利葉轉換

如同拉氏轉換，對任一函數 $f(x)$ ，它的**富利葉轉換**（Fourier transformation）通常以

$$F(\alpha)=\mathcal{F}(f(x))$$

而 $f(x)=\mathcal{F}^{-1}(F(\alpha))$，此稱爲逆富利葉轉換，它基本上有：

(1) 富利葉餘弦轉換：若 $f(x)$ 爲偶函數，則它有一個富利葉餘弦轉換以 $F_c(\alpha)$ 表示，它們間的關係是：

$$\begin{cases} F_c(\alpha)=\sqrt{\dfrac{2}{\pi}}\displaystyle\int_0^\infty f(u)\cos\alpha u\,du \\ f(x)=\sqrt{\dfrac{2}{\pi}}\displaystyle\int_0^\infty F_c(\alpha)\cos\alpha x\,d\alpha \end{cases}$$

(2) 富利葉正弦轉換：若 $f(x)$ 爲奇函數，則它有一個富利葉正弦轉換，以 $F_s(\alpha)$ 表示，它們之間的關係是：

$$\begin{cases} F_s(\alpha)=\sqrt{\dfrac{2}{\pi}}\displaystyle\int_0^\infty f(u)\sin\alpha u\,du \\ f(x)=\sqrt{\dfrac{2}{\pi}}\displaystyle\int_0^\infty F_s(\alpha)\sin\alpha x\,d\alpha \end{cases}$$

上面關係式之證明超過本書之程度，故以一例子說明之。

例 4　求 $f(x)=\begin{cases}1，1>x\geq 0\\0，x\geq 1\end{cases}$ 之 $F_s(\alpha)$ 及 $F_c(\alpha)$

解　(1) $F_s(\alpha)=\sqrt{\frac{2}{\pi}}\int_0^\infty f(u)\sin\alpha u\,du$

$$=\sqrt{\frac{2}{\pi}}\left[\int_0^1 1\sin\alpha u\,du+\int_1^\infty 0\sin\alpha u\,du\right]$$

$$=\sqrt{\frac{2}{\pi}}\left(\frac{-\cos\alpha u}{\alpha}\right)\Bigg]_0^1=\sqrt{\frac{2}{\pi}}\left(\frac{1-\cos\alpha}{\alpha}\right)$$

(2) $F_c(\alpha)=\sqrt{\frac{2}{\pi}}\int_0^\infty f(u)\cos\alpha u\,du$

$$=\sqrt{\frac{2}{\pi}}\left[\int_0^1 1\cos\alpha u\,du+\int_1^\infty 0\cdot\cos\alpha u\,du\right]$$

$$=\sqrt{\frac{2}{\pi}}\ \frac{\sin\alpha u}{\alpha}\Bigg]_0^1=\sqrt{\frac{2}{\pi}}\ \frac{\sin\alpha}{\alpha}$$

習題 5.2

1. $f(x)=\begin{cases}-1, & 0<x<1\\ 1, & 1<x<2\end{cases}$ 求 $F_c(\omega)$

   Ans：$\sqrt{\frac{2}{\pi}}\left(-\frac{2}{\omega}\sin\omega+\frac{1}{\omega}\sin 2\omega\right)$

2. $f(x)=e^{-ax}$，$a>0$，求 $F_c(\omega)$

   Ans：$\sqrt{\frac{2}{\pi}}\left(\frac{a}{\omega^2+a^2}\right)$

第6章

矩陣

6.1 線性聯立方程組

名詞

考慮下列線性聯立方程組：

$$\begin{cases} a_{11}x_1 + a_{12}x_2 + \cdots + a_{1n}x_n = b_1 \\ a_{21}x_1 + a_{22}x_2 + \cdots + a_{2n}x_n = b_2 \\ \vdots \qquad\qquad\qquad\qquad \vdots \\ a_{m1}x_1 + a_{m2}x_2 + \cdots + a_{mn}x_n = b_m \end{cases}$$

在聯立方程組中，若 $b_1 = b_2 = \cdots b_m = 0$ 時稱爲齊次線性方程組（homogeneous system of linear equations），則：

(1) 恰有一組解 $0 = (0, 0, \cdots, 0)$，則稱此種解稱爲零解（zero solution）或 trivial 解。

(2) 若存在其他異於零解，則稱這種解爲非零解（nonzero solution）或 non-trivial 解。

例 1 $\begin{cases} x + y = 4 \\ 2x + 3y = 10 \end{cases}$ 恰有一組解 (2, 2) 解之幾何意義爲二相異直線交於一點 (2, 2)。

$\begin{cases} x + y = 4 \\ 2x + 2y = 8 \end{cases}$ 有無窮多組解，故解之幾何意義爲同一直線。

$\begin{cases} x+y=4 \\ 2x+2y=5 \end{cases}$ 無解，故解之幾何意義爲二平行線。

n 元線性聯立方程組之解法—— Gauss-Jordan 法

Gauss-Jordan 解法之步驟

1. 將本節所述之聯立方程組寫成如下之**擴張矩陣**（augmented matrix）：

$$\left[\begin{array}{cccc|c} a_{11} & a_{12} & \cdots & a_{1n} & b_1 \\ a_{21} & a_{22} & \cdots & a_{2n} & b_2 \\ \vdots & \vdots & \vdots & & \vdots \\ a_{m1} & a_{m2} & \cdots & a_{mn} & b_m \end{array}\right] \qquad (1)$$

$$\underbrace{\qquad\qquad\qquad}_{\text{係數矩陣}} \quad \underbrace{\qquad}_{\text{右手係數}}$$

2. 透過基本列運算將 (1) 化成之列梯形式：

基本列運算（elementary row operation）有三種：①任意二列對調；②任一列乘上異於零之數；③任一列乘上一個異於零之數再加到另一列。列運算只是便於我們求得解集合，並不會改變聯立方程組之解。

列梯形式（row reduced echelon form）是指一個矩陣經基本列運算後，呈現一個由右下方向左上方延伸的梯狀。梯下方之元素均爲 0，梯上各列之左邊第一個非零元素爲 1。

例如 $\begin{bmatrix}1&0&0\\0&1&0\\0&0&1\end{bmatrix}$、$\begin{bmatrix}1&2&0\\0&0&1\\0&0&0\end{bmatrix}$、$\begin{bmatrix}1&3&0&6\\0&0&1&3\\0&0&0&0\end{bmatrix}$ 均為列梯形式。

3. 有關列梯形式之正式定義可參考黃學亮之《基礎線性代數》第四版（五南出版）。

4. 由後列向前列逐一代入求解。

例 1 求 $\begin{cases}x_1+4x_2+3x_3=12\\-x_1-2x_2=-12\\2x_1+2x_2+3x_3=8\end{cases}$

解

$$\left[\begin{array}{ccc|c}1&4&3&12\\-1&-2&0&-12\\2&2&3&8\end{array}\right]\to\left[\begin{array}{ccc|c}1&4&3&12\\0&2&3&0\\0&6&3&16\end{array}\right]$$

$$\to\left[\begin{array}{ccc|c}1&4&3&12\\0&1&\frac{3}{2}&0\\0&6&3&16\end{array}\right]\to\left[\begin{array}{ccc|c}1&0&3&12\\0&1&\frac{3}{2}&0\\0&6&-3&16\end{array}\right]$$

$$\to\left[\begin{array}{ccc|c}1&0&3&12\\0&1&\frac{3}{2}&0\\0&0&1&-\frac{8}{3}\end{array}\right]\to\left[\begin{array}{ccc|c}1&0&0&4\\0&1&0&4\\0&0&1&-\frac{8}{3}\end{array}\right]$$

$\therefore x_1=4$，$x_2=4$，$x_3=\dfrac{-8}{3}$

讀者需了解線性聯立方程組 $Ax=b$ 的解及其擴張矩陣 $[A \mid b]$ 各列之意義。例如：

$$\left[\begin{array}{ccc|c} 1 & 4 & 3 & 12 \\ -1 & -2 & 0 & -12 \\ 2 & 2 & 3 & 8 \end{array}\right]\begin{matrix} (\ \ x_1+4x_2+3x_3=12) \\ (-x_1-2x_2\qquad\quad=-12) \\ (\ 2x_1+2x_2+3x_3=8) \end{matrix}$$

$$\rightarrow\left[\begin{array}{ccc|c} 1 & 4 & 3 & 12 \\ 0 & 2 & 3 & 0 \\ 0 & 6 & 3 & 16 \end{array}\right]\begin{matrix} (x_1+4x_2+3x_3=12) \\ (\qquad 2x_2+3x_3=0) \\ (\qquad 6x_2+3x_3=16) \end{matrix}$$

讀者可看出 $x_1 = 4$，$x_2 = 4$，$x_3 = -\dfrac{8}{3}$ 均滿足各列所代表之方程式。

例 2 解 $\begin{cases} x+2y+4z=3 \\ 2x-y+z=1 \\ -4x+7y+5z=4 \end{cases}$

解 $\left[\begin{array}{ccc|c} 1 & 2 & 4 & 3 \\ 2 & -1 & 1 & 1 \\ -4 & 7 & 5 & 4 \end{array}\right]\rightarrow\left[\begin{array}{ccc|c} 1 & 2 & 4 & 3 \\ 0 & 5 & 7 & 5 \\ 0 & 15 & 21 & 16 \end{array}\right]$

$$\rightarrow\left[\begin{array}{cccc|c} 1 & 2 & 4 & 1 & 3 \\ 0 & 5 & 7 & 1 & 5 \\ 0 & 0 & 0 & 0 & 1 \end{array}\right]$$

∵其第三列表示 $0x+0y+0z=1$ ∴無解。

例 3 解 $\begin{cases} 3x+y+z+3w=0 \\ x\qquad\qquad +w=0 \\ 2x+2y+z+w=0 \end{cases}$

解 $\left[\begin{array}{cccc|c} 3 & 1 & 1 & 3 & 0 \\ 1 & 0 & 0 & 1 & 0 \\ 2 & 2 & 1 & 1 & 0 \end{array}\right]\rightarrow\left[\begin{array}{cccc|c} 1 & 0 & 0 & 1 & 0 \\ 3 & 1 & 1 & 3 & 0 \\ 2 & 2 & 1 & 1 & 0 \end{array}\right]\rightarrow\left[\begin{array}{cccc|c} 1 & 0 & 0 & 1 & 0 \\ 0 & 1 & 1 & 0 & 0 \\ 0 & 2 & 1 & -1 & 0 \end{array}\right]$

$$\rightarrow\left[\begin{array}{cccc|c} 1 & 0 & 0 & 1 & 0 \\ 0 & 1 & 1 & 0 & 0 \\ 0 & 0 & 1 & 1 & 0 \end{array}\right]$$

取 $w=t$，則 $z=-t$，$y=t$，$x=-t$，$t\in R$

t 稱爲自由變數（free variable）。

練習

求 $\begin{cases}3x+2y-z=1\\2x-3y+5z=9\\5x+4y-z=5\end{cases}$

Ans：$x=t$，$y=2-t$，$z=3+t$，$t\in R$

列運算在求反矩陣之應用

如果給定一個方陣 A，我們在第一章介紹用解聯立方程組方式求反矩陣 A^{-1}，在本子節我們用列運算求 A^{-1}：$[A\,|\,I]\xrightarrow{\text{列運算}}[I\,|\,A^{-1}]$，其中 I 爲單位陣。

例 4 求 $A=\begin{bmatrix}1&0&-3\\2&1&1\\-1&2&1\end{bmatrix}$ 之反矩陣 A^{-1}

解

$$\left[\begin{array}{ccc|ccc}1&0&-3&1&0&0\\2&1&1&0&1&0\\-1&2&1&0&0&1\end{array}\right]\to\left[\begin{array}{ccc|ccc}1&0&-3&1&0&0\\0&1&7&-2&1&0\\0&2&-2&1&0&1\end{array}\right]$$

$$\rightarrow\left[\begin{array}{ccc|ccc}1 & 0 & -3 & 1 & 0 & 0 \\ 0 & 1 & 7 & -2 & 1 & 0 \\ 0 & 0 & 16 & -5 & 2 & -1\end{array}\right]$$

$$\rightarrow\left[\begin{array}{ccc|ccc}1 & 0 & -3 & 1 & 0 & 0 \\ 0 & 1 & 7 & -2 & 1 & 0 \\ 0 & 0 & 1 & \frac{-5}{16} & \frac{2}{16} & \frac{-1}{16}\end{array}\right]$$

$$\rightarrow\left[\begin{array}{ccc|ccc}1 & 0 & 0 & \frac{1}{16} & \frac{6}{16} & \frac{-3}{16} \\ 0 & 1 & 0 & \frac{3}{16} & \frac{2}{16} & \frac{7}{16} \\ 0 & 0 & 1 & \frac{-5}{16} & \frac{2}{16} & \frac{-1}{6}\end{array}\right]$$

$$\therefore\ A^{-1}=\frac{1}{16}\begin{bmatrix}1 & 6 & -3 \\ 3 & 2 & 7 \\ -5 & 2 & -1\end{bmatrix}$$

練習

用列運算法求 $A=\begin{bmatrix}2 & 3 \\ 1 & 4\end{bmatrix}$ 之反矩陣 A^{-1}

Ans：$\frac{1}{5}\begin{bmatrix}4 & -3 \\ -1 & 2\end{bmatrix}$

習題 6.1

1. $\begin{cases} x+3y+2z=10 \\ x-2y-z=-6 \end{cases}$

Ans：$x=\frac{2}{5}-\frac{t}{5}$，$y=\frac{16}{5}-\frac{3}{5}t$，$z=t \quad t\in \mathrm{R}$

2. $\begin{cases} 3x_1+4x_2+2x_3=4 \\ x_1+x_2+x_3=3 \\ 4x_1+5x_2+3x_3=7 \end{cases}$

Ans：$x_1=8-2t$，$x_2=t-5$，$x_3=t \quad t\in R$

3. $\begin{cases} x_1+x_2+x_3=0 \\ 3x_1+x_2+x_3=0 \end{cases}$

Ans：$x_1=0$，$x_2=-t$，$x_3=t \quad t\in R$

4. 若 $\begin{cases} x+2y+z=1 \\ x+8y+5z=4 \\ x+2y+(3+a)z=3 \end{cases}$ 有解，求 α

Ans：$\alpha \neq 2$

5. 若 $\begin{cases} x+2y+z=0 \\ x+5y+4z=0 \\ x+5y+(\beta+2)z=0 \end{cases}$ 有無限多組解求 β

Ans：$\beta=2$

用列運算法求下列方陣之反矩陣。

6. $\begin{bmatrix} 1 & 1 & 1 \\ 0 & 1 & 1 \\ 0 & 0 & 1 \end{bmatrix}$ Ans：$\begin{bmatrix} 1 & -1 & 0 \\ 0 & 1 & -1 \\ 0 & 0 & 1 \end{bmatrix}$

7. $\begin{bmatrix} 1 & 0 & 1 \\ 3 & 3 & 4 \\ 2 & 2 & 3 \end{bmatrix}$ Ans：$\begin{bmatrix} 1 & 2 & -3 \\ -1 & 1 & -1 \\ 0 & -2 & 3 \end{bmatrix}$

6.2 特徵值

定義 A 爲一 n 階方陣，若存在一非零向量 X 及純量 λ 使得 $AX = \lambda X$，則 λ 爲 A 之一特徵值（characteristic value，eigen value），X 爲 λ 之特徵向量（characteristic vector，eigen vector）。

定義中之方程式 $AX = \lambda X$ 亦可寫成

$$(A - \lambda I)X = \mathbf{0} \tag{1}$$

因 X 不爲零向量故 λ 爲 A 之特徵值的充要條件爲

$$|A - \lambda I| = 0 \text{ 或 } |\lambda I - A| = 0 \tag{2}$$

若將 (2) 展開，便可得到 λ 之特徵多項式（characteristic polynomial）

$$P(\lambda)：|\lambda I - A| = P(\lambda)$$
$$= \lambda^n + s_{n-1}\lambda^{n-1} + \cdots + s_1\lambda_1 + s_0 \quad (3)$$

$P(\lambda) = 0$ 稱爲特徵方程式（characteristic equation）。

定理 A 設 A 爲一方陣，λ 爲一純量，則下列各敘述爲等價：
(1) λ 爲 A 之一特徵值。
(2) $(A - \lambda I)X = \mathbf{0}$ 有非零解。
(3) $A - \lambda I$ 爲奇異方陣，即 $A - \lambda I$ 爲不可逆。
(4) $|A - \lambda I| = 0$。

定理 B A 爲 n 階方陣，$P(\lambda)$ 爲 A 之特徵多項式，則
$P(\lambda) = \lambda^n + s_1\lambda^{n-1} + s_2\lambda^{n-2} + \cdots + s_n$
其中 $s_m = (-1)^m$（A 之所有沿主對角線之 m 階行列式之和），
顯然 $s_1 = -(a_{11} + a_{22} + \cdots + a_{nn})$
$s_n = (-1)^n\lambda_1 \cdot \lambda_2 \cdots \lambda_n = (-1)^n|A|$。

證明 令 $P(\lambda) = |\lambda I - A| = \begin{vmatrix} \lambda - a_{11} & -a_{12} & \cdots & -a_{1n} \\ -a_{21} & \lambda - a_{22} & \cdots & -a_{2n} \\ \cdots & \cdots & \cdots & \cdots \\ -a_{n1} & -a_{n2} & \cdots & \lambda - a_{nn} \end{vmatrix}$ ①

$$= (\lambda - \lambda_1)(\lambda - \lambda_2)\cdots(\lambda - \lambda_n) \quad ②$$
$$= \lambda^n + s_1\lambda^{n-1} + s_2\lambda^{n-2} + \cdots + s_n \quad ③$$

在 ①、②、③ 中令 $\lambda=0$ 則 $s_n=(-1)^n\lambda_1\lambda_2\cdots\lambda_n=(-1)^n\cdot|A|$
若就行列式之第一行作餘因式展開，便會發現 λ^n, λ^{n-1} 僅能出現在 $(\lambda-a_{11})(\lambda-a_{22})\cdots(\lambda-a_{nn})$ 中，因此我們從 $(\lambda-a_{11})(\lambda-a_{22})\cdots(\lambda-a_{nn})$ 中之 λ^{n-1} 係數入手：

$$\because (\lambda-a_{11})(\lambda-a_{22})\cdots(\lambda-a_{nn})$$
$$=\lambda^n-(a_{11}+\cdots+a_{nn})\lambda^{n-1}+\cdots \quad ④$$
$$=\lambda_1^n+s_1\lambda^{n-1}+s_2\lambda^{n-2}+\cdots \quad ⑤$$
$$\therefore s_1=-(a_{11}+a_{22}+\cdots+a_{nn})$$
（比較 ④、⑤ 中 λ^{n-1} 之係數） ■

現在我們就拿 2, 3 階方陣的特徵方程式求法圖解如下：

1. 2 **階方陣：**

$\begin{bmatrix} a & b \\ c & d \end{bmatrix}$ 對應之特徵方程式 $\lambda^2+s_1\lambda+s_2=0$：

(1) λ 係數 s_1：$s_1=-(a+d)$

(2) 常數項係數：$s_2=\begin{vmatrix} a & b \\ c & d \end{vmatrix}=ad-bc$

2. n **階方陣：**

$\begin{bmatrix} a & b & c \\ d & e & f \\ g & h & i \end{bmatrix}$ 對應之特徵方程式 $\lambda^3+s_1\lambda^2+s_2\lambda+s_3=0$；其中

(1) λ^2 係數 s_1：

$$\begin{bmatrix} a & b & c \\ d & e & f \\ g & h & i \end{bmatrix}，s_1 = -(a+e+i)$$

(2) λ 係數 s_2：

$$\begin{bmatrix} a & b & c \\ d & e & f \\ g & h & i \end{bmatrix} \quad \begin{bmatrix} a & b & c \\ d & e & f \\ g & h & i \end{bmatrix} \quad \begin{bmatrix} a & b & c \\ d & e & f \\ g & h & i \end{bmatrix}$$

$$\begin{vmatrix} a & b \\ d & e \end{vmatrix} + \quad \begin{vmatrix} a & c \\ g & i \end{vmatrix} \quad + \begin{vmatrix} e & f \\ h & i \end{vmatrix}$$

$$s_2 = \left(\begin{vmatrix} a & b \\ d & e \end{vmatrix} + \begin{vmatrix} a & c \\ g & i \end{vmatrix} + \begin{vmatrix} e & f \\ h & i \end{vmatrix} \right)$$

(3) 常數項係數

$$s_3 = -\begin{vmatrix} a & b & c \\ d & e & f \\ f & h & i \end{vmatrix}$$

推論 B1 A 爲 n 階方陣，若且唯若 A 爲奇異陣則 A 至少有一特徵值爲 0。

A 爲任一方陣，λ 爲 A 之一特徵值，X 爲對應之特徵向量，則 λ^k 爲 A^k 之一特徵值，其對應之特徵向量仍爲 X。

證明 $\because AX=\lambda X$，$A^2X=A(AX)=A(\lambda X)=\lambda AX=\lambda(\lambda X)=\lambda^2X$；

$A^3X=A(A^2X)=A(\lambda^2X)=\lambda^2AX=\lambda^2(\lambda X)=\lambda^3X$

$\therefore \lambda^k$ 爲 A^k 之一特徵值，而對應之特徵向量仍爲 X ■

定理 D Cayley-Hamilton 定理：設方陣 A 之特徵多項式爲 $f(\lambda)$，則 $f(A)=\mathbf{0}$。

Cayley-Hamilton 定理之另一個說法是方陣 A 是其特徵方程式的根，這個性質在方陣多項式之計算上是很有用的。

例 1 求 $A=\begin{bmatrix}1 & 2\\ 3 & 2\end{bmatrix}$ 之 (a) 特徵值、(b) 對應之特徵向量、(c) A^3-4A^2+I

解 (a) $A=\begin{bmatrix}1 & 2\\ 3 & 2\end{bmatrix}$ 之特徵方程式爲 $\lambda^2-3\lambda-4=0$

$\therefore \lambda^2-3\lambda-4=(\lambda-4)(\lambda+1)=0$，$\lambda=4,-1$

$\therefore A$ 之特徵值爲 $4,-1$

(b) (1)$\lambda=4$ 時

$$(A-\lambda I)x=\left(\begin{bmatrix}1 & 2\\ 3 & 2\end{bmatrix}-4\begin{bmatrix}1 & 0\\ 0 & 1\end{bmatrix}\right)\begin{bmatrix}x_1\\ x_2\end{bmatrix}$$

$$=\begin{bmatrix}-3 & 2\\ 3 & -2\end{bmatrix}\begin{bmatrix}x_1\\ x_2\end{bmatrix}=\begin{bmatrix}0\\ 0\end{bmatrix}$$

$$\left[\begin{array}{cc|c}-3 & 2 & 0\\ 3 & -2 & 0\end{array}\right]\to\left[\begin{array}{cc|c}-3 & 2 & 0\\ 0 & 0 & 0\end{array}\right]$$

∴可令 $x_1=2\text{t}$，$x_2=3\text{t}$，取 $x=\begin{pmatrix}2\\ 3\end{pmatrix}$

(2)$\lambda=-1$ 時

$$(A-\lambda I)x=\left(\begin{bmatrix}1 & 2\\ 3 & 2\end{bmatrix}-(-1)\begin{bmatrix}1 & 0\\ 0 & 1\end{bmatrix}\right)\begin{bmatrix}x_1\\ x_2\end{bmatrix}=\begin{bmatrix}2 & 2\\ 3 & 3\end{bmatrix}\begin{bmatrix}x_1\\ x_2\end{bmatrix}=\begin{bmatrix}0\\ 0\end{bmatrix}$$

$$\left[\begin{array}{cc|c}2 & 2 & 0\\ 3 & 3 & 0\end{array}\right]\to\left[\begin{array}{cc|c}1 & 1 & 0\\ 1 & 1 & 0\end{array}\right]\to\left[\begin{array}{cc|c}1 & 1 & 0\\ 0 & 0 & 0\end{array}\right]$$

∴ $x_2=t$，$x_1=-t$，取 $x=\begin{pmatrix}-1\\ 1\end{pmatrix}$

(c) A 之特徵方程式為 $\lambda^2-3\lambda-4=0$，由定理 B，得

$A^2-3A-4I=0$，

$$\begin{aligned}A^3-4A^2+I&=A(A^2-3A-4I)-I(A^2-3A-4I)+(A-3I)\\ &=A\cdot O-I\cdot O+A-3I\\ &=A-3I\end{aligned}$$

$$\therefore A^3-4A^2+I=\begin{bmatrix}1 & 2\\ 3 & 2\end{bmatrix}-3\begin{bmatrix}1 & 0\\ 0 & 1\end{bmatrix}=\begin{bmatrix}-2 & 2\\ 3 & -1\end{bmatrix}$$

(c) 可透過長除法得：

$$A^3-4A^2+I=(A-I)(A^2-3A-4I)+A-3I$$

$$\begin{array}{r|l} & \lambda-1\\ \lambda^2-3\lambda-4 & \lambda^3-4\lambda^2\qquad+1\\ & \lambda^3-3\lambda^2-4\lambda\\ \hline & -\lambda^2+4\lambda+1\\ & -\lambda^2+3\lambda+4\\ \hline & \lambda-3\ \to A-3I\end{array}$$

例 2 求 $A=\begin{bmatrix}1 & -1 & 0\\ -1 & 2 & -1\\ 0 & -1 & 1\end{bmatrix}$ 之 (a) 特徵值 (b) 對應之特徵向量及

(c) $A^5-3A^4-A^2$

解 (a) $A=\begin{bmatrix}1 & -1 & 0\\ -1 & 2 & -1\\ 0 & -1 & 1\end{bmatrix}$ 之特徵方程式為

$\lambda^3-4\lambda^2+(1+1+1)\lambda=0$

$\lambda(\lambda^2-4\lambda+3)=\lambda(\lambda-3)(\lambda-1)=0 \quad \therefore \lambda=0, 1, 3$

(1)$\lambda=0$ 時

$$(A-\lambda I)x=\left(\begin{bmatrix}1 & -1 & 0\\ -1 & 2 & -1\\ 0 & -1 & 1\end{bmatrix}-0\begin{bmatrix}1 & 0 & 0\\ 0 & 1 & 0\\ 0 & 0 & 1\end{bmatrix}\right)\begin{bmatrix}x_1\\ x_2\\ x_3\end{bmatrix}$$

$$=\begin{bmatrix}1 & -1 & 0\\ -1 & 2 & -1\\ 0 & -1 & 1\end{bmatrix}\begin{bmatrix}x_1\\ x_2\\ x_3\end{bmatrix}=\begin{bmatrix}0\\ 0\\ 0\end{bmatrix}$$

$$\left[\begin{array}{ccc|c}1 & -1 & 0 & 0\\ -1 & 2 & -1 & 0\\ 0 & -1 & 1 & 0\end{array}\right]\to\left[\begin{array}{ccc|c}1 & -1 & 0 & 0\\ 0 & 1 & -1 & 0\\ 0 & -1 & 1 & 0\end{array}\right]\to\left[\begin{array}{ccc|c}1 & 0 & -1 & 0\\ 0 & 1 & -1 & 0\\ 0 & 0 & 0 & 0\end{array}\right]$$

$\therefore x_3=t$，$x_2=t$，$x_1=t$，取 $x=\begin{pmatrix}1\\ 1\\ 1\end{pmatrix}$

(2)$\lambda=1$ 時

$$(A-\lambda I)x=\left(\begin{bmatrix}1 & -1 & 0\\ -1 & 2 & -1\\ 0 & -1 & 1\end{bmatrix}-\begin{bmatrix}1 & 0 & 0\\ 0 & 1 & 0\\ 0 & 0 & 1\end{bmatrix}\right)\begin{bmatrix}x_1\\ x_2\\ x_3\end{bmatrix}$$

$$=\begin{bmatrix}0 & -1 & 0\\ -1 & 1 & -1\\ 0 & -1 & 0\end{bmatrix}\begin{bmatrix}x_1\\ x_2\\ x_3\end{bmatrix}=\begin{bmatrix}0\\ 0\\ 0\end{bmatrix}$$

$$\left[\begin{array}{ccc|c}0 & -1 & 0 & 0\\ -1 & 1 & -1 & 0\\ 0 & -1 & 0 & 0\end{array}\right]\to\left[\begin{array}{ccc|c}0 & -1 & 0 & 0\\ -1 & 0 & -1 & 0\\ 0 & 0 & 0 & 0\end{array}\right]$$

$\therefore x_2=0$，$x_3=t$，$x_1=-t$，取 $x=\begin{pmatrix}-1\\ 0\\ 1\end{pmatrix}$

(3)$\lambda=3$：

$$(A-\lambda I)x=\left(\begin{bmatrix}1 & -1 & 0\\ -1 & 2 & -1\\ 0 & -1 & 1\end{bmatrix}-3\begin{bmatrix}1 & 0 & 0\\ 0 & 1 & 0\\ 0 & 0 & 1\end{bmatrix}\right)\begin{bmatrix}x_1\\ x_2\\ x_3\end{bmatrix}$$

$$=\begin{bmatrix}-2 & -1 & 0\\ -1 & -1 & -1\\ 0 & -1 & -2\end{bmatrix}\begin{bmatrix}x_1\\ x_2\\ x_3\end{bmatrix}=\begin{bmatrix}0\\ 0\\ 0\end{bmatrix}$$

$$\left[\begin{array}{ccc|c}-2 & -1 & 0 & 0\\ -1 & -1 & -1 & 0\\ 0 & -1 & -2 & 0\end{array}\right]\to\left[\begin{array}{ccc|c}2 & 1 & 0 & 0\\ 1 & 1 & 1 & 0\\ 0 & 1 & 2 & 0\end{array}\right]$$

$$\to\left[\begin{array}{ccc|c}1 & 1 & 1 & 0\\ 2 & 1 & 0 & 0\\ 0 & 1 & 2 & 0\end{array}\right]\to\left[\begin{array}{ccc|c}1 & 1 & 1 & 0\\ 0 & 1 & 2 & 0\\ 0 & 1 & 2 & 0\end{array}\right]$$

$$\to\left[\begin{array}{ccc|c}1 & 0 & -1 & 0\\ 0 & 1 & 2 & 0\\ 0 & 0 & 0 & 0\end{array}\right]$$

$$\therefore t_3 = t，x_2 = -2t，x_1 = t，取\ x = \begin{pmatrix} 1 \\ -2 \\ 1 \end{pmatrix}$$

(c) $A^5 - 3A^4 - A^2 = (A^2 + A + I)(A^3 - 4A^2 + 3I) - 3A = -3A$

$$= \begin{bmatrix} -3 & 3 & 0 \\ 3 & -6 & 3 \\ 0 & 3 & -3 \end{bmatrix}$$

$$\begin{array}{r|l}
 & \lambda^2+\lambda+1 \\
\lambda^3-4\lambda^2+3\lambda & \lambda^5-3\lambda^4 \quad - \lambda^2 \\
 & \lambda^5-4\lambda^4+3\lambda^3 \\ \hline
 & \lambda^4-3\lambda^3 - \lambda^2 \\
 & \lambda^4-4\lambda^3 + 3\lambda^2 \\ \hline
 & \lambda^3 - 4\lambda^2 \\
 & \lambda^3 - 4\lambda^2+3\lambda \\ \hline
 & -3\lambda \to -3A
\end{array}$$

下例是一個特徵方程式有重根的情況。

例 3 求 $A = \begin{bmatrix} 0 & 1 & 1 \\ 1 & 0 & 1 \\ 1 & 1 & 0 \end{bmatrix}$ 之特徵值與對應之特徵向量。

解 $A = \begin{bmatrix} 0 & 1 & 1 \\ 1 & 0 & 1 \\ 1 & 1 & 0 \end{bmatrix}$ 之特徵值方程式為

$\lambda^3 - 0\lambda^2 + (-1-1-1)\lambda - 2 = \lambda^3 - 3\lambda - 2 = (\lambda+1)^2(\lambda-2) = 0$

$\therefore \lambda = -1$（重根），2

(1) $\lambda = -1$

$$(A-\lambda I)x=\left(\begin{bmatrix}0&1&1\\1&0&1\\1&1&0\end{bmatrix}-(-1)\begin{bmatrix}1&0&0\\0&1&0\\0&0&1\end{bmatrix}\right)\begin{bmatrix}x_1\\x_2\\x_3\end{bmatrix}$$

$$=\begin{bmatrix}1&1&1\\1&1&1\\1&1&1\end{bmatrix}\begin{bmatrix}x_1\\x_2\\x_3\end{bmatrix}=\begin{bmatrix}0\\0\\0\end{bmatrix}$$

$$\left[\begin{array}{ccc|c}1&1&1&0\\1&1&1&0\\1&1&1&0\end{array}\right]=\left[\begin{array}{ccc|c}1&1&1&0\\0&0&0&0\\0&0&0&0\end{array}\right]$$

$\therefore x_3=t$，$x_2=s$，$x_1=-t-s$

$$x_1=\begin{bmatrix}-t-s\\t\\s\end{bmatrix}=t\begin{bmatrix}-1\\1\\0\end{bmatrix}+s\begin{bmatrix}-1\\0\\1\end{bmatrix}$$

取 $x=\begin{bmatrix}-1\\1\\0\end{bmatrix},x=\begin{bmatrix}-1\\0\\1\end{bmatrix}$

(2) $\lambda=2$ 時

$$(A-\lambda I)x=\left(\begin{bmatrix}0&1&1\\1&0&1\\1&1&0\end{bmatrix}-2\begin{bmatrix}1&0&0\\0&1&0\\0&0&1\end{bmatrix}\right)\begin{bmatrix}x_1\\x_2\\x_3\end{bmatrix}$$

$$=\begin{bmatrix}-2&1&1\\1&-2&1\\1&1&-2\end{bmatrix}\begin{bmatrix}x_1\\x_2\\x_3\end{bmatrix}=\begin{bmatrix}0\\0\\0\end{bmatrix}$$

$$\left[\begin{array}{ccc|c}-2&1&1&0\\1&-2&1&0\\1&1&-2&0\end{array}\right]\to\left[\begin{array}{ccc|c}1&-2&1&0\\-2&1&1&0\\1&1&-2&0\end{array}\right]$$

$$\rightarrow\left[\begin{array}{ccc|c}1 & -2 & 1 & 0\\ 0 & -3 & 3 & 0\\ 0 & 3 & -3 & 0\end{array}\right]\rightarrow\left[\begin{array}{ccc|c}1 & -2 & 1 & 0\\ 0 & 1 & -1 & 0\\ 0 & 3 & -3 & 0\end{array}\right]\rightarrow\left[\begin{array}{ccc|c}1 & 0 & -1 & 0\\ 0 & 1 & -1 & 0\\ 0 & 0 & 0 & 0\end{array}\right]$$

$\therefore x_3 = t$，$x_2 = t$，$x_1 = t$

取 $x = \begin{bmatrix}1\\1\\1\end{bmatrix}$

例 4 設 A 為一方陣，若 $A^2 = A$，試證 A 之特徵值為 0 或 1。

解 $\because Ax = \lambda x$，（λ 為特徵值，v 為對應之特徵向量）

$\therefore A(Ax) = A(\lambda x)$

即 $A^2x = A\lambda x = \lambda Ax = \lambda(\lambda x) = \lambda^2 x$

又 $A = A^2$

$\therefore Ax = A^2x$，則 $\lambda x = \lambda^2 x$

$\lambda(\lambda - 1)x = 0$，但 $x \neq 0$ $\quad\therefore \lambda = 0$ 或 1

習題 6.2

1. 求下列各方陣之特徵值及對應之特徵向量：

(1) $\begin{bmatrix}4 & 2\\ 3 & -1\end{bmatrix}$ (2) $\begin{bmatrix}6 & 8\\ 8 & -6\end{bmatrix}$

Ans：(1) $\lambda = 5$：$\begin{pmatrix}1\\1\end{pmatrix}$；$\lambda = -2$：$\begin{pmatrix}1\\-3\end{pmatrix}$

(2) $\lambda = 10$：$\begin{pmatrix}2\\1\end{pmatrix}$；$\lambda = -10$：$\begin{pmatrix}1\\-2\end{pmatrix}$

2. 求下列各方陣之特徵值及對對應之特徵向量，並求指定多項式之結果

(1) $A=\begin{bmatrix}1 & 1 & -2\\ -1 & 2 & 1\\ 0 & 1 & -1\end{bmatrix}$；$A^3-2A^2$

(2) $B=\begin{bmatrix}1 & 0 & 0\\ 0 & 0 & 1\\ 0 & 1 & 0\end{bmatrix}$；$B^3-B^2-B+2I$

(3) $C=\begin{bmatrix}3 & 0 & 1\\ 0 & 2 & 0\\ 1 & 0 & 3\end{bmatrix}$；$C^3-8C^2+21C-16I$

Ans：(1) (a) $\lambda=-1$：$\begin{pmatrix}-1\\ 0\\ 1\end{pmatrix}$；$\lambda=1$：$\begin{pmatrix}3\\ 2\\ 1\end{pmatrix}$；$\lambda=2$：$\begin{pmatrix}1\\ 3\\ 1\end{pmatrix}$

(b) $\begin{bmatrix}-1 & 1 & -2\\ -1 & 0 & 1\\ 0 & 1 & -3\end{bmatrix}$

(2) (a) $\lambda=-1$：$\begin{pmatrix}0\\ -1\\ 1\end{pmatrix}$；$\lambda=1$：$\begin{pmatrix}1\\ 0\\ 0\end{pmatrix}$，$\begin{pmatrix}0\\ 1\\ 1\end{pmatrix}$

(b) $\begin{bmatrix}1 & 0 & 0\\ 0 & 1 & 0\\ 0 & 0 & 1\end{bmatrix}$

(3) (a) $\lambda=2$：$\begin{pmatrix}1\\ 0\\ -1\end{pmatrix}$，$\begin{pmatrix}0\\ 1\\ 0\end{pmatrix}$；$\lambda=4$：$\begin{pmatrix}1\\ 0\\ 1\end{pmatrix}$ (b) $\begin{bmatrix}3 & 0 & 1\\ 0 & 2 & 0\\ 1 & 0 & 3\end{bmatrix}$

3. 求 $\begin{bmatrix} a & m & n \\ o & b & p \\ o & o & c \end{bmatrix}$ 之特徵值。

Ans：a, b, c

4. 若 A 為一非奇異陣，λ 為一特徵值，試證 $\frac{1}{\lambda}$ 為 A^{-1} 之一特徵值，又 λ 與 $\frac{1}{\lambda}$ 對應之特徵向量有何關係？

Ans：相同之特徵向量。

5. 證明定理 C。

6.3 對角化及其應用

對角化問題是給定方陣 A，A 之特徵值爲 $\lambda_1, \lambda_2 \cdots \lambda_n$，我們要找一個方陣 P，使得 $P^{-1}AP = \Lambda$，$\Lambda = \text{diag}\,[\lambda_1, \lambda_2 \cdots \lambda_n]$，即主對角元素爲 $\lambda_1, \lambda_2 \cdots \lambda_n$ 之對角陣，現在我們面臨的 2 個問題是：

1. A 是否可對角化？
2. 若 A 可對角化，那麼如何找到 P？

第一個問題 A 是否可對角化？

對 n 階方陣 A 之每個特徵值 λ 而言，若且唯若 $\text{Rank}(A-\lambda I)=n-c$，$c$ 為 λ 之重根數，則 A 為可對角化。

只要有 1 個 λ 不滿足上列定理 A 之等式，則 A 便不可對角化。可證明的是若 A 之 n 個特徵值均互異則 A 必可對角化。其逆不成立。

例 1 判斷 A 是否可被對角化？

$$A=\begin{bmatrix}1&4&3\\0&1&2\\0&0&2\end{bmatrix}$$

解 A 為上三角陣，主對角線上之元素即為 A 之特徵值，因此，A 之特徵值為 1（2 根），2。

$$\because \text{Rank}\,(A-1I)=\text{Rank}\left(\begin{bmatrix}0&4&3\\0&0&2\\0&0&1\end{bmatrix}\right)=2\neq n-c_1=3-2\,(=1)$$

$\therefore A$ 不可對角化。

例 2 判斷上節例 1 之 A 是否可對角化？

解 (1) $\lambda=-1$ 時 $\text{Rank}\left(\begin{bmatrix}1&2\\3&2\end{bmatrix}-(-1)\begin{bmatrix}1&0\\0&1\end{bmatrix}\right)=\text{Rank}\left(\begin{bmatrix}2&2\\3&3\end{bmatrix}\right)=1$
$=n-c_1=1$

(2) $n=4$ 時 $\text{Rank}\left(\begin{bmatrix}1&2\\3&2\end{bmatrix}-4\begin{bmatrix}1&0\\0&1\end{bmatrix}\right)=\text{Rank}\left(\begin{bmatrix}-3&2\\3&-2\end{bmatrix}\right)=1$
$=n-c_2=1$

$\therefore A$ 為可對角化。

若 A 為可對角化，那麼下面的問題便是如何找到一個非奇陣 P，使得 $P^{-1}AP=\Lambda$，Λ 為主對角線元素為 $\lambda_1, \lambda_2 \cdots \lambda_n$ 之對角陣？取 $P=[x_1, x_2 \cdots x_n]$，$x_1, x_2 \cdots x_n$ 為對應於 $\lambda_1, \lambda_2 \cdots \lambda_n$ 之特徵向量，P 之取法並非惟一。

例 3 承上節例 1，求一個非奇異陣 P，使得 $P^{-1}AP=\Lambda$。

解

$$A=\begin{bmatrix}1 & 2\\ 3 & 2\end{bmatrix}$$

(1) $\lambda=4$：$x=[2, 3]^T$

(2) $\lambda=-1$：$x=[-1, 1]^T$

$$\therefore\ P=\begin{bmatrix}2 & -1\\ 3 & 1\end{bmatrix}$$

讀者可驗證：

$$\begin{bmatrix}4 & 0\\ 0 & -1\end{bmatrix}=\begin{bmatrix}2 & -1\\ 3 & 1\end{bmatrix}^{-1}\begin{bmatrix}1 & 2\\ 3 & 2\end{bmatrix}\begin{bmatrix}2 & -1\\ 3 & 1\end{bmatrix}$$

例 4 承上節例 2，求一個非奇異陣 P，使得 $P^{-1}AP=\Lambda$。

$$A=\begin{bmatrix}1 & -1 & 0\\ -1 & 2 & -1\\ 0 & -1 & 1\end{bmatrix}$$

解 讀者可自行驗證 A 可對角化。

(1) $\lambda=0$：$x=[1, 1, 1]^T$

(2) $\lambda=1$：$x=[-1, 0, 1]^T$

(3) $\lambda=3$：$x=[1, -2, 1]^T$

$$\therefore\ P=\begin{bmatrix}1 & -1 & 1\\ 1 & 0 & -2\\ 1 & 1 & 1\end{bmatrix}$$

對角化之應用

A^n

方陣 A 若可對角化，那麼我們可找到一個非奇異陣 P，使得 $P^{-1}AP=\Lambda$，從而 $A=P\Lambda P^{-1}$，其中

$$\Lambda=\begin{bmatrix}\lambda_1 & & & 0\\ & \lambda_2 & & \\ & & \ddots & \\ 0 & & & \lambda_n\end{bmatrix}$$

，$P=[x_1, x_2, ..., x_n]$，$x_1, x_2, ..., x_n$ 為對應 $\lambda_1, \lambda_2, ..., \lambda_n$ 之特徵向量。

則 $A^2=(P\Lambda P^{-1})(P\Lambda P^{-1})=P\Lambda^2P^{-1}$

$$\cdots\cdots$$

$$A^n=P\Lambda^nP^{-1}$$

例 5 （承例 3）求 A^n

解 在例 3，我們已求出

$$P=\begin{bmatrix}2 & -1\\ 3 & 1\end{bmatrix},\ \Lambda=\begin{bmatrix}4 & 0\\ 0 & -1\end{bmatrix}$$

$$\therefore\ A^n=P\Lambda^nP^{-1}=\begin{bmatrix}2 & -1\\ 3 & 1\end{bmatrix}\begin{bmatrix}4^n & 0\\ 0 & (-1)^n\end{bmatrix}\begin{bmatrix}2 & -1\\ 3 & 1\end{bmatrix}^{-1}$$

$$=\frac{1}{5}\begin{bmatrix}2(4^n)+3(-1)^n & 2(4^n)-2(-1)^n\\ 3(4^n)-3(-1)^n & -3(4^n)+2(-1)^n\end{bmatrix}$$

有興趣的讀者可試以數學歸納法證明例 5 結果。

e^A

定義 A 爲 n 階方陣，則

$$e^A = I + A + \frac{1}{2!}A^2 + \frac{1}{3!}A^3 + \cdots + \frac{1}{n!}A^n + \cdots\cdots$$

若 A 可對角化，則存在一個非奇異陣 P 使得

$$P^{-1}AP = \begin{bmatrix} \lambda_1 & & 0 \\ & \ddots & \\ 0 & & \lambda_n \end{bmatrix}$$

若 λ 爲 A 之一特徵值，由定理 6.2C 知 λ^k 爲 A^k 之一特徵值。

$$e^{\Lambda} = I + \Lambda + \frac{1}{2!}\Lambda^2 + \cdots + \frac{1}{n!}\Lambda^n + \cdots$$

$$= \begin{bmatrix} \sum_{k=1}^{\infty}\frac{1}{k!}\lambda_1^k & & & 0 \\ & \sum_{k=1}^{\infty}\frac{1}{k!}\lambda_2^k & & \\ & & \ddots & \\ 0 & & & \sum_{k=1}^{\infty}\frac{1}{k!}\lambda_n^k \end{bmatrix} = \begin{bmatrix} e^{\lambda_1} & & & 0 \\ & e^{\lambda_2} & & \\ & & \ddots & \\ 0 & & & e^{\lambda_n} \end{bmatrix}$$

應用 $A^k = P\Lambda^k P^{-1}$，k = 1, 2,⋯

$$e^A = P\left(1 + \Lambda + \frac{1}{2!}\Lambda^2 + \cdots + \frac{1}{k!}\Lambda^k + \cdots\right)P^{-1}$$

$$= Pe^{\Lambda}P^{-1}$$

例 6 A 爲 n 階方陣，若 $A^2=A$，求 e^A

解 $\because A^2=A$

$A^3=A^2\cdot A=AA=A\cdots\cdots$

$A^n=A$

$$\therefore e^A=I+A+\frac{1}{2!}A^2+\frac{1}{3!}A^3+\cdots$$

$$=I+A+\frac{1}{2!}A+\frac{1}{3!}A+\cdots$$

$$=I+\left(1+\frac{1}{2!}+\frac{1}{3!}+\cdots\right)A=I+(e-1)A$$

例 7 $A=\begin{bmatrix}0 & -2\\ 1 & 3\end{bmatrix}$ 求 (a) A^{20} (b) e^A

解 A 之特徵方程式爲 $\lambda^2-3\lambda+2=0$，得 $\lambda=1, 2$，

$\lambda=1$ 時取特徵向量 $x=[2,-1]^T$

$\lambda=2$ 時取特徵向量 $x=[1,-1]^T$

$$\therefore P=\begin{bmatrix}2 & 1\\ -1 & -1\end{bmatrix}$$

$$\text{(a) } A^{20}=\begin{bmatrix}2 & 1\\ -1 & -1\end{bmatrix}\begin{bmatrix}1^{20} & 0\\ 0 & 2^{20}\end{bmatrix}\begin{bmatrix}2 & 1\\ -1 & -1\end{bmatrix}^{-1}$$

$$=\begin{bmatrix}2 & 1\\ -1 & -1\end{bmatrix}\begin{bmatrix}1 & 0\\ 0 & 2^{20}\end{bmatrix}\begin{bmatrix}1 & 1\\ -1 & -2\end{bmatrix}=\begin{bmatrix}2-2^{20} & 2-2^{21}\\ -1+2^{20} & -1+2^{21}\end{bmatrix}$$

$$\text{(b) } e^A=\begin{bmatrix}2 & 1\\ -1 & -1\end{bmatrix}\begin{bmatrix}e & 0\\ 0 & e^2\end{bmatrix}\begin{bmatrix}2 & 1\\ -1 & -1\end{bmatrix}^{-1}$$

$$=\begin{bmatrix}2 & 1\\ -1 & -1\end{bmatrix}\begin{bmatrix}e & 0\\ 0 & e^2\end{bmatrix}\begin{bmatrix}1 & 1\\ -1 & -2\end{bmatrix}=\begin{bmatrix}2e-e^2 & 2e-2e^2\\ -e+e^2 & -e+2e^2\end{bmatrix}$$

練習

$A=\begin{bmatrix}0 & 1\\0 & 0\end{bmatrix}$，驗證 $e^A=\begin{bmatrix}1 & 1\\0 & 1\end{bmatrix}$

e^{At}

對任一方陣 A，我們規定

$$e^{At}\equiv I+\frac{1}{1!}At+\frac{1}{2!}A^2t^2+\cdots=\sum_{n=0}^{\infty}\frac{1}{n!}A^nt^n$$

因此 e^{At} 之求法與 e^A 類似，即在求 e^{At} 時，我們可先求 A 之特徵值，特徵向量，從而得到非奇異陣 P，使得 $A=P\begin{pmatrix}\lambda_1 & & & \\ & \lambda_2 & & 0\\ 0 & & \ddots & \\ & & & \lambda_n\end{pmatrix}P^{-1}$，

則 $e^{At}=P\begin{pmatrix}e^{\lambda_1 t} & & & \\ & e^{\lambda_2 t} & & 0\\ 0 & & \ddots & \\ & & & e^{\lambda_n t}\end{pmatrix}P^{-1}$

例 8 （承例 7）求 e^{At}

解 $A=\begin{bmatrix}2 & 1\\-1 & -1\end{bmatrix}\begin{bmatrix}1 & 0\\0 & 2\end{bmatrix}\begin{bmatrix}2 & 1\\-1 & -1\end{bmatrix}^{-1}$

$$\therefore\ e^{At}=\begin{bmatrix}2 & 1\\ -1 & -1\end{bmatrix}\begin{bmatrix}e^{t} & 0\\ 0 & e^{2t}\end{bmatrix}\begin{bmatrix}1 & 1\\ -1 & -2\end{bmatrix}$$

$$=\begin{bmatrix}2e^{t}-e^{2t} & 2e^{t}-2e^{2t}\\ -e^{t}+e^{2t} & -e^{t}+2e^{2t}\end{bmatrix}$$

★ 例 9 $A=\begin{bmatrix}0 & -1\\ 1 & 0\end{bmatrix}$，求 e^{At}

解 A 之特徵方程式為 $\lambda^2+1=0$，$\lambda=\pm i$

(1) $\lambda=i$ 時 $(A-\lambda I)x=0$ 得：

$$\left[\begin{array}{cc|c}-i & -1 & 0\\ 1 & -i & 0\end{array}\right]\to\left[\begin{array}{cc|c}-i & -1 & 0\\ 0 & 0 & 0\end{array}\right]$$

$\therefore x=[1,-i]^T$

(2) $\lambda=-i$ 時 $(A-\lambda I)x=0$ 得：

$$\left[\begin{array}{cc|c}i & -1 & 0\\ 1 & i & 0\end{array}\right]\to\left[\begin{array}{cc|c}i & -1 & 0\\ 0 & 0 & 0\end{array}\right]$$

$\therefore x=[1,i]^T$

取 $P=\begin{bmatrix}1 & 1\\ -i & i\end{bmatrix}$

$$\therefore e^{At}=\begin{bmatrix}1 & 1\\ -i & i\end{bmatrix}\begin{bmatrix}e^{it} & 0\\ 0 & e^{-it}\end{bmatrix}\begin{bmatrix}1 & 1\\ -i & i\end{bmatrix}^{-1}$$

$$=\begin{bmatrix}1 & 1\\ -i & i\end{bmatrix}\begin{bmatrix}e^{it} & 0\\ 0 & e^{-it}\end{bmatrix}\left(\begin{bmatrix}i & -1\\ i & 1\end{bmatrix}\frac{1}{2i}\right)$$

$$=\frac{1}{2i}\begin{bmatrix}i(e^{it}+e^{-it}) & (-e^{it}+e^{-it})\\ i(-ie^{it}+ie^{-it}) & (ie^{it}+ie^{-it})\end{bmatrix}$$

$$=\begin{bmatrix} \frac{1}{2}(e^{it}+e^{-it}) & \frac{1}{2i}(-e^{it}+e^{-it}) \\ \frac{1}{2i}(e^{it}-e^{-it}) & \frac{1}{2}(e^{it}+e^{-it}) \end{bmatrix}$$

$$=\begin{bmatrix} \cos t & -\sin t \\ \sin t & \cos t \end{bmatrix}$$

定理 A A 爲 n 階方陣，若 $(sI-A)^{-1}$ 存在則 $e^{At}=\mathcal{L}^{-1}\{(sI-A)^{-1}\}$

證明 令 $\phi(t)=e^{At}$ 則 $\phi'(t)=Ae^{At}=A\phi(t)$ (1)

二邊同取拉氏轉換

$\mathcal{L}\{\phi'(t)\}=s\mathcal{L}\{\phi(t)\}-\phi(0)=s\mathcal{L}\{\phi(t)\}-I$ (2)

由 (1) $\mathcal{L}\{\phi'(t)\}=\mathcal{L}\{A\phi(t)\}=A\mathcal{L}\{\phi(t)\}$ (3)

$\therefore s\mathcal{L}\{\phi(t)\}-I=A\mathcal{L}\{\phi(t)\}$（由 (2), (3)）

$(sI-A)\mathcal{L}\{\phi(t)\}=I$

$\therefore \mathcal{L}\{\phi(t)\}=(sI-A)^{-1}$

二邊同取反拉氏轉換，得

$\phi(t)=\mathcal{L}^{-1}\{(sI-A)^{-1}\}$

即 $e^{At}=\mathcal{L}^{-1}\{(sI-A)^{-1}\}$ ■

應用定理 A，我們重解例 9：

$$A=\begin{bmatrix} 0 & -1 \\ 1 & 0 \end{bmatrix}，(sI-A)^{-1}=\left(s\begin{bmatrix} 1 & 0 \\ 0 & 1 \end{bmatrix}-\begin{bmatrix} 0 & -1 \\ 1 & 0 \end{bmatrix}\right)^{-1}=\begin{bmatrix} s & 1 \\ -1 & s \end{bmatrix}^{-1}$$

$$=\frac{1}{s^2+1}\begin{bmatrix} s & -1 \\ 1 & s \end{bmatrix}$$

$$\therefore e^{At}=\mathcal{L}^{-1}\{(sI-A)^{-1}\}$$

$$=\begin{bmatrix} \mathcal{L}^{-1}\left(\frac{s}{s^2+1}\right) & \mathcal{L}^{-1}\left(\frac{-1}{s^2+1}\right) \\ \mathcal{L}^{-1}\left(\frac{1}{s^2+1}\right) & \mathcal{L}^{-1}\left(\frac{s}{s^2+1}\right) \end{bmatrix}=\begin{bmatrix} \cos t & -\sin t \\ \sin t & \cos t \end{bmatrix}$$

練習

$A=\begin{bmatrix} 1 & 0 \\ 0 & 2 \end{bmatrix}$，驗證 $e^{At}=\begin{bmatrix} e^t & 0 \\ 0 & e^{2t} \end{bmatrix}$

習題 6.3

1. 判斷下列各方陣可否對角化？若可對角化，則進一步求一非奇異陣 P 使得 $P^{-1}AP=\Lambda$ 。

(1) $\begin{bmatrix} 1 & 2 \\ 3 & 0 \end{bmatrix}$ (2) $\begin{bmatrix} 1 & 1 \\ 0 & 2 \end{bmatrix}$ (3) $\begin{bmatrix} 1 & 0 \\ 1 & 1 \end{bmatrix}$ (4) $\begin{bmatrix} 0 & 0 \\ 0 & -1 \end{bmatrix}$

Ans：(1) 可對角化，$P=\begin{bmatrix} 1 & 2 \\ 1 & -3 \end{bmatrix}$

(2) 可對角化，$P=\begin{bmatrix} 1 & 1 \\ 0 & 1 \end{bmatrix}$

(3) 不可對角化

(4) 可對角化，$P=I_2$

2. 判斷下列各方陣可否對角化，若是，求非奇異陣 P，使得 $P^{-1}AP = \Lambda$。

(1) $\begin{bmatrix} 1 & 1 & 0 \\ 0 & 1 & 0 \\ 0 & 0 & 2 \end{bmatrix}$ (2) $\begin{bmatrix} 2 & 1 & 1 \\ 1 & 2 & 1 \\ 1 & 1 & 2 \end{bmatrix}$

Ans：(1) 不可對角化

(2) 可對角化，$P = \begin{bmatrix} 1 & 1 & 1 \\ 0 & -1 & 1 \\ -1 & 0 & 1 \end{bmatrix}$

3. 求下列各題之 e^{At}

(1) $\begin{bmatrix} 2 & 1 \\ -3 & -6 \end{bmatrix}$ (2) $\begin{bmatrix} 1 & 3 \\ 4 & 2 \end{bmatrix}$

Ans：(1) $\dfrac{1}{2}\begin{bmatrix} 3e^{3t} - e^{5t} & -e^{3t} + e^{5t} \\ 3e^{3t} - 3e^{5t} & -e^{3t} + 3e^{5t} \end{bmatrix}$

(2) $\dfrac{1}{7}\begin{bmatrix} 3e^{5t} + 4e^{-2t} & 3e^{5t} - 3e^{-2t} \\ 4(e^{5t} - e^{-2t}) & 4e^{5t} + 3e^{-2t} \end{bmatrix}$

4. 若 $A = \begin{bmatrix} 1 & 1 \\ 0 & 1 \end{bmatrix}$ 求 e^A

Ans：$\begin{bmatrix} e & e \\ 0 & e \end{bmatrix}$

5. 若 $A = \begin{bmatrix} 0 & 0 \\ 1 & 0 \end{bmatrix}$，$B = \begin{bmatrix} 0 & 0 \\ 0 & 1 \end{bmatrix}$

求 (1) e^A, e^B (2) $e^A \cdot e^B$ (3) e^{A+B}

Ans：(1) $\begin{bmatrix} 1 & 0 \\ 1 & 1 \end{bmatrix}, \begin{bmatrix} 1 & 0 \\ 0 & e \end{bmatrix}$ (2) $\begin{bmatrix} 1 & 0 \\ 0 & e \end{bmatrix}$ (3) $\begin{bmatrix} 1 & 0 \\ e-1 & e \end{bmatrix}$

6.4 聯立線性微分方程組

本節我們討論之課題與前述解線立聯之方程組大致相同。在技巧上也大致相同，所差的只是多了微分符號。

考慮下列聯立微分方程組：

$$\begin{cases} F_1(D)x + F_2(D)y = f(t) \\ F_3(D)x + F_4(D)y = g(t) \end{cases}$$

我們將舉例說明如何應用 Cramer 法則去解上列聯立方程式。

例 1 解 $\begin{cases} (D+2)x + 3y = 0 \\ 3x + (D+2)y = 2e^{2t} \end{cases}$

解

$$x = \frac{\begin{vmatrix} 0 & 3 \\ 2e^{2t} & D+2 \end{vmatrix}}{\begin{vmatrix} D+2 & 3 \\ 3 & D+2 \end{vmatrix}} = \frac{-6e^{2t}}{D^2+4D-5} = \frac{-6e^{2t}}{(D+5)(D-1)} \tag{1}$$

$\therefore (D+5)(D-1)x = -6e^{2t}$

$x_h = c_1e^{-5t} + c_2e^{t}$，$x_p = \dfrac{1}{(D+5)(D-1)}(-6e^{2t}) = \dfrac{-6}{7}e^{2t}$

得 $x = c_1e^{-5t} + c_2e^{t} - \dfrac{6}{7}e^{2t}$ (2)

代 (2) 入 $(D+2)x + 3y = 0$，或 $y = -\dfrac{1}{3}(D+2)x$：

$$y = -\frac{1}{3}(D+2)x = -\frac{1}{3}(D+2)\left(c_1e^{-5t} + c_2e^{t} - \frac{6}{7}e^{2t}\right)$$

$$= c_1e^{-5t} - c_2e^{t} + \frac{8}{7}e^{2t}$$

若聯立線性微分方程組可寫成

$$\begin{cases} F_1(D)x+F_2(D)y=f(t) \\ F_3(D)x+F_4(D)y=g(t) \end{cases}$$

之形式，則解之「任意常數 c_i」的個數恰與

$$\begin{vmatrix} F_1(D) & F_2(D) \\ F_3(D) & F_4(D) \end{vmatrix}$$

D 之最高次數相同。

在例 1，我們先用 Cramer 法則求出 x（或 y），然後將所求之 x（或 y）代入方程組中之某一方程式解出 y（或 x），它的好處是便於計算，同時可避免過多的「任意常數」，以例 1 而言，如果 x, y 都用 Cramer 法則解出，可能含有 4 個「任意常數」，而事實上只能有 2 個。

例 2 解 $\begin{cases} \dfrac{dx}{dt}=x+y \\ \dfrac{dy}{dt}=x-y \end{cases}$

解 原方程組可寫成

$$\begin{cases} \dfrac{dx}{dt}-x-y=0 \\ -x+\dfrac{dy}{dt}+y=0 \end{cases} \quad \text{即} \begin{cases} (D-1)x-y=0 & (1) \\ -x+(D+1)y=0 & (2) \end{cases}$$

$$\therefore x = \frac{\begin{vmatrix} 0 & -1 \\ 0 & D+1 \end{vmatrix}}{\begin{vmatrix} D-1 & -1 \\ -1 & D+1 \end{vmatrix}} = \frac{0}{D^2-2} \quad ,$$

$$(D^2-2)x = (D+\sqrt{2})(D-\sqrt{2})x = 0$$

$$\therefore\ x = c_1 e^{-\sqrt{2}t} + c_2 e^{\sqrt{2}t} \tag{3}$$

代 (3) 入 (1)：$y = (D-1)x = (D-1)(c_1 e^{-\sqrt{2}t} + c_2 e^{\sqrt{2}t})$

$$= c_1(\sqrt{2}-1)e^{\sqrt{2}t} - c_2(\sqrt{2}+1)e^{-\sqrt{2}t}$$

例 3 解 $\begin{cases} \frac{d}{dt}x = -y \\ \frac{d}{dt}y = x \end{cases}$，$x(0)=1$，$y(0)=0$

解 原方程組可寫成

$$\begin{cases} Dx + y = 0 & (1) \\ -x + Dy = 0 & (2) \end{cases}$$

$$\therefore\ x = \frac{\begin{vmatrix} 0 & 1 \\ 0 & D \end{vmatrix}}{\begin{vmatrix} D & 1 \\ -1 & D \end{vmatrix}} = \frac{0}{D^2+1}$$

$$(D^2+1)x = 0$$

$$\therefore\ x = c_1\cos t + c_2\sin t \tag{3}$$

代 (3) 入 $\frac{d}{dt}x = -y$

得 $y = -\frac{d}{dt}x = -\frac{d}{dt}(c_1\cos t + c_2\sin t)$

$$= c_1\sin t - c_2\cos t \tag{4}$$

$\because x(0)=1$，$y(0)=0$

$\therefore x(0)=c_1=1$，$y(0)=-c_2=0$

即 $c_2=0$

得　$x=\cos t$，$y=\sin t$

練習

解：$\dfrac{d^2x}{dt^2}=-x$，$\dfrac{d^2y}{dt^2}=4y$

Ans：$y=c_3e^{2t}+c_4e^{-2t}$

習題 6.4

解下列線性聯立微分方程組：

1. $\begin{cases}\dfrac{dx}{dt}=3x-2y\\ \dfrac{dy}{dt}=2x-2y\end{cases}$

2. $\begin{cases}\dfrac{dx}{dt}=-x+3y\\ \dfrac{dy}{dt}=2x-2y\end{cases}$

3. $\begin{cases}\dfrac{dx}{dt}=-2x-2y\\ \dfrac{dy}{dt}=x-5y\end{cases}$

4. $\begin{cases}\dfrac{dx}{dt}=3x+3y\\ \dfrac{dy}{dt}=x+5y\end{cases}$

Ans：1. $\begin{pmatrix}x\\y\end{pmatrix}=c_1\begin{pmatrix}1\\ \dfrac{1}{2}\end{pmatrix}e^{2t}+c_2\begin{pmatrix}1\\2\end{pmatrix}e^{-t}$

2. $\begin{pmatrix}x\\y\end{pmatrix}=c_1\begin{pmatrix}1\\ \dfrac{2}{3}\end{pmatrix}e^{t}+c_2\begin{pmatrix}1\\-1\end{pmatrix}e^{-4t}$

3. $\begin{pmatrix}x\\y\end{pmatrix}=c_1\begin{pmatrix}1\\1\end{pmatrix}e^{-4t}+c_2\begin{pmatrix}2\\1\end{pmatrix}e^{-3t}$

4. $\begin{pmatrix}x\\y\end{pmatrix}=c_1\begin{pmatrix}1\\\frac{-1}{3}\end{pmatrix}e^{2t}+c_2\begin{pmatrix}1\\1\end{pmatrix}e^{6t}$

第7章

向量分析

7.1 向量函數之微分與積分

$\boldsymbol{A}(t)$ 爲一向量值函數（vector-valued funtion），若 $\boldsymbol{A}(t)=[A_1(t), A_2(t), A_3(t)]$，其中 $A_1(t), A_2(t), A_3(t)$ 均爲 t 之可微分函數，則定義 $\boldsymbol{A}(t)$ 之導數 $\boldsymbol{A}'(t)$ 爲

$$\begin{aligned}
\boldsymbol{A}'(t) &= \lim_{\Delta t\to 0}\frac{\boldsymbol{A}(t+\Delta t)-\boldsymbol{A}(t)}{\Delta t}\\
&= \lim_{\Delta t\to 0}\frac{[A_1(t+\Delta t)\boldsymbol{i}+A_2(t+\Delta t)\boldsymbol{j}]+A_3(t+\Delta t)\boldsymbol{k}]-[A_1(t)\boldsymbol{i}+A_2(t)\boldsymbol{j}+A_3(t)\boldsymbol{k}]}{\Delta t}\\
&= \lim_{\Delta t\to 0}\frac{[A_1(t+\Delta t)-A_1(t)]\boldsymbol{i}+[A_2(t+\Delta t)-A_2(t)]\boldsymbol{j}+[A_3(t+\Delta t)-A_3(t)]\boldsymbol{k}}{\Delta t}\\
&= \left(\lim_{\Delta t\to 0}\frac{A_1(t+\Delta t)-A_1(t)}{\Delta t}\right)\boldsymbol{i}+\left(\lim_{\Delta t\to 0}\frac{A_2(t+\Delta t)-A_2(t)}{\Delta t}\right)\boldsymbol{j}\\
&\quad+\left(\lim_{\Delta t\to 0}\frac{A_3(t+\Delta t)-A_3(t)}{\Delta t}\right)\boldsymbol{k}\\
&= A_1'(t)\boldsymbol{i}+A_2'(t)\boldsymbol{j}+A_3'(t)\boldsymbol{k}
\end{aligned}$$

例 1 若 $\boldsymbol{F}(t)=(t^2-t)\boldsymbol{i}+e^{2t}\boldsymbol{j}+3\boldsymbol{k}$ 求 (a)$F'(t)$，(b)$F''(t)$ 及 (c)$F'(0)$ 與 $F''(0)$ 之夾角 θ

解 (a) $\boldsymbol{F}(t)=[t^2-t, e^{2t}, 3]$

$\therefore F'(t)=[2t-1, 2e^{2t}, 0]$

(b) $\boldsymbol{F}''(t)=[2, 4e^{2t}, 0]$

(c) $\boldsymbol{F}'(0)=[2t-1, 2e^{2t}, 0]|_{t=0}=[-1, 2, 0]$

$\boldsymbol{F}''(0)=[2, 4e^{2t}, 0]|_{t=0}=[2, 4, 0]$

$$\therefore \theta = \cos^{-1}\frac{\boldsymbol{F}'(0)\cdot\boldsymbol{F}''(0)}{|\boldsymbol{F}'(0)|\cdot|\boldsymbol{F}''(0)|}$$

$$=\cos^{-1}\frac{(-1)2+2\cdot 4+0\cdot 0}{\sqrt{(-1)^2+2^2+0^2}\sqrt{2^2+4^2+0^2}}=\cos^{-1}\frac{6}{\sqrt{5}\sqrt{20}}=\cos^{-1}\frac{3}{5}$$

向量函數之微分公式

定理 A　若 $\boldsymbol{A}(t)=A_1(t)\boldsymbol{i}+A_2(t)\boldsymbol{j}+A_3(t)\boldsymbol{k}$，$\boldsymbol{B}(t)=B_1(t)\boldsymbol{i}+B_2(t)\boldsymbol{j}+B_3(t)\boldsymbol{k}$，均為 t 之可微分函數，則

(1) $\frac{d}{dt}[\boldsymbol{A}(t)+\boldsymbol{B}(t)]=\boldsymbol{A}'(t)+\boldsymbol{B}'(t)$

(2) $\frac{d}{dt}[c\boldsymbol{A}(t)]=c\frac{d}{dt}[\boldsymbol{A}'(t)]=c\boldsymbol{A}'(t)$

(3) $\frac{d}{dt}[\boldsymbol{A}(t)\cdot\boldsymbol{B}(t)]=\boldsymbol{A}'(t)\cdot\boldsymbol{B}(t)+\boldsymbol{A}(t)\cdot\boldsymbol{B}'(t)$（「·」為點積）

(4) $\frac{d}{dt}[\boldsymbol{A}(h(t))]=\boldsymbol{A}'(h(t))h'(t)$（鏈鎖律）

(5) $\frac{d}{dt}[\boldsymbol{A}(t)\times\boldsymbol{B}(t)]=\boldsymbol{A}'(t)\times\boldsymbol{B}(t)+\boldsymbol{A}(t)\times\boldsymbol{B}'(t)$（「×」為叉積）

我們只證 (3)：

$$\frac{d}{dt}(\boldsymbol{A}(t)\cdot\boldsymbol{B}(t))$$
$$=\frac{d}{dt}(A_1(t)B_1(t)+A_2(t)B_2(t)+A_3(t)B_3(t))$$
$$=A_1'(t)B_1(t)+A_1(t)B_1'(t)+A_2'(t)B_2(t)+A_2(t)B_2'(t)+A_3'(t)B_3(t)+A_3(t)B_3'(t)$$
$$=[A_1'(t)B_1(t)+A_2'(t)B_2(t)+A_3'(t)B_3(t)]+[A_1(t)B_1'(t)+A_2(t)B_2'(t)+A_3(t)B_3'(t)]$$
$$=\boldsymbol{A}'(t)\cdot\boldsymbol{B}(t)+\boldsymbol{A}(t)\cdot\boldsymbol{B}'(t)$$ ■

至於 (5) 由行列式微分公式可得。

例 2 $\boldsymbol{r}(t)=x(t)\boldsymbol{i}+y(t)\boldsymbol{j}+z(t)\boldsymbol{k}$，其中 x, y, z 均為 t 之可微分函數。試證 $(\boldsymbol{r}\times\boldsymbol{r}')'=\boldsymbol{r}\times\boldsymbol{r}''$

解

$$(\boldsymbol{r}\times\boldsymbol{r}')'=\frac{d}{dt}\begin{vmatrix}\boldsymbol{i}&\boldsymbol{j}&\boldsymbol{k}\\x(t)&y(t)&z(t)\\x'(t)&y'(t)&z'(t)\end{vmatrix}$$
$$=\begin{vmatrix}\boldsymbol{i}&\boldsymbol{j}&\boldsymbol{k}\\x'(t)&y'(t)&z'(t)\\x'(t)&y'(t)&z'(t)\end{vmatrix}+\begin{vmatrix}\boldsymbol{i}&\boldsymbol{j}&\boldsymbol{k}\\x(t)&y(t)&z(t)\\x''(t)&y''(t)&z''(t)\end{vmatrix}$$
$$=\begin{vmatrix}\boldsymbol{i}&\boldsymbol{j}&\boldsymbol{k}\\x(t)&y(t)&z(t)\\x''(t)&y''(t)&z''(t)\end{vmatrix}=\boldsymbol{r}\times\boldsymbol{r}''$$

向量函數之積分

$A(t)=A_1(t)\boldsymbol{i}+A_2(t)\boldsymbol{j}+A_3(t)\boldsymbol{k}$，$A_1(t)$，$A_2(t)$，$A_3(t)$ 均為連續函數

則 $$\begin{cases}\int A(t)dt=[\int A_1(t)dt]\boldsymbol{i}+[\int A_2(t)dt]\boldsymbol{j}+[\int A_3(t)dt]\boldsymbol{k}\\ \int_a^b A(t)dt=[\int_a^b A_1(t)dt]\boldsymbol{i}+[\int_a^b A_2(t)dt]\boldsymbol{j}+[\int_a^b A_3(t)dt]\boldsymbol{k}\end{cases}$$

例 3　$\boldsymbol{F}(t)=t^2\boldsymbol{i}+t\boldsymbol{j}$，求$\int_0^1 \boldsymbol{F}(t)dt$

解　$\int_0^1 \boldsymbol{F}(t)dt=[\int_0^1 t^2dt]\boldsymbol{i}+[\int_0^1 tdt]\boldsymbol{j}=\frac{1}{3}\boldsymbol{i}+\frac{1}{2}\boldsymbol{j}$

習題 7.1

1. 設 $\boldsymbol{r}(t)=[\sin t, \cos t, t^2]$，求 (1) $|\boldsymbol{r}(0)|$　(2) $\frac{d}{dt}\boldsymbol{r}(t)$　(3) $\left|\frac{d}{dt}\boldsymbol{r}(t)\right|$
   (4) $\left|\frac{d^2}{dt^2}\boldsymbol{r}(t)\right|$　(5) $\boldsymbol{r}'(t)\times\boldsymbol{r}''(t)|_{t=0}$
   Ans：(1)1　(2)$[\cos t, -\sin t, 2t]$　(3) $\sqrt{1+4t^2}$　(4) $\sqrt{5}$　(5)$-2\boldsymbol{j}-\boldsymbol{k}$
2. $A=x^2yz\boldsymbol{i}-2xz^3\boldsymbol{j}+xz^2\boldsymbol{k}, B=2z\boldsymbol{i}+y\boldsymbol{j}-x^2\boldsymbol{k}$ 求 $\frac{\partial^2}{\partial x\partial y}(A\times B)\Big|_{(1,0,-2)}$

   Ans：$-4\boldsymbol{i}-8\boldsymbol{j}$
3. 若 $\phi(x,y,z)=xy^2z, \boldsymbol{A}=xz\boldsymbol{i}-xy^2\boldsymbol{j}+yz^2\boldsymbol{k}$ 求 $\frac{\partial^3}{\partial x^2\partial z}(\phi A)\Big|_{(2,-1,1)}$

   Ans：$-4\boldsymbol{i}-2\boldsymbol{j}$
4. 承第 1 題求 (1) $\int_0^1 \boldsymbol{r}(t)dt$　(2) $\int_0^1 \boldsymbol{r}'(t)\boldsymbol{r}''(t)dt$

   Ans：(1) $(1-\cos 1)\boldsymbol{i}+(\sin 1)\boldsymbol{j}+\frac{1}{3}\boldsymbol{k}$

   (2) $(4\cos 1+2\sin 1-4)\boldsymbol{i}+(-4\sin 1+2\cos 1)\boldsymbol{j}-\boldsymbol{k}$

7.2 梯度、散度與旋度

梯度

首先定義一個向量運算子∇（∇讀作「del」）爲 $\nabla \equiv \boldsymbol{i}\frac{\partial}{\partial x}+\boldsymbol{j}\frac{\partial}{\partial y}+\boldsymbol{k}\frac{\partial}{\partial z}$

定義 若 $f(x, y, z)$ 爲一佈於純量體之可微分函數，f 之梯度（gradient）記做 grad ϕ 或 $\nabla\phi$ 定義爲

$$\text{grad}\, f=\nabla f=\left(\boldsymbol{i}\frac{\partial}{\partial x}+\boldsymbol{j}\frac{\partial}{\partial y}+\boldsymbol{k}\frac{\partial}{\partial z}\right)f=\frac{\partial f}{\partial x}\boldsymbol{i}+\frac{\partial f}{\partial y}\boldsymbol{j}+\frac{\partial f}{\partial z}\boldsymbol{k}$$

例 1 $f(x, y, z)=xe^{yz}$ 則

$$\nabla f=e^{yz}\boldsymbol{i}+xze^{yz}\boldsymbol{j}+xye^{yz}\boldsymbol{k}$$

練習

$f(x, y, z)=x^2+yz+xz+z^2$，求 ∇f

Ans：$(2x+z)\boldsymbol{i}+z\boldsymbol{j}+(x+y+2z)\boldsymbol{k}$

例 2 f, g 為二可微分函數，試導出$\nabla(fg)$ 之公式

解

$$\begin{aligned}\nabla(fg) &= \left(\frac{\partial}{\partial x} fg\right)\boldsymbol{i} + \left(\frac{\partial}{\partial y} fg\right)\boldsymbol{j} \\ &= \left(g\frac{\partial f}{\partial x} + f\frac{\partial g}{\partial x}\right)\boldsymbol{i} + \left(g\frac{\partial}{\partial y} f + f\frac{\partial}{\partial y} g\right)\boldsymbol{j} \\ &= f\left(\frac{\partial g}{\partial x}\boldsymbol{i} + \frac{\partial g}{\partial y}\boldsymbol{j}\right) + g\left(\frac{\partial f}{\partial x}\boldsymbol{i} + \frac{\partial f}{\partial y}\boldsymbol{j}\right) \\ &= f\nabla g + g\nabla f\end{aligned}$$

練習

f, g 為可微分函數，試證$\nabla(f+g) = \nabla f + \nabla g$

方向導數

$\boldsymbol{u}$為一單位向量，函數f在點P於$\boldsymbol{u}$方向之方向導數（directional derivative）記做 $D_{\boldsymbol{u}} f(P)$，定義為

$$D_{\boldsymbol{u}} f(P) = \lim_{h\to 0} \frac{f(P + h\boldsymbol{u}) - f(P)}{h}$$

若 $\boldsymbol{u} = [a, b]$ 為一單位向量，P 之坐標為 (x_0, y_0) 則

$D_{\boldsymbol{u}} f(x_0, y_0) = \lim_{h\to 0} \frac{f(x_0 + ha, y_0 + hb) - f(x_0, y_0)}{h}$，

取 $\boldsymbol{u} = [1, 0]$ 則

$D_{\boldsymbol{u}} f(x_0, y_0) = \lim_{h\to 0} \frac{f(x_0 + h, y_0) - f(x_0, y_0)}{h} = f_x(x_0, y_0)$，同理，我們

$\boldsymbol{u} = [0, 1]$ 時 $D_{\boldsymbol{u}} f(x_0, y_0) = f_y(x_0, y_0)$

由上可知，方向導數其實就是偏導數之推廣。

定理 A $\boldsymbol{U}$ 爲一單位向量，則函數 f 在點 P 於 $\boldsymbol{u}$ 方向之方向導數

$$D_{\boldsymbol{u}} f(P) = U \cdot \nabla f|_P = [u_1, u_2] \cdot [f_x, f_y]|_P = u_1 f_x + u_2 f_y|_P$$

例 3 若 $f(x, y, z) = x + y \sin z$，求 f 沿 $a = \boldsymbol{i} + 2\boldsymbol{j} + 2\boldsymbol{k}$ 之方向在 $P\left(1, \frac{\pi}{2}, \frac{\pi}{2}\right)$ 之方向導數

解

$$a = \boldsymbol{i} + 2\boldsymbol{j} + 2\boldsymbol{k}$$

$$\therefore U = \frac{1}{\|a\|} a = \frac{1}{3}[1, 2, 2] = \left[\frac{1}{3}, \frac{2}{3}, \frac{2}{3}\right],$$

$$\nabla f = \left[\frac{\partial}{\partial x} f, \frac{\partial}{\partial y} f, \frac{\partial}{\partial z} f\right] = [1, \sin z, y\cos z]$$

$$D_u(P) = U \cdot \nabla f|_P = \left[\frac{1}{3}, \frac{2}{3}, \frac{2}{3}\right] \cdot [1, \sin z, y\cos z]\Big|_{\left(1, \frac{\pi}{2}, \frac{\pi}{2}\right)}$$

$$= \frac{1}{3} + \frac{2}{3}\sin z + \frac{2}{3} y \cos z\Big|_{\left(1, \frac{\pi}{2}, \frac{\pi}{2}\right)} = \frac{1}{3} + \frac{2}{3} + 0 = 1$$

例 4 若 $z = f(x, y) = x^2 + y^2$，求 f 沿點 $(4, 2)$ 到 $(3, 2+\sqrt{2})$ 之方向在 $P(4, 2)$ 之方向導數

解

$$a = [3 - 4, 2 + \sqrt{2} - 2] = [-1, \sqrt{2}] \quad \therefore U = \frac{a}{\|a\|} = \left[\frac{-1}{\sqrt{3}}, \frac{\sqrt{2}}{\sqrt{3}}\right]$$

$$\nabla f = \left[\frac{\partial}{\partial x} f, \frac{\partial}{\partial y} f\right] = [2x, 2y]$$

$$\therefore D_U(P)=U\cdot\nabla f|P=[2x,2y]\cdot\left[\frac{-1}{\sqrt{3}},\frac{\sqrt{2}}{\sqrt{3}}\right]\Bigg|_{(4,2)}$$

$$=\frac{4}{\sqrt{3}}(-2+\sqrt{2})$$

練習

若 $f(x,y)=x^2y$，求 f 沿 $a=i+2j$ 之方向在 $(1,1)$ 之方向導數

Ans：$\frac{4}{\sqrt{5}}$

由定理 A，$D_U f(P)=\boldsymbol{U}\cdot\nabla f\mid P$，因此 $f(x,y)$ 在 $P(x_0,y_0)$ 於 $\boldsymbol{U}$ 方向之方向導數相當於 $\boldsymbol{U}$ 與 $\nabla f(x_0,y_0)$ 之內積，又 $\boldsymbol{U}\cdot\nabla f(x_0,y_0)=|\boldsymbol{U}|\,|\nabla f(x_0,y_0)|\cos\theta$，因此不難得到下列結果：

推論 A1 函數 $z=f(x,y)$ 在 $P(x_0,y_0)$ 可微，則

(1) $f(x,y)$ 在 $P(x_0,y_0)$ 處沿 $\nabla f(x_0,y_0)$ 方向有極大方向導數 $|\nabla f(x_0,y_0)|$，且 $f(x,y)$ 在 $P(x_0,y_0)$ 處沿 $\nabla f(x_0,y_0)$ 反方向有極小方向導數 $-|\nabla f(x_0,y_0)|$。

(2) $f(x,y)$ 在 $P(x_0,y_0)$ 處沿與 $\nabla f(x_0,y_0)$ 垂直方向之方向導數爲 0。

推論 A1 之一種解釋是 $z=f(x,y)$ 在 $P(x_0,y_0)$ 沿梯度方向 $\nabla f(x_0,y_0)$ 有最大之增加率 $|\nabla f(x_0,y_0)|$

例 5 求例 3 之最大增加率

解 由例 3，我們已求出 $\nabla f(x, y, z) = [1, \sin z, y\cos z]$

$\therefore$ 最大增加率 $\left|\nabla f\left(1, \frac{\pi}{2}, \frac{\pi}{2}\right)\right| = \|[1, 1, 0]\| = \sqrt{2}$

練習

求例 4 之最大增加率 Ans：$4\sqrt{5}$

曲面之切平面方程式

給定曲面方程式 $f(x, y, z)$，及其上一點 P，P 之座標為 (x_0, y_0, z_0)，若 (x_0, y_0, z_0) 處 $\frac{\partial f}{\partial x}$，$\frac{\partial f}{\partial y}$，$\frac{\partial f}{\partial z}$ 均存在，則過 (x_0, y_0, z_0) 之切面方程式為

$$\left.\frac{\partial f}{\partial x}\right|_{(x_0, y_0, z_0)}(x - x_0) + \left.\frac{\partial f}{\partial y}\right|_{(x_0, y_0, z_0)}(y - y_0) + \left.\frac{\partial f}{\partial z}\right|_{(x_0, y_0, z_0)}(z - z_0) = 0$$

其點積式為

$$\nabla f|_{(x_0, y_0, z_0)} \cdot [x - x_0, y - y_0, z - z_0] = 0$$

例 6 試求曲面 $z^3 + 3xz - 2y = 0$ 在 $(1, 7, 2)$ 處之切平面方程式

解 令 $f(x, y, z) = z^3 + 3xz - 2y$

則 $\nabla f|_{(1, 7, 2)} = [3z, -2, 3(z^2 + x)]|_{(1, 7, 2)} = [6, -2, 15]$

$\therefore$ 所求之切面方程式為

$$\nabla f|_{(1,7,2)} \cdot [x-1, y-7, z-2] = [6, -2, 15] \cdot [x-1, y-7, z-2]$$
$$= 6(x-1) - 2(y-7) + 15(z-2)$$
$$= 0$$

即 $6x - 2y + 15z = 22$

例 7 求 $x^2 + y^2 - 4z^2 = 4$ 在 $(2, -2, 1)$ 處切面方程式

解 令 $f(x, y, z) = x^2 + y^2 - 4z^2 - 4$

則 $\nabla f|_{(2,-2,1)} = [2x, 2y, -8z]|_{(2,-2,1)}$
$= [4, -4, -8]$

∴ 所求之切面方程式爲

$\nabla f|_{(2,-2,1)} \cdot [x-2, y+2, z-1]$

$= [4, -4, -8] \cdot [x-2, y+2, z-1]$

$= 4(x-2) - 4(y+2) - 8(z-1) = 0$

即 $4x - 4y - 8z = 8$ 或 $x - y - 2z = 2$

練習

求過 $z = xy^2 + y$ 之一點 $P(3, -1, 10)$ 之切面方程式

Ans：$4x - 11y - z = 24$

散度與旋度

定義 $\boldsymbol{A}$ 之散度（divergence）定義爲$\nabla \cdot \boldsymbol{A}$，記做 div $\boldsymbol{A}$　則

$$\text{div}\,\boldsymbol{A} = \nabla \cdot \boldsymbol{A} = \left(\boldsymbol{i}\frac{\partial}{\partial x} + \boldsymbol{j}\frac{\partial}{\partial y} + \boldsymbol{k}\frac{\partial}{\partial z}\right) \cdot (\boldsymbol{i}A_1 + \boldsymbol{j}A_2 + \boldsymbol{k}A_3)$$

$$= \frac{\partial}{\partial x}A_1 + \frac{\partial}{\partial y}A_2 + \frac{\partial}{\partial z}A_3$$

定義 旋度（curl 或 rotation）定義爲$\nabla \times \boldsymbol{A}$，記做 curl $\boldsymbol{A}$ 或 rot $\boldsymbol{A}$，則

$$\text{curl}\,\boldsymbol{A} = \nabla \times \boldsymbol{A} = \begin{vmatrix} \boldsymbol{i} & \boldsymbol{j} & \boldsymbol{k} \\ \dfrac{\partial}{\partial x} & \dfrac{\partial}{\partial y} & \dfrac{\partial}{\partial z} \\ A_1 & A_2 & A_3 \end{vmatrix}$$

散度與旋度之物理意義請參考普通物理。

例 8 若 $\boldsymbol{V} = xy\boldsymbol{i} + x^2\boldsymbol{j} + (x + 2y - z)\boldsymbol{k}$，求 div $\boldsymbol{V}$。

解

$$\nabla \cdot \boldsymbol{V} = \frac{\partial}{\partial x}xy + \frac{\partial}{\partial y}x^2 + \frac{\partial}{\partial z}(x + 2y - z)$$

$$= y - 1$$

例 9 $\boldsymbol{F} = (x^2 + 3y)\boldsymbol{i} + (yz)\boldsymbol{j} + (x + 2y + z^2)\boldsymbol{k}$，求 Curl $\boldsymbol{F}$（即$\nabla \times \boldsymbol{F}$）

解 $\text{Curl}\,\boldsymbol{F}=\begin{vmatrix}\boldsymbol{i} & \boldsymbol{j} & \boldsymbol{k}\\ \dfrac{\partial}{\partial x} & \dfrac{\partial}{\partial y} & \dfrac{\partial}{\partial z}\\ x^2+3y & yz & x+2y+z^2\end{vmatrix}$

$$=\left[\frac{\partial}{\partial y}(x+2y+z^2)-\frac{\partial}{\partial z}yz\right]\boldsymbol{i}-\left[\frac{\partial}{\partial x}(x+2y+z^2)-\frac{\partial}{\partial z}(x^2+3y)\right]\boldsymbol{j}$$

$$+\left[\frac{\partial}{\partial x}yz-\frac{\partial}{\partial y}(x^2+3y)\right]\boldsymbol{k}$$

$$=(2-y)\boldsymbol{i}-(1-0)\boldsymbol{j}+(0-3)\boldsymbol{k}$$

$$=(2-y)\boldsymbol{i}-\boldsymbol{j}-3\boldsymbol{k}$$

例 10 試證$\nabla\cdot(\nabla\times\boldsymbol{F})=0$，$\boldsymbol{F}=F_1\boldsymbol{i}+F_2\boldsymbol{j}+F_3\boldsymbol{k}$，$F_1$，$F_2$，$F_3$之一二階偏導函數均為連續。

解 $\nabla\cdot(\nabla\times\boldsymbol{F})=\nabla\cdot\begin{vmatrix}\boldsymbol{i} & \boldsymbol{j} & \boldsymbol{k}\\ \dfrac{\partial}{\partial x} & \dfrac{\partial}{\partial y} & \dfrac{\partial}{\partial z}\\ F_1 & F_2 & F_3\end{vmatrix}$

$$=\left(i\frac{\partial}{\partial x}+j\frac{\partial}{\partial y}+k\frac{\partial}{\partial z}\right)\cdot\begin{vmatrix}\boldsymbol{i} & \boldsymbol{j} & \boldsymbol{k}\\ \dfrac{\partial}{\partial x} & \dfrac{\partial}{\partial y} & \dfrac{\partial}{\partial z}\\ F_1 & F_2 & F_3\end{vmatrix}$$

$$=\left(\boldsymbol{i}\frac{\partial}{\partial x}+\boldsymbol{j}\frac{\partial}{\partial y}+\boldsymbol{k}\frac{\partial}{\partial z}\right)\cdot\left[\left(\frac{\partial}{\partial y}F_3-\frac{\partial}{\partial z}F_2\right)\boldsymbol{i}\right.$$

$$\left.-\left(\frac{\partial}{\partial x}F_3-\frac{\partial}{\partial z}F_1\right)\boldsymbol{j}+\left(\frac{\partial}{\partial x}F_2-\frac{\partial}{\partial y}F_1\right)\boldsymbol{k}\right]$$

$$=\frac{\partial}{\partial x}\left[\left(\frac{\partial}{\partial y}F_3-\frac{\partial}{\partial z}F_2\right)-\frac{\partial}{\partial y}\left[\left(\frac{\partial}{\partial x}F_3-\frac{\partial}{\partial z}F_1\right)\right]\right.$$

$$+\frac{\partial}{\partial z}\left[\left(\frac{\partial}{\partial x}F_2-\frac{\partial}{\partial y}F_1\right)\right]$$

$$=\frac{\partial^2}{\partial x\partial y}F_3-\frac{\partial^2}{\partial x\partial z}F_2-\frac{\partial^2}{\partial y\partial x}F_3+\frac{\partial^2}{\partial y\partial z}F_1+\frac{\partial^2}{\partial z\partial x}F_2$$

$$-\frac{\partial^2}{\partial z\partial y}F_1=0$$

*

我們在之前的例題應用了微積分之若 $f(x, y)$ 之二階偏導函數均為連續，即 $f(x, y)\in C^2$，則 $\frac{\partial^2 f}{\partial x\partial y}=\frac{\partial^2 f}{\partial y\partial x}$。

習題 7.2

1. $F(x, y, z)=2x^2y+yz^2+3xz$，求 $\nabla F(-1, 2, 3)$

   Ans：$\boldsymbol{i}+11\boldsymbol{j}+3\boldsymbol{k}$

2. $F(x, y, z)=x+xy-y+z^2$，求 ∇F

   Ans：$(1+y)\boldsymbol{i}+(x-1)\boldsymbol{j}+2z\boldsymbol{k}$

3. 求 $F=x^2\boldsymbol{i}-2x^2y\boldsymbol{j}+2yz^4\boldsymbol{k}$ 在點 $(1, -1, 1)$ 上之散度 $\nabla\cdot F$ 及旋度 $\nabla\times F$

   Ans：-8；$2\boldsymbol{i}+4\boldsymbol{k}$

4. 求 $f(x, y)=x\sin yz$ 在點 $(1, 3, 0)$ 處沿 $\boldsymbol{i}+2\boldsymbol{j}-\boldsymbol{k}$ 之方向導數。

   Ans：$-\frac{\sqrt{6}}{2}$

5. 求 $f(x, y, z)=2x^2+3y^2+z^2$ 在 $(1, 2, 3)$ 處沿 $\boldsymbol{i}+2\boldsymbol{j}-3\boldsymbol{k}$ 方向導數

   Ans：$\frac{10}{\sqrt{14}}$

6. 求下列曲面在指定點之切面方程式

(1) $4x^2-9y^2-9z^2=36$，$P(3\sqrt{3},2,2)$

(2) $z^3+3xy-2y=0$，$P(1,7,2)$

Ans：(1) $2\sqrt{3}x-3y-3z=6$

(2)$21x+y+12z=52$

7. $\boldsymbol{R}=x\boldsymbol{i}+y\boldsymbol{j}+z\boldsymbol{k}$，$r=|\boldsymbol{R}|$，求$\nabla\times(r^2\boldsymbol{R})$

Ans：$\boldsymbol{0}$

8. 若 $\boldsymbol{R}=x\boldsymbol{i}+y\boldsymbol{j}+z\boldsymbol{k}$，$\boldsymbol{A}$ 為任意常數向量，試證$\nabla(\boldsymbol{A}\cdot\boldsymbol{R})=\boldsymbol{A}$

9. 試證$\nabla r^2=2\boldsymbol{R}$，$r=\sqrt{x^2+y^2+z^2}$，$\boldsymbol{R}=x\boldsymbol{i}+y\boldsymbol{j}+z\boldsymbol{k}$

7.3 線積分

線積分（line integral）是將單變數函數定積分作一般化。它有幾種不同之定義方式：

線積分第一種定義

C 爲一定義於二維空間之正方向（positively oriented）（即逆時針方向）之平滑曲線，曲線之參數方程式爲 $x=x(t)$，$y=y(t)$，$a\le t\le b$。如同單變數定積分，我們先將 C 切割許多小的弧形，設第 i 個弧長爲 Δs_i，因 Δx_i，Δy_i 很小

時，$\Delta s_i \approx \sqrt{\Delta x_i^2 + \Delta y_i^2}$ ．則 $\lim\limits_{|P|\to 0} \sum\limits_{i=1}^{n} f(\bar{x}_i, \bar{y}_i)\Delta s_i \triangleq \int_c f(x,y)\,ds$，$|P_i|$ 是曲線 C 上之第 i 個分割之長度，而 $|P|$ 為 $\max\{|P_1|, |P_2|, \cdots |P_n|\}$。透過中值定理可得 $\int_c f(x,y)\,ds = \int_a^b f(x(t), y(t))\sqrt{[x'(t)]^2+[y'(t)]^2}\,dt$。

上述結果可擴充至 3 維空間。

例 1 求 $\int_c \sqrt{y}\,ds$；c：$y = x^2$ 在 $(0, 0)$ 至 $(1, 1)$ 之弧

解 $\because y = x^2 \quad \therefore ds = \sqrt{1+(y')^2}dx = \sqrt{1+4x^2}$

$\therefore \int_c \sqrt{y}\,ds = \int_0^1 |x|\sqrt{(2x)^2+1}\,dx = \int_0^1 x\sqrt{4x^2+1}\,dx = \dfrac{5\sqrt{5}-1}{12}$

例 2 求 $\int_c \dfrac{\sqrt{x^2+y^2}}{(x-1)^2+y^2}ds$，$c$：$x^2 + y^2 = 2x$，$y \geq 0$

解 $\because y = \sqrt{2x-x^2}$，$y' = \dfrac{1-x}{\sqrt{2x-x^2}}$，

$\therefore ds = \sqrt{1+(y')^2}\,dx = \dfrac{dx}{\sqrt{2x-x^2}}$

$$\int_c \frac{\sqrt{x^2+y^2}}{(x-1)^2+y^2}ds = \int_0^2 \frac{\sqrt{2x}}{\sqrt{2x-x^2}}dx = \sqrt{2}\int_0^2 \frac{dx}{\sqrt{2-x}}$$

$$= \sqrt{2}(-2\sqrt{2-x})\Big]_0^2 = 4$$

★**例 3** 求 $\int_c (x^2+y^2)\,ds$，c：$x^2 + y^2 + z^2 = a^2$ 與 $x + y + z = 0$ 相交之圓

解 $\because$應用輪換對稱性，$\int_c x^2\,ds = \int_c y^2\,ds = \int_c z^2\,ds$ 我們有

$$\int_c (x^2+y^2)\,ds = \frac{2}{3}\int_c (x^2+y^2+z^2)\,ds = \frac{2a^2}{3}\int_c ds = \frac{2}{3}a^2 \cdot (2\pi a)$$

$$= \frac{4}{3}a^3\pi$$

線積分第二種定義

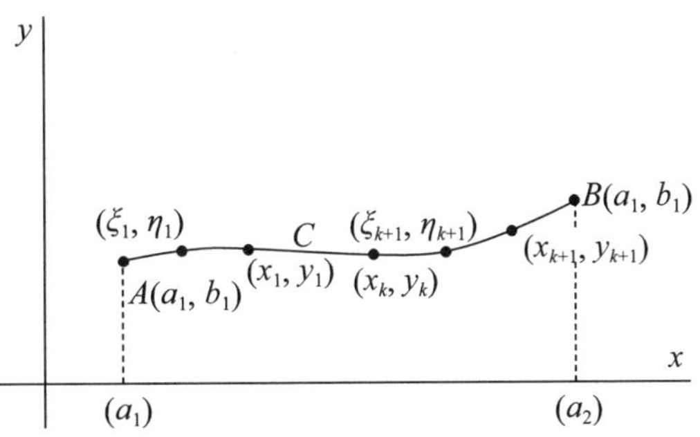

設 C 爲 xy 平面內連接點 $A(a_1, b_1)$ 與 $B(a_2, b_2)$ 點的曲線。(x_1, y_1), (x_2, y_2),$\cdots$, (x_{n-1}, y_{n-1}) 將 C 分成 n 部分，令 $\Delta x_k = x_k - x_{k-1}$, $\Delta y_k = y_k - y_{k-1}$, $k = 1, 2 \cdots, n$, 且 $(a_1, b_1) = (x_0, y_0)$, $(a_2, b_2) = (x_n, y_n)$，若點 (ξ_k, η_k) 是 C 上介於 (x_{k-1}, y_{k-1}) 與 (x_k, y_k) 之點，則

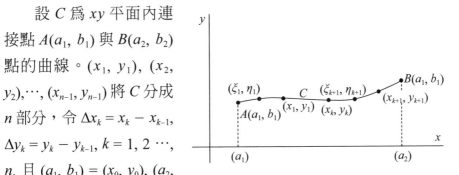

$$\sum_{k=1}^{n} \{P(\xi_k, \eta_k)\Delta x_k + Q(\xi_k, \eta_k)\Delta y_k\}$$

當 $n\to\infty$ 時，Δx_k，$\Delta y_k \to 0$，若此極限存在，便稱爲沿 C 的線積分，以

$$\int_C P(x, y)dx + Q(x, y)dy \quad \text{或} \quad \int_{(a_1, b_1)}^{(a_2, b_2)} P dx + Q dy$$

表之。P 與 Q 在 C 上所有點是連續或分段連續，極限便存在。

同樣地，可把三維空間內沿曲線 C 的線積分定義爲

$$\lim_{n\to\infty} \sum_{k=1}^{n} \{A_1(\xi_k, \eta_k, \zeta_k)\Delta x_k + A_2(\xi_k, \eta_k, \zeta_k)\Delta y_k + A_3(\xi_k, \eta_k, \zeta_k)\Delta z_k\}$$
$$= \int_C A_1 dx + A_2 dy + A_3 dz$$

A_1，A_2，A_3 是 x，y，z 的函數。

線積分性質

(1) $\int_c P(x,y)dx+Q(x,y)dy=\int_c P(x,y)dx+\int_c Q(x,y)dy$

(2) 若 C 表示曲線沿某個方向延伸，則 $-C$ 表示沿反方向沿伸，

$$\int_{-c} P(x,y)dx+Q(x,y)dy=-\int_c P(x,y)dx+Q(x,y)dy$$

或 $\int_{(a_1,b_1)}^{(a_2,b_2)} P(x,y)dx+Q(x,y)dy=-\int_{(a_2,b_2)}^{(a_1,b_1)} P(x,y)dx+Q(x,y)dy$

(3) 若 C 分成 $C_1, C_2\cdots C_n$（n 為有限）n 個分段平滑（piecewise smooth）曲線，則 $\int_c=\int_{c_1}+\int_{c_2}+\cdots+\int_{c_n}$

例 4 求下列條件之 $\int_c ydx-xdy$

(a) $x=t$，$y=2t$，$0\le t\le 1$

(b) C：$(0,0)$ 至 $(1,2)$，沿 $y^2=4x$

(c) C：$x^2+y^2=4$ 上，$(0,2)$ 至 $(2,0)$ 之圓弧

解 (a) $\int_c ydx-xdy=\int_c ydx-\int_c xdy=\int_0^1(2t)dt-\int_0^1 td(2t)$

$$=2\int_0^1 tdt-2\int_0^1 tdt=0$$

(b) 設 $x=t$ 則 $y=2\sqrt{t}$，$0\le t\le 1$

$\therefore \int_c ydx-xdy=\int_0^1 2\sqrt{t}dt-\int_0^1 td(2\sqrt{t})$

$$=\frac{4}{3}-\frac{2}{3}t^{\frac{3}{2}}\Big]_0^1=\frac{2}{3}$$

(c) 取 $x=2\cos t$，$y=2\sin t$，$0\le t\le\frac{\pi}{2}$，t：$0\rightarrow\frac{\pi}{2}$

$$\therefore \int_c ydx - xdy = \int_c ydx - \int_c xdy = \int_0^{\frac{\pi}{2}} (2\sin t)d(2\cos t) - \int_0^{\frac{\pi}{2}} (2\cos t)d(2\sin t) = -\int_0^{\frac{\pi}{2}} 4\sin^2 tdt - \int_0^{\frac{\pi}{2}} 4\cos^2 tdt$$

$$= -\int_0^{\frac{\pi}{2}} (4\sin^2 t + 4\cos^2 t)dt = -\int_0^{\frac{\pi}{2}} 4dt = -2\pi$$

在例 5，6，7 都要用到直線參數方程式，在此作扼要的復習：

(1) 平面直線參數方程式：自 (a_0, b_0) 至 (a_1, b_1) 之直線參數方程式為 $\dfrac{x-a_0}{a_1-a_0}=\dfrac{y-b_0}{b_1-b_0}=t$，$1 \ge t \ge 0$

即 $\begin{cases} x = a_0 + (a_1 - a_0)t \\ y = b_0 + (b_1 - b_0)t \end{cases}$，$1 \ge t \ge 0$

若 $b_1 = b_0$ 則 $\dfrac{x-a_0}{a_1-a_0}=\dfrac{y-b_0}{0}=t$

即 $\begin{cases} x = a_0 + (a_1 - a_0)t \\ y = b_0 \end{cases}$，$1 \ge t \ge 0$

(2) 空間直線參數方程式：自 (a_0, b_0, c_0) 至 (a_1, b_1, c_1) 之直線參數方程式為：$\dfrac{x-a_0}{a_1-a_0}=\dfrac{y-b_0}{b_1-b_0}=\dfrac{z-c_0}{c_1-c_0}=t$

即 $\begin{cases} x = a_0 + (a_1 - a_0)t \\ y = b_0 + (b_1 - b_0)t \\ z = c_0 + (c_1 - c_0)t \end{cases}$，$1 \ge t \ge 0$

若分母為 0 時作法：如 (1)$b_1 = b_0$，$\dfrac{x-a_0}{a_1-a_0}=\dfrac{y-b_0}{0}=\dfrac{z-c_0}{c_1-c_0}=t$

$\begin{cases} x = a_0 + (a_1 - a_0)t \\ y = b_0 \\ z = c_0 + (c_1 - c_0)t \end{cases}$，$1 \ge t \ge 0$

例 5　求 $\oint_c ydx - xdy$，c 之路徑如下：

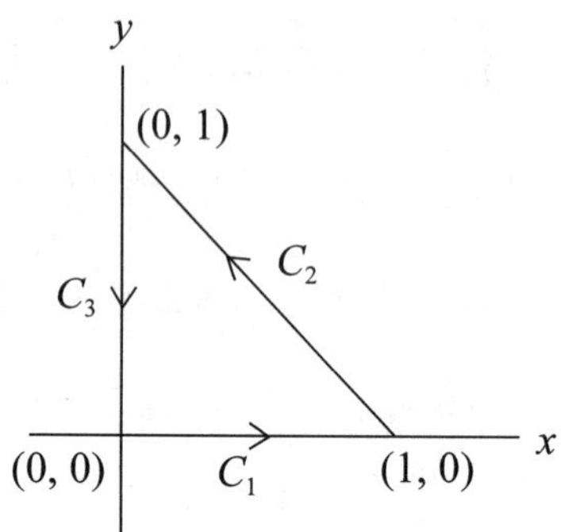

解　(1) C_1：$x = t$，$y = 0$，$0 \leq t \leq 1$（在 C_1：$dy = 0$）

$\therefore \int_{C_1} ydx - xdy = \int_{C_1} ydx - \int_{C_1} xdy = 0$

(2) C_2：$x = 1 - t$，$y = t$，$0 \leq t \leq 1$

$$\therefore \int_{C_2} ydx - xdy = \int_{C_2} ydx - \int_{C_2} xdy$$
$$= \int_0^1 td(1-t) - \int_0^1 (1-t)dt = -1$$

(3) C_3：$x = 0$，$y = t$，$0 \leq t \leq 1$

$\int_{C_3} ydx - xdy = 0$

$$\therefore \oint_C ydx - xdy = \int_{C_1} ydx - xdy + \int_{C_2} ydx - xdy + \int_{C_3} ydx - xdy = -1$$

例 6　若 C：(0, 0, 0) → (1, 1, 0) → (1, 1, 1) → (0, 0, 0) 之路徑（為一三維空間上之三角形）求 $\oint_c xydx + yzdy + xzdz$

解　C_1：(0, 0, 0) → (1, 1, 0)：$x = t$，$y = t$，$z = 0$，$0 \leq t \leq 1$

$$\therefore \int_{C_1} xy\,dx + yz\,dy + xz\,dz$$
$$= \int_0^1 t \cdot t\,dt = \frac{1}{3}$$

C_2：$(1, 1, 0) \to (1, 1, 1)$：$x = 1$，$y = 1$，$z = t$，$0 \le t \le 1$

$$\therefore \int_{C_2} xy \underbrace{dx}_{=0} + yz \underbrace{dy}_{=0} + xzdz = \int_0^1 1t\,dt = \frac{1}{2}$$

C_3：$(1, 1, 1) \to (0, 0, 0)$：$x = 1 - t$，$y = 1 - t$，$z = 1 - t$，$1 \geqslant t \geqslant 0$

$$\int_c xydx = \int_0^1 (1-t)(1-t)d(1-t) = -\int_0^1 (1-t)^2 dt = \frac{1}{3}(1-t)^3\Big]_0^1 = -\frac{1}{3}$$

$$\therefore \int_{C_3} xydx + yzdy + xzdz = 3\left(-\frac{1}{3}\right) = -1$$

$$\int_C xydx + yzdy + xzdz = \int_{C_1} + \int_{C_2} + \int_{C_3} = \frac{1}{3} + \frac{1}{2} - 1 = -\frac{1}{6}$$

例 7 根據下圖求 $\oint_C ydx - xdy$

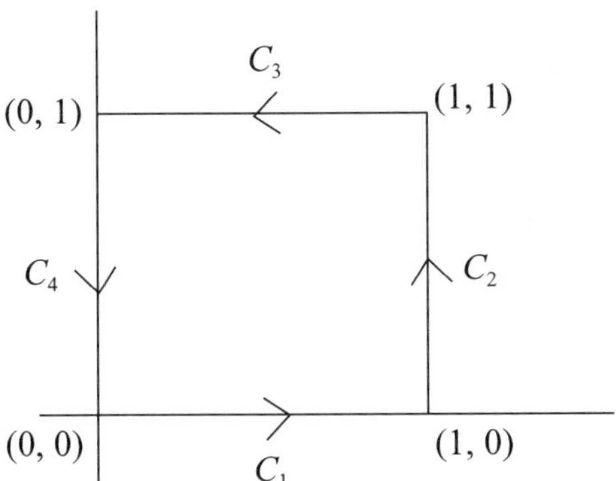

解 $\int_C ydx - xdy = \int_{C_1} ydx - xdy + \int_{C_2} ydx - xdy + \cdots + \int_{C_4} ydx - xdy$

(1) C_1：$x = t$，$y = 0$，$1 \geqslant t \geqslant 0$，

$$\therefore \int_{C_1} ydx - xdy = 0$$

(2) C_2：$x = 1$，$y = \text{t}$，$1 \ge t \ge 0$，

$$\therefore \int_{C_2} ydx - xdy = \int_0^1 -1dt = -t]_0^1 = -1$$

同法可得

(3) $\int_{C_3} ydx - xdy = -1$（見之下練習）

(4) $\int_{C_4} ydx - xdy = 0$（見之下練習）

$$\therefore \oint_C ydx - xdy = \int_{C_1} ydx - xdy + \int_{C_2} ydx - xdy \cdots + \int_{C_4} ydx - xa$$
$$= 0 + (-1) + (-1) + 0 = -2$$

練習

驗證例 7 之 $\int_{C_3} ydx - xdy = -1$，$\int_{C_4} ydx - xdy = 0$

線積分之向量形式

設路徑 C 之參數方程式爲 $x = x(t)$，$y = y(t)$，$z = z(t)$，$a \le t \le b$，$\boldsymbol{r}(t) = x(t)\,\boldsymbol{i} + y(t)\,\boldsymbol{j} + z(t)\boldsymbol{k}$，則

$d\boldsymbol{r} = dx\boldsymbol{i} + dy\boldsymbol{j} + dz\boldsymbol{k}$，若 $\boldsymbol{F} = P(x, y, z)\,\boldsymbol{i} + Q(x, y, z)\,\boldsymbol{j} + R(x, y, z)\,\boldsymbol{k}$，則

$$\boldsymbol{F} \cdot d\boldsymbol{r} = (P\boldsymbol{i} + Q\boldsymbol{j} + R\boldsymbol{k}) \cdot (dx\boldsymbol{i} + dy\boldsymbol{j} + dz\boldsymbol{k}) = Pdx + Qdy + Rdz$$

$$\int_c \boldsymbol{F} \cdot d\boldsymbol{r} = \int_c dx + Qdy + Rdz$$

例 8 若 $\boldsymbol{F}(x, y) = x^2y\boldsymbol{i} + \boldsymbol{j}$，$C$：$r(t) = e^t\boldsymbol{i} + e^{-t}\boldsymbol{j}$，$0 \le t \le 1$，求 $\int_c \boldsymbol{F} \cdot d\boldsymbol{r}$。

解 $\int_c \boldsymbol{F} \cdot d\boldsymbol{r} = \int_0^1 \left(\boldsymbol{F}(x(t), y(t)) \cdot \frac{d\boldsymbol{r}}{dt}\right) dt$

$$= \int_0^1 [e^{2t} \cdot e^{-t}, 1] \cdot [e^t, -e^{-t}]dt$$

$$= \int_0^1 (e^{2t} - e^{-t})dt = \frac{1}{2}e^{2t} + e^{-t}\Big]_0^1 = \frac{1}{2}e^2 + e^{-1} - \frac{3}{2}$$

例 9 若 $\boldsymbol{F}(x, y) = x^2\boldsymbol{i} + xy\boldsymbol{j}$，$C$：$r(t) = 2\cos t\boldsymbol{i} + 2\sin t\boldsymbol{j}$，$0 \le t \le \pi/2$，求 $\int_c \boldsymbol{F} \cdot d\boldsymbol{r}$。

解 $$\int_c F \cdot dr = \int_0^{\frac{\pi}{2}} \left(\boldsymbol{F}(x(t), y(t)) \cdot \frac{d\boldsymbol{r}}{dt}\right)dt$$

$$= \int_0^{\frac{\pi}{2}} \{[4\cos^2 t, 4\cos t \sin t] \cdot [-2\sin t, 2\cos t]\}dt$$

$$= \int_0^{\frac{\pi}{2}} (-8\cos^2 t \sin t + 8\cos t \sin t \cos t)dt = \int_0^{\frac{\pi}{2}} 0dt = 0$$

本節所述之方法可擴張到三維之情況。

例 10 求 $\int_c \boldsymbol{F} \cdot d\boldsymbol{r}$，$\boldsymbol{F} = (3x^2 - 6y)\boldsymbol{i} - 14yz\boldsymbol{j} + 20xz^2\boldsymbol{k}$；$c$：$x = t$，$y = t^2$，$z = t^3$，$(0, 0, 0) \to (1, 1, 1)$

解 $$\int_c \boldsymbol{F} \cdot d\boldsymbol{r} = \int_c [3x^2 - 6y, -14yz, 20xz^2] \cdot [dx, dy, dz]$$

$$= \int_c (3x^2 - 6y)dx - 14yzdy + 20xz^2dz$$

$$= \int_0^1 (3t^2 - 6t^2)dt - 14t^2 \cdot t^3(2tdt) + 20t\,(t^3)^2(3t^2dt)$$

$$= \int_0^1 (-3t^2 - 28t^6 + 60t^9)dt = -t^3 - 4t^7 + 6t^{10}\Big|_0^1 = 1$$

練習

求 $\int_c \boldsymbol{F} \cdot d\boldsymbol{r}$，$\boldsymbol{F} = y^2\boldsymbol{i} - x^4\boldsymbol{j}$，$c$：$t\boldsymbol{i} + \frac{1}{t}\boldsymbol{j}$，$1 \le t \le 3$　　Ans：$\frac{28}{3}$

我們習慣上用積分符號 $\oint_c$ 來特別表示 c 為封閉曲線。

例 11 求線積分 $\oint_c (x^2+y^3)ds$，c：$x^2+y^2=R^2$

解 c 具有對稱性且 $f(x)=x^2$ 爲偶函數，$h(x)=x^3$ 爲奇函數，對 x 軸爲對稱 $\therefore \oint_c y^3 ds=0$

又 $\oint_c x^2 ds=\oint_c y^2 ds=\frac{1}{2}\oint_c (x^2+y^2)ds=\frac{R^2}{2}\oint_c ds=\frac{R^2}{2}\cdot 2\pi R=\pi R^3$

$\therefore \oint_c (x^2+y^3)ds=\pi R^3$

例 11 說明了在求線積分時常可用對稱性來簡化計算，因此在應用對稱性時自然要注意到函數之奇偶性和 x, y 之輪換對稱性。

例 12 求 $\oint_c (x^2+y^4\sin x)ds$，$c$：$x^2+y^2=r^2$

解 $\oint_c (x^2+y^4\sin x)ds=\oint_c x^2 ds+\oint_c y^2\sin x ds=\oint_c x^2 ds$，但 $\oint_c x^2 ds=\oint_c y^2 ds$

$\therefore \oint_c x^2 ds=\frac{1}{2}\oint_c (x^2+y^2)ds=\frac{9}{2}\oint_c ds=\frac{9}{2}\cdot 2\pi r=9\pi r$

線積分之物理意義

在物理上，線積分可解釋爲力場 F 沿曲線路徑 C 對質點運動所做的功（work）：

設 $R(x, y, z)$ 爲 C 之任一位置向量，T 爲曲線上之單位切線向量，

$F(x, y, z) = M(x, y, z)\boldsymbol{i} + N(x, y, z)\boldsymbol{j} + P(x, y, z)\boldsymbol{k}$。

我們定義一個粒子沿曲線 C 在 a 到 b 間移動所作之功為

$$W = \int_c F \cdot T\,ds$$

但 $T = \frac{dr}{dt} \cdot \frac{dt}{ds}$

$$\therefore W = \int_c F \cdot T\,ds = \int_c F \cdot \frac{dr}{dt}dt = \int_c F \cdot dr$$

線積分在求面積上之應用

定理 D c 為簡單封閉曲線，s 為 c 所圍成之區域，則區域 s 之面積 $A(s)$ 為

$$A(s) = \frac{1}{2}\oint_c xdy - ydx$$

證明 $\begin{vmatrix} \frac{\partial}{\partial x} & \frac{\partial}{\partial y} \\ -y & x \end{vmatrix} = 2$

$$\oint_c xdy - ydx = \iint_s dA = 2A$$

$$\therefore \frac{1}{2}\oint_c xdy - ydx = A$$ ■

例 13 求 $x^2 + y^2 = b^2$，$b > 0$ 之面積

解 取 $x = b\cos\theta$，$y = b\sin\theta$，$2\pi \geq \theta \geq 0$

$$則 A(s)=\frac{1}{2}\int_c xdy-ydx$$

$$=\frac{1}{2}\int_0^{\frac{\pi}{2}} b\cos\theta\,(b\cos\theta)d\theta-\ (b\sin\theta)(-b\sin\theta)d\theta$$

$$=\frac{1}{2}\int_0^{\frac{\pi}{2}} b^2(\cos^2\theta+\sin^2\theta)d\theta=\frac{1}{2}2\pi\cdot b^2=\pi b^2$$

習題 7.3

1. C：$x^2+y^2=1$，從 $(1,0)$ 至 $(0,1)$，求 $\int_c xydx+\ (x^2+y^2)dy$

   Ans：$\frac{2}{3}$

2. $\int_c 2xy\,dx+\ (x^2+y^2)\,dy$，$c$：$x=\cos t$，$y=\sin t$，$0\le t\le\frac{\pi}{2}$

   Ans：$\frac{1}{3}$

3. 若 $F=yz\boldsymbol{i}+xz\boldsymbol{j}+xy\boldsymbol{k}$，$\boldsymbol{r}(t)=t\boldsymbol{i}+t^2\boldsymbol{j}+t^3\boldsymbol{k}$，$2\ge t\ge 0$，求 $\int_c F\cdot dr$

   Ans：32

4. $A=(3x^2+6y)\boldsymbol{i}-14yz\boldsymbol{j}+20xz^2\boldsymbol{k}$，$\boldsymbol{r}=x\boldsymbol{i}+y\boldsymbol{j}+z\boldsymbol{k}$ 求 $\int_c A\cdot dr$，起點 $(0,0,0)$，終點 $(1,1,1)$，c：$x=t$，$y=t^2$，$z=t^3$

   Ans：5

5. 若 $\begin{cases}x=t\\ y=t^2+1\end{cases}$，$c$ 為由 $(0,1)$ 到 $(1,2)$ 之有向曲線，求 $\int_c (x^2-y)dx+(y^2+x)dy$

   Ans：2

6. 求 $\int_{(1,1)}^{(2,2)}\left(e^x\ln y-\frac{e^y}{x}\right)dx+\left(\frac{e^x}{y}-e^y\ln x\right)dy$

Ans：0

7. 求 $\int_c (x^2+y^2+z^2)ds$，c：$x=\cos t$，$y=\sin t$，$z=t$，從 0 到 2π 之弧

Ans：$2\sqrt{2}\left(1+\frac{4}{3}\pi^2\right)\pi$

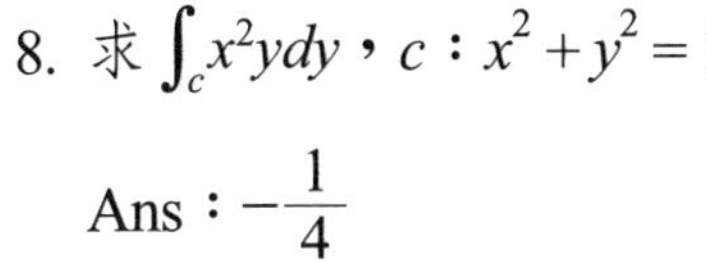

8. 求 $\int_c x^2ydy$，c：$x^2+y^2=1$

Ans：$-\frac{1}{4}$

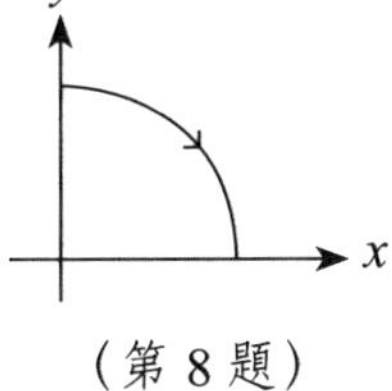

（第 8 題）

9. 求 $\int_c F \cdot dr$，$\boldsymbol{F}=2xy\boldsymbol{i}+zy\boldsymbol{j}-e^z k$，$c$：拋物面 $y=x^2$，$z=0$ 在 xy 平面由 (0, 0, 0) 到 (2, 4, 0) 之弧線。

Ans：8

10. 求證 $\frac{x^2}{a^2}+\frac{y^2}{b^2}=1$, $a, b>0$ 圍成區域之面積為 πab

11. 若 c 為點 (x_1, y_1) 到點 (x_2, y_2) 之線段，試證 $\int_c xdy-ydx=\begin{vmatrix} x_1 & x_2 \\ y_1 & y_2 \end{vmatrix}$

7.4 平面上的格林定理

平面上的格林定理

格林定理（Green theorem）主要用作求算具有某種性質之封閉

曲線 c 之線積分。

定義 平面曲線 $r = r(t)$，$a \le t \le b$，若 r 之兩個端點間不相交者稱爲簡單曲線，如果一簡單曲線圍成一封閉之平面區域，則此平面稱爲**簡單連通區域**（simply-connected regions）。

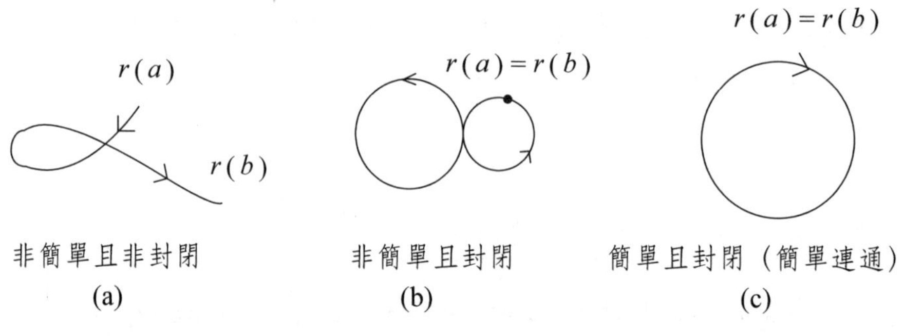

非簡單且非封閉 (a)　　非簡單且封閉 (b)　　簡單且封閉（簡單連通）(c)

定理 A Green 定理：

R 爲簡單連通區域，其邊界 c 爲以逆時針方向通過之簡單封閉分段之平滑曲線，P，Q 爲包含 R 之某開區間內之一階偏導函數均爲連續，則

$$\oint_c (Pdx + Qdy) = \iint_R \left(\frac{\partial Q}{\partial x} - \frac{\partial P}{\partial y}\right) dx\, dy$$

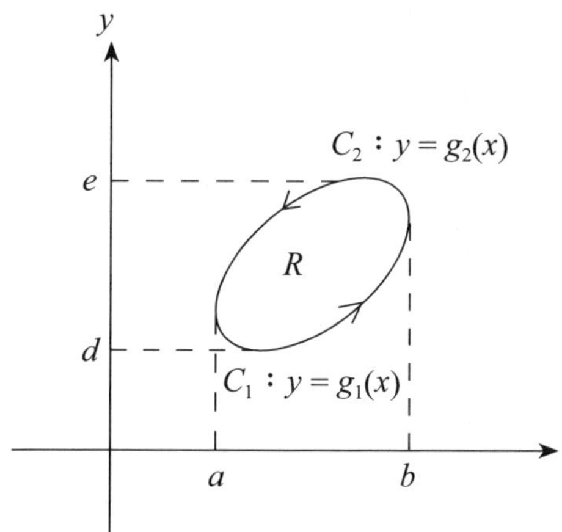

證明 我們只需證明：

(1) $\int_c P(x,y)\,dx = -\iint_R \frac{\partial P}{\partial y}\,dx\,dy$ 及

(2) $\int_c Q(x,y)\,dy = \iint_R \frac{\partial Q}{\partial x}\,dx\,dy$ ：

(1) $\because \iint_R \frac{\partial P}{\partial y}\,dx\,dy - \int_a^b \left[\int_{g_1(x)}^{g_2(x)} \frac{\partial P}{\partial y}\,dy\right] dx$

$= -\int_a^b \left[P(x,y)\Big|_{g_1(x)}^{g_2(x)}\right] dx = -\int_a^b [P(x,g_2(x)) - P(x,g_1(x))]dx$

$= \int_a^b [P(x,g_1(x)) - P(x,g_2(x))]dx$

$= \int_a^b P(x,g_1(x))dx - \int_a^b P(x,g_2(x))dx$

$= \int_{c_1} P(x,y)dx - \int_{c_2} P(x,y)dx$

$= \int_{c_1} P(x,y)dx + \int_{-c_2} P(x,y)dx = \int_c P(x,y)dx$

同法

$$\iint_R \frac{\partial Q}{\partial x}dx\,dy = \int_d^e \left[\int_{v_1(y)}^{v_2(y)} \frac{\partial}{\partial x} Q\,dx\right] dy$$
$$= \int_d^e \left[Q(x,y)\Big|_{v_1(y)}^{v_2(y)}\right] dy$$
$$= \int_d^e Q\,(v_2\,(y), y) - Q\,(v_1\,(y), y)\,dy$$
$$= \int_d^e Q\,(v_2\,(y), y)dy - \int_d^e Q\,(v_1\,(y), y)\,dy$$
$$= \int_{c_2} Q\,(x, y)\,dy - \int_{c_1} Q\,(x, y)\,dy$$
$$= \int_c Q\,(x, y)\,dy$$

故

$$\int_c (Pdx + Qdy) = \iint_R \left(\frac{\partial Q}{\partial x} - \frac{\partial P}{\partial y}\right) dx\,dy$$ ■

或 $\iint_R \begin{vmatrix} \frac{\partial}{\partial x} & \frac{\partial}{\partial y} \\ P & Q \end{vmatrix} dx\,dy$ 便於記憶。

例 1 求 $\oint_c (2y - e^{\cos x})\,dx + (3x + e^{\sin y})\,dy$，$c：x^2 + y^2 = 4$

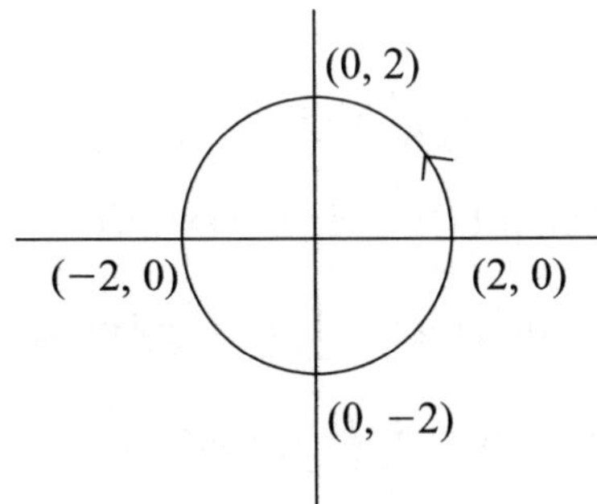

解 $\because \begin{vmatrix} \frac{\partial}{\partial x} & \frac{\partial}{\partial y} \\ 2y - e^{\cos x} & 3x + e^{\sin y} \end{vmatrix} = 3 - 2 = 1$

$$\therefore \oint_c (2y - e^{\cos x})dx + (3x + e^{\sin y})dy = \iint_{x^2+y^2 \le 4} dx\,dy = \iint_{x^2+y^2 \le 4} dx\,dy$$

$$= (x^2 + y^2 = 4\text{圍成之面積}) = 4\pi$$

例 2 求 $\oint_c x^2dx + xydy$，c：由 $(1, 0)$，$(0, 0)$，$(0, 1)$ 所圍成之三角形區域

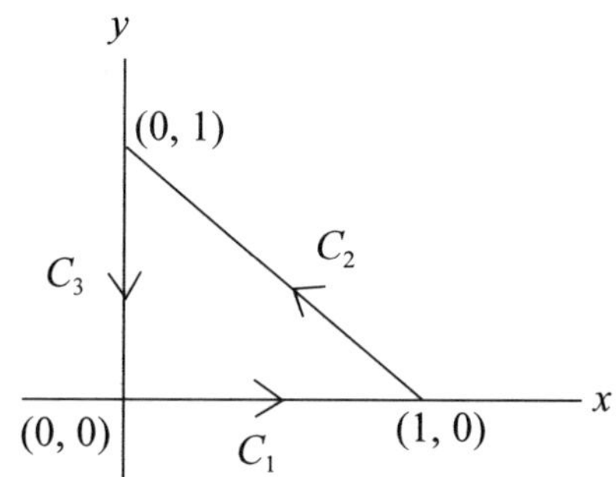

解 $\begin{cases} P = x^2 \\ Q = xy \end{cases}$，$\begin{vmatrix} \dfrac{\partial}{\partial x} & \dfrac{\partial}{\partial y} \\ x^2 & xy \end{vmatrix} = y$

$$\therefore \oint_c x^2dx + xy\,dy = \int_0^1 \int_0^{1-x} y\,dy\,dx$$

$$= \int_0^1 \frac{(1-x)^2}{2}dx = \frac{-1}{6}(1-x)^3\Big]_0^1 = \frac{1}{6}$$

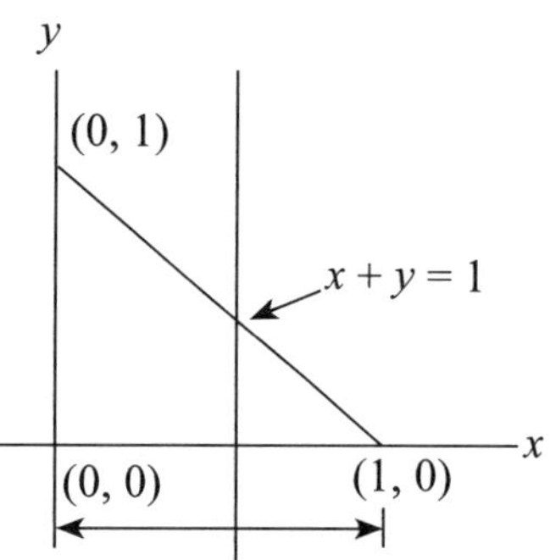

例 3 求 $\oint_c (2xy + x^2)dx + (x^2 + x + y)dy$，$c$ 爲 $y = x^2$ 與 $y = x$ 所圍成之區域。

解 $P = 2xy + x^2$，$Q = x^2 + x + y$

$$\begin{vmatrix} \dfrac{\partial}{\partial x} & \dfrac{\partial}{\partial y} \\ 2xy+x^2 & x^2+x+y \end{vmatrix} = 1$$

$\therefore \oint_c (2xy+x^2)dx + (x^2+x+y)dy$

$= \int_0^1 \int_{x^2}^{x} 1 dy\, dx$

$= \int_0^1 (x-x^2)dx = \dfrac{1}{6}$

$y=x^2$

$y=x$

$(1, 0)$

練習

求 $\oint_c ydx + xdy \quad c：\dfrac{x^2}{16}+\dfrac{y^2}{9}=1$ Ans：0

路徑無關

c 爲連結兩端點 (x_0, y_0)、(x_1, y_1) 之分段平滑曲線，若 $\int_c P(x, y) dx + Q(x, y)dy$ 不會因路徑 c 而不同而有不同之結果，則稱此線積分爲路徑無關（independent of path）。

定理 B c 爲區域 R 中之路徑，則線積分 $\int_c P(x, y)dx + Q(x, y)dy$ 路徑 c 獨立（即無關）之充要條件爲 $\dfrac{\partial P}{\partial y} = \dfrac{\partial Q}{\partial x}$（假定 $\dfrac{\partial P}{\partial y}$，$\dfrac{\partial Q}{\partial x}$ 爲連續）

即 $\begin{vmatrix} \dfrac{\partial}{\partial x} & \dfrac{\partial}{\partial y} \\ P & Q \end{vmatrix} = 0$

一階微分方程式 $Pdx+Qdy=0$ 爲正合之充要條件爲 $\frac{\partial P}{\partial y}=\frac{\partial Q}{\partial x}$，若滿足此條件，我們便可找到一個函數 ϕ，使得 $Pdx+Qdy=d\phi$，如此

$$\int_{(x_0,y_0)}^{(x_1,y_1)} Pdx+Qdy=\int_{(x_0,y_0)}^{(x_1,y_1)} d\phi=\phi\Big|_{(x_0,y_0)}^{(x_1,y_1)}=\phi\,(x_1,y_1)-\phi\,(x_0,y_0)$$

若 c 爲封閉曲線，上式之 $x_0=x_1$，$y_0=y_1$ 則 $\oint_c Pdx+Qdy=0$，如推論 B1。

推論 B1　c 爲封閉曲線且 $\int_c Pdx+Qdy$ 爲路徑無關，則 $\oint_c Pdx+Qdy=0$

推論 B2　c 爲封閉曲線則 $\int_c Pdx+Qdy+Rdz$ 爲路徑無關之充要條件爲：

$\frac{\partial P}{\partial y}=\frac{\partial Q}{\partial x}$，$\frac{\partial P}{\partial z}=\frac{\partial R}{\partial x}$ 與 $\frac{\partial Q}{\partial z}=\frac{\partial R}{\partial y}$

且 $\int_c Pdx+Qdy+Rdz$ 爲路徑無關，則 $\oint_c Pdx+Qdy+Rdz=0$

例 4　求 $\int_c 2xydx+x^2dy$，c 爲連結 $(-1, 1)$，$(0, 2)$ 之曲線。

解　$\int_c 2xydx+x^2dy$ 中 $\begin{vmatrix}\frac{\partial}{\partial x} & \frac{\partial}{\partial y}\\ 2xy & x^2\end{vmatrix}=0$

$\therefore$ 我們可找到一個函數 ϕ，$\phi=x^2y$，使得

$$\int_c 2xydx + x^2dy = x^2y\Big|_{(-1,1)}^{(0,2)} = -1$$

例 5 承例 4，求 $\oint_c 2xydx + x^2dy$，c：$x^2 + y^2 = 4$。

解 $\because \oint_c 2xy\,dx + x^2dy$ 為路徑無關又 c 為一封閉曲線

$\therefore$ 由推論 B1 得 $\oint_c 2xy\,dx + x^2dy = 0$

例 6 求 $\int_c 2xy^2z\,dx + 2x^2yx\,dy + x^2y^2dz \quad c$：$(0, 0, 0) \to (a, b, c)$

解 $\int_c 2xy^2z\,dx + 2x^2yx\,dy + x^2y^2dz$

$= x^2y^2z\Big]_{0,\,0,\,0}^{(a,\,b,\,c)} = a^2b^2c$

練習

求 $\int_c yzdx + xzdy + xydz$，$c$：$(0, 0, 0) \to (a, b, c)$

Ans：abc

例 7 是一個精彩的例子，它能帶給我們若干啟發。

例 7 用 Green 定理求

$\int_c (x^2 - 2y)dx + (3x + ye^y)dy$，

c：$x + 2y = 2$ 由 $(2, 0)$ 至 $(0, 1)$ 之線段，$\widehat{BC}$ 為 $x = -\sqrt{1 - y^2}$ 由 $(0, 1)$ 至 $(-1, 0)$ 之弧。

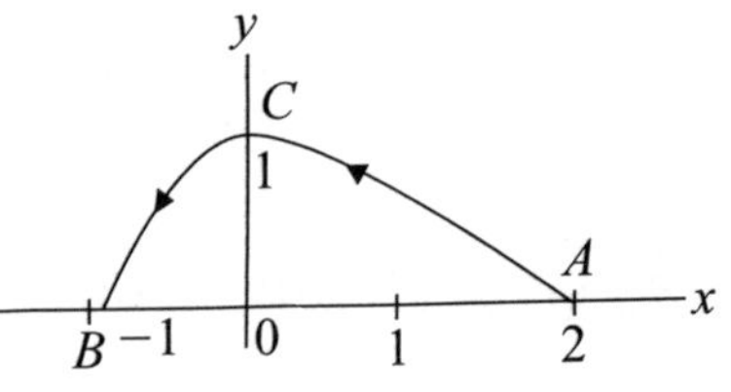

解 C 不是封閉曲線，為了要應用 Green 定理，因此，我們需補加 $\overline{BA}$ 以使新的路徑 Γ 為封閉，即 $\Gamma = c + \overline{BA}$

$$\int_c (x^2-2y)\,dx+(3x+ye^y)dy=(\oint_\Gamma-\int_{\overline{AB}})(x^2-2y)\,dx+(3x+ye^y)dy:$$

① $\oint_\Gamma (x^2-2y)\,dx+(3x+ye^y)dy \xlongequal{\text{Green 定理}} \iint_0 5dxdy=5(\text{D 之面積})=5\left(\frac{\pi}{4}+1\right)$

② $\int_{\overline{AB}} (x^2-2y)dx+(3x+ye^y)dy=\int_{-1}^{2} x^2dx=3$

$$\therefore \int_c (x^2-2y)\,dx+(3x+ye^y)dy=(\oint_\Gamma-\int_{\overline{AB}})(x^2+2y)\,dx+(3x+ye^y)dy$$
$$=\frac{5\pi}{4}+2$$

例 8 求 $\oint_c \frac{-ydx+xdy}{x^2+y^2}$，$C$ 為封閉平滑曲線，如下圖：

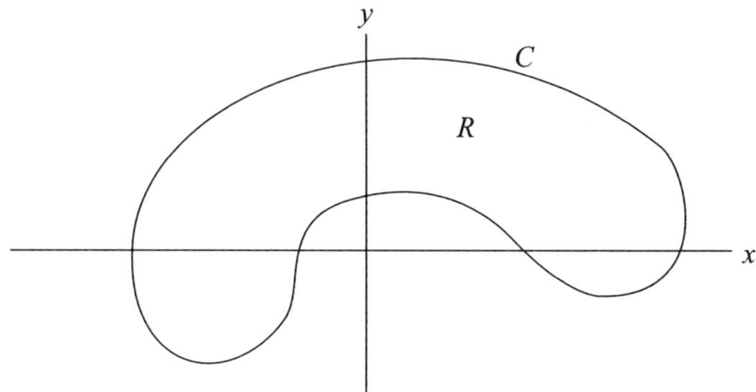

解 因 (0, 0) 不在 C 圍成之封閉區域 R 內，故：

$$\begin{vmatrix}\frac{\partial}{\partial x} & \frac{\partial}{\partial y}\\ \frac{-y}{x^2+y^2} & \frac{x}{x^2+y^2}\end{vmatrix}=\frac{y^2-x^2}{x^2+y^2}+\frac{x^2-y^2}{x^2+y^2}=0$$

$$\therefore \oint_c \frac{-ydx+xdy}{x^2+y^2}=\iint_R 0\,dA=0$$

例 8 之封閉曲線 C 圍成區域若包含 (0, 0)，造成 $f(x, y)$ 在 (0, 0) 處不連續，則不可用 Green 定理。

$\oint_c pdx+Qdy$ 之 $\frac{\partial P}{\partial y}$ 與 $\frac{\partial Q}{\partial x}$ 含不連續點

因爲 **Green** 定理之先提條件為 $\frac{\partial P}{\partial y}$，$\frac{\partial Q}{\partial x}$ 在封閉曲線 c 內為連續，若 $\frac{\partial P}{\partial y}$，$\frac{\partial Q}{\partial x}$ 在 c 內有不連續點時，我們便不能應用 **Green** 定理。但我們可以根據定理 **C** 在 c 內建立一個適當的封閉區域 c_1 以使 $\frac{\partial P}{\partial y}$，$\frac{\partial Q}{\partial x}$ 為連續。

定理 C 若 $f(z)$ 在兩個簡單封閉區域 C 與 C_1（C_1 在 C 區域內）所夾之區域內爲可解析則 $\oint_c f(z)dz=\oint_{c_1} f(z)dz$

例 9 求 $\oint_c \frac{xdy-ydx}{x^2+y^2}$，$c：x^2+2y^2\le 1$

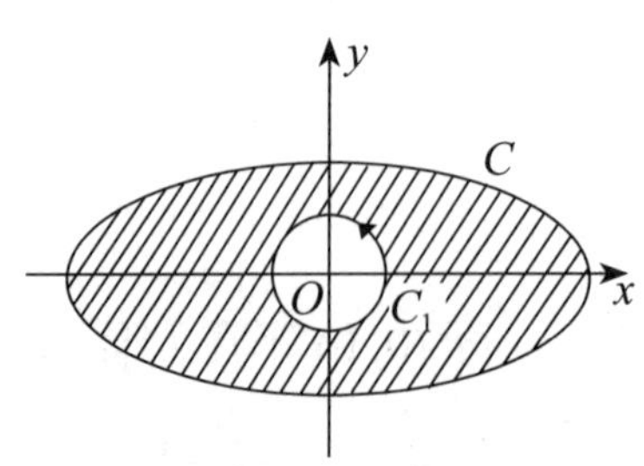

解 $\because$ $\frac{\partial P}{\partial y}=\frac{\partial Q}{\partial x}=\frac{y^2-x^2}{(x^2+,y^2)^2}$ 在 (0, 0) 爲不連續，所以不能直接引用 Green 定理，但我們可在 $x^2+2y^2\le 1$ 內建立一個很小的圓形區域 $c_1：x^2+y^2=\varepsilon^2$，$c_1$ 爲逆時針方向，則可以將 x^2+y^2 用 ε^2 代換消去此不連續點：

$$\oint_{c_1}\frac{xdy}{x^2+y^2}-\frac{ydx}{x^2+y^2}=\oint_{c_1}\frac{xdy}{\varepsilon^2}-\frac{ydx}{\varepsilon^2}=\frac{1}{\varepsilon_2}\underbrace{\oint_{c_1}xdy-ydx}_{2\text{ 倍 }c_1\text{之面積}}$$

$$=\frac{2}{\varepsilon^2}(\pi\varepsilon^2)=2\pi$$

例 10 求 $\oint_\Gamma \frac{ydx-(x-1)dy}{(x-1)^2+y^2}$，試依下列路徑分別求解：(1)$\Gamma_1$：$x^2+y^2-2y=0$ 之逆時針方向；(2) Γ_2：$(x-1)^2+\frac{y^2}{4}=1$ 之逆時針方向。

解 (1) $\frac{\partial P}{\partial y}=\frac{\partial Q}{\partial x}=\frac{(x-1)^2-y^2}{[(x-1)^2+y^2]^2}$

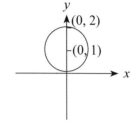

$\because \frac{\partial P}{\partial y}$，$\frac{\partial Q}{\partial x}$在 Γ_1 內爲連續

$\therefore$由 Green 定理

$$\oint_{\Gamma_1} \frac{ydx-(x-1)dy}{(x-1)^2+y^2}=\iint_{x^2+(y-1)^2\le 1}\left(\frac{\partial Q}{\partial x}-\frac{\partial P}{\partial y}\right)dxdy=0$$

(2) $\because \Gamma_2$：$(x-1)^2+\frac{y^2}{4}\le 1$ 包含了 (1, 0)，即 $\frac{\partial P}{\partial y}$，$\frac{\partial Q}{\partial x}$ 在 Γ_2 內有不連續點 (1, 0)，故不能直接引用 Green 定理，因此我們在 Γ_2 內建立一個小圓 $(x-1)^2+y^2=\varepsilon^2$，$\varepsilon$ 爲任意小之數。則

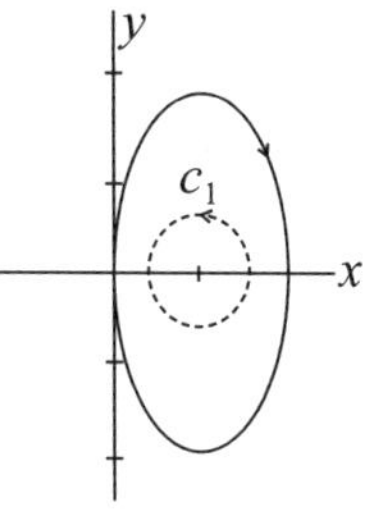

$$\oint_c \frac{ydx-(x-1)dy}{(x-1)^2+y^2}=\oint_{c_1}\frac{ydx-(x-1)dy}{\varepsilon^2}\overset{\text{Green 定理}}{=\!=\!=}$$

$$\frac{1}{\varepsilon^2}\oint_{c_1}\left(\frac{\partial Q}{\partial x}-\frac{\partial P}{\partial y}\right)dxdy=\frac{1}{\varepsilon^2}\oint_{c_1}(-2)dxdy=-\frac{2}{\varepsilon^2}(\pi\varepsilon^2)$$

$$=-2\pi$$

練習

求 $\oint_c \frac{ydx-xdy}{x^2+y^2}$，$c$：$\frac{x^2}{4}+\frac{y^2}{9}=1$，逆時針方向

Ans：-2π（提示：取 $x^2+y^2=\varepsilon^2$）

保守與勢能函數

勢能（potential energy）也稱位能，它是物體在保守力場中作「功」能力的物理量。保守力作功與路徑無關，故可定義一個只與位置有關的函數，這個函數就是勢能函數（potentical function）。

因 $\int_c P(x, y)\,dx + Q(x, y)dy + R(x, y)dz = \int (P(x, y)\,\boldsymbol{i} + Q(x, y)\boldsymbol{j} + R(x, y)\boldsymbol{k}) \cdot (dx\boldsymbol{i} + dy\boldsymbol{j} + dz\boldsymbol{k})$ 所以 $\int_c P(x, y)\,dx + Q(x, y)dy + R(x, y)dz$ 常以向量表示爲$\int_c \boldsymbol{F} \cdot d\boldsymbol{r}$，在物理上此線積分表示物體沿曲線上作功之總和，若$\nabla \times \boldsymbol{F} = \boldsymbol{0}$（三維）或$\frac{\partial P}{\partial y} = \frac{\partial Q}{\partial x}$（二維），則稱 $\boldsymbol{F}$ 在該區域爲保守（conservative），$\boldsymbol{F}$ 爲保守時，有勢能函數 ϕ，滿足 $Pdx + Qdy = d\phi$，$\boldsymbol{F}$ 不爲保守便無勢能函數。

例 11 若 $\boldsymbol{F}(x, y) = 2xy\boldsymbol{i} + x^2\boldsymbol{j}$ 是否爲保守？若是，求其勢能函數。

解 $P = 2xy$，$\frac{\partial P}{\partial y} = 2x \quad Q = x^2$，$\frac{\partial Q}{\partial x} = 2x$

(1) $\because \frac{\partial P}{\partial y} = \frac{\partial Q}{\partial x} \therefore F$ 爲保守

(2) 由觀察法可知勢能函數 $\phi = x^2y + c$

習題 7.4

1. 求 $\oint_c (6xy^2 - y^3)dx + (6x^2y - 3xy^2)dy$，$c : x^{\frac{2}{3}} + y^{\frac{2}{3}} = a^{\frac{2}{3}}$

   Ans：0

2. 求 $\oint_c y\tan^2 x\,dx+\tan x\,dy$，$c$：$(x+2)^2+(y-1)^2=4$

Ans：4π

3. 求 $\oint_c \dfrac{-y\,dx+x\,dy}{x^2+y^2}$，$c$：$(0,1)(0,2)(1,1)(1,2)$ 圍成之正方形。

Ans：0

4. 求 $\oint_c (xy-x^2)\,dx+x^2y\,dy$，$c$：由 $y=0$，$x=1$，$y=x$ 所圍成之三角形。

Ans：$\dfrac{-1}{12}$

5. 求 $\oint_c (x^3-x^2y)dx+xy^2dy$，$c=x^2+y^2=1$ 與 $x^2+y^2=9$ 所圍區域之邊界。

Ans：40π

6. $\oint_c (x^2y\cos x+2xy\sin x-y^2e^x)dx+4$

$(x^2\sin x-2ye^x)dy$，c：$x^{\frac{2}{3}}+y^{\frac{2}{3}}=a^{\frac{2}{3}}$

Ans：0

7. 根據下圖求 $\oint_c xy\,dx+x\,dy$

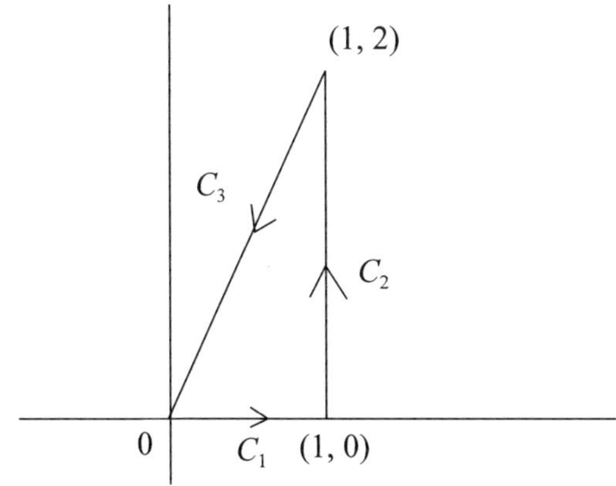

Ans：$\dfrac{1}{3}$

8. 求 $\oint_c ydx - xdy$

(1)

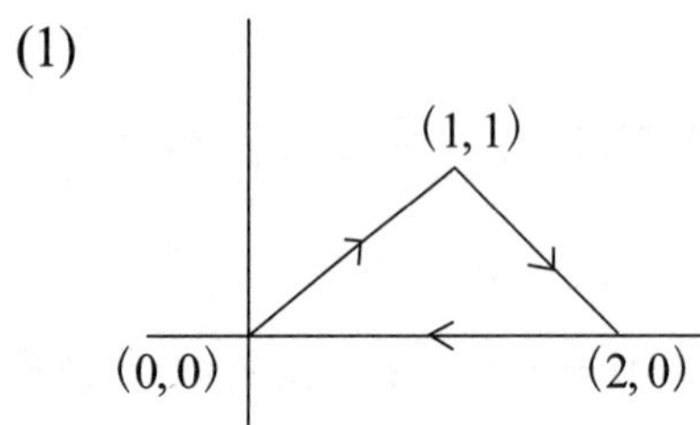

(2)

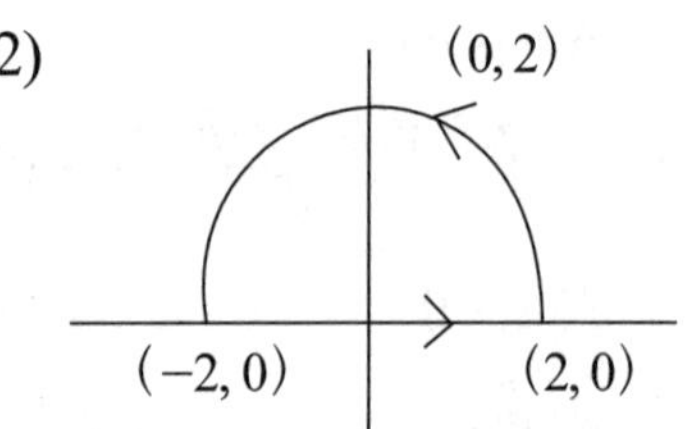

Ans：(1)2　(2)-4π

9. 求 (1) $\oint_c xe^{x^2+y^2}dx + ye^{x^2+y^2}dy$，$c$：$x^2+y^2=4$

(2) $\oint_c e^x \sin y dx + e^x \cos y dy$，$c$：$x^2+y^2=4$

Ans：(1) 0　(2) 0

10. $\boldsymbol{F} = y\boldsymbol{i} + 2x\boldsymbol{j}$，求 $\oint_c \boldsymbol{F} \cdot d\boldsymbol{r}$

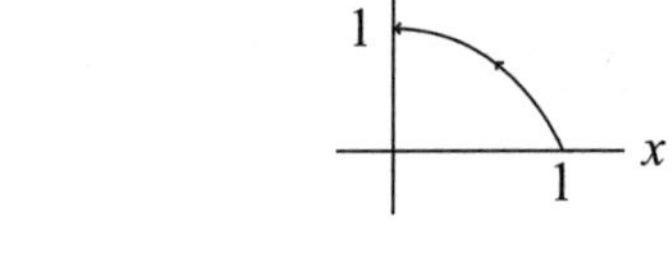

Ans：$\dfrac{\pi}{4}$

11. 求 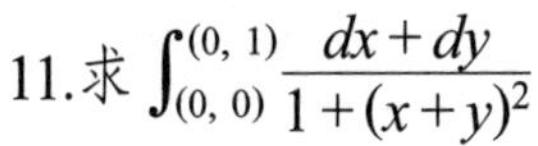 $\displaystyle\int_{(0,\,0)}^{(0,\,1)} \frac{dx+dy}{1+(x+y)^2}$

Ans：$\tan^{-1}2$

12. 試依下列路程分別求 $\oint_c \dfrac{xdy - ydx}{x^2+y^2}$

(1) c：$\dfrac{(x-2)^2}{2} + \dfrac{y^2}{3} = 1$，逆時針方向

(2) c：$\dfrac{x^2}{2} + \dfrac{y^2}{3} = 1$，逆時針方向

Ans：(1) 0　(2) 2π

13. 求 $\displaystyle\int_{(1,\,0)}^{(2,\,\pi)} (y - e^x \cos y)dx + (x + e^x \sin y)dy$

Ans：$2\pi + e^2 + e$

7.5 面積分

面積分（surface integrals）與線積分類似，只不過面積分是在曲面而非曲線上積分。

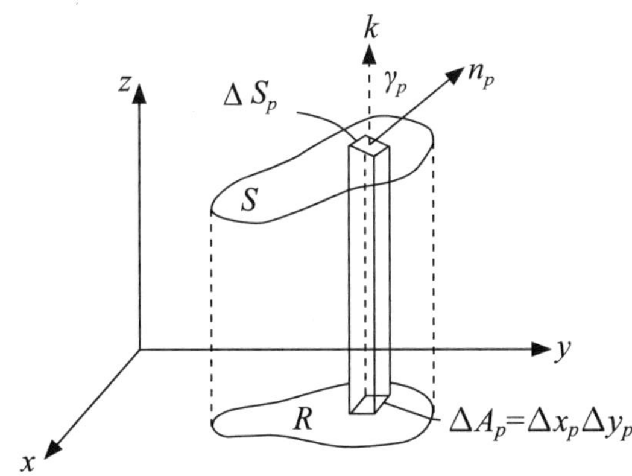

曲線 S 之方程式爲 $z = f(x, y)$，設 $f(x, y)$ 在 R 內之投影爲連續，將 R 分成 n 個子區域，令第 p 個子區域之面積爲 ΔA_p，$p = 1, 2 \cdots n$，想像在第 p 個子區域作一垂直柱與曲面 S 相交，令相交曲區域之面積爲 ΔS_p。

設 ΔS_p 之一點 $(a_p,\ b_p,\ c_p)$ 均爲單值且連續，當 $n \to \infty$ 時 $\Delta S_p \to 0$，可定義 $\phi(x, y, z)$ 在 S 內之面積分爲

$$\iint_s \phi\,(x, y, z)ds \approx \lim_{n\to\infty} \sum_{p=1}^{n} \phi\,(a_p, b_p, c_p)\Delta S_p$$

（這個定義是不是和我們單變數定積分定義很像？）

我們很難應用定義去解面積分問題，因此必須再引介下列結果：

(1) S 曲面投影到 xy 平面：

若 S 之法線與 xy 平面之夾角為 γ_p，則 $\Delta S_p = |\sec \gamma_p|\, \Delta A_p$

而這個 $|\sec \gamma_p|$ 相當於重積分裡的 Jacobian，

$$而\ |\sec \gamma_p| = \sqrt{F_x^2 + F_y^2 + F_z^2} \,/\, |F_z| = \sqrt{\left(\frac{\partial z}{\partial x}\right)^2 + \left(\frac{\partial z}{\partial y}\right)^2 + 1}$$

$$從而\ \Delta S_p = |\sec \gamma_p| \Delta A_p = \sqrt{\left(\frac{\partial z}{\partial x}\right)^2 + \left(\frac{\partial z}{\partial y}\right)^2 + 1}\ \Delta A_p$$

同樣地：

(2) S 平面投影到 xz 平面：

$$\Delta S_p = \sqrt{\left(\frac{\partial z}{\partial x}\right)^2 + \left(\frac{\partial z}{\partial y}\right)^2 + 1}\,\Delta A_p$$

(3) S 平面投影到 yz 平面：

$$\Delta S_p = \sqrt{\left(\frac{\partial x}{\partial y}\right)^2 + \left(\frac{\partial x}{\partial z}\right)^2 + 1}\,\Delta A_p$$

我們便可用上式計算面積分

例 1 求 $\iint_{\Sigma} xyz\, ds$，Σ 為 $2x + 3y + z = 6$ 在第一象限之部分，我們將依 Σ 在 (a) xy 平面 (b) xz 平面 之投影用二重積分表示面積分，不必計算出結果。

解 (a) Σ 在 xy 平面之投影：

$\because z = 6 - 2x - 3y$

$\therefore R$ 為（取 $z = 0$）$2x + 3y = 6$，$x = 0$，$y = 0$ 圍成之區域

$$\iint_{\Sigma} xyz\, ds = \iint_{R} xy(6-2x-3y)\sqrt{1+\left(\frac{\partial z}{\partial x}\right)^2+\left(\frac{\partial z}{\partial y}\right)^2}\, dx\, dy$$

$$= \iint_{R} xy(6-2x-3y)\sqrt{1+(-2)^2+(-3)^2}\, dx\, dy$$

$$= \sqrt{14}\int_0^3 \int_0^{2-\frac{2}{3}x} xy(6-2x-3y)\, dx\, dy$$

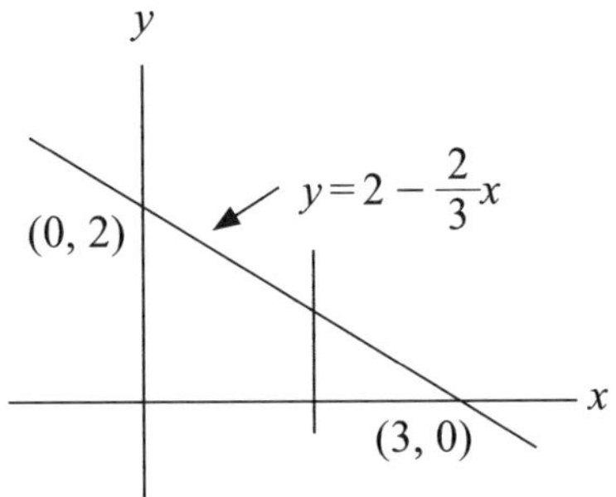

(b) Σ在 xz 平面之投影：

$\because y=\frac{1}{3}(6-2x-z)$

$\therefore R$ 為（取 $y=0$）$2x+z=6$，$x=0$，$z=0$ 圍成

$$\iint_{\Sigma} xyz\, ds = \iint_{R} xz\left(\frac{6-2x-z}{3}\right)\sqrt{1+\left(\frac{\partial y}{\partial x}\right)^2+\left(\frac{\partial y}{\partial z}\right)^2}\, dxdz$$

$$\iint_{R} xz\left(\frac{6-2x-z}{3}\right)\sqrt{1+\left(-\frac{2}{3}\right)^2+\left(-\frac{1}{3}\right)^2}$$

$$= \frac{\sqrt{14}}{3}\iint_{R} xz(6-2x-z)\, dx\, dz$$

$$= \frac{\sqrt{14}}{3}\int_0^3 \int_0^{6-2x} xz(6-2x-z)\, dz\, dx$$

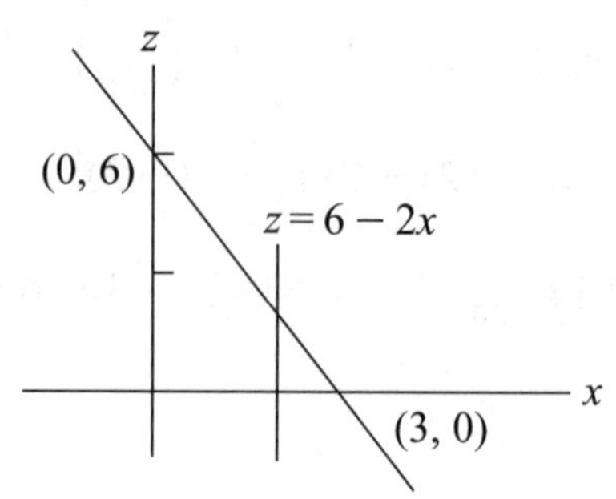

例 2 求 $\iint_{\Sigma} z ds$，Σ 為 $x+y+z=1$ 在第一象限之部分。

解 Σ 方程式為 $z=1-x-y$，其在 xy 平面區域 R 作投影，故可令 $z=0$

得 $x+y=1$。

$\therefore R$ 為 $x+y=1$，$x=0$，$y=0$ 所圍成區域

$$\iint_{\Sigma} z ds=\iint_{R}(1-x-y)\sqrt{\left(\frac{\partial z}{\partial x}\right)^2+\left(\frac{\partial z}{\partial y}\right)^2+1}\,dx\,dy$$

$$=\sqrt{3}\iint_{R}(1-x-y)\,dx\,dy$$

$$=\sqrt{3}\int_0^1\int_0^{1-x}(1-x-y)\,dy\,dx$$

$$=\frac{-\sqrt{3}}{6}$$

y
(0, 1)
y = 1 − x
x
(1, 0)

例 3 求 $\iint_{\Sigma} z^2 ds$，Σ 為錐體 $z=\sqrt{x^2+y^2}$ 在 $z=1$，$z=2$ 所夾之部分。

解 $z=\sqrt{x^2+y^2}$

$$\therefore \frac{\partial z}{\partial x}=\frac{x}{\sqrt{x^2+y^2}}，\frac{\partial z}{\partial y}=\frac{y}{\sqrt{x^2+y^2}}$$

$$\iint_{\Sigma} z^2 ds = \iint_{R} \cdot (\sqrt{x^2+y^2})^2 \sqrt{\left(\frac{\partial z}{\partial x}\right)^2+\left(\frac{\partial z}{\partial y}\right)^2+1}\,dx\,dy$$

$$= \iint_{R} \sqrt{2}(\sqrt{x^2+y^2})^2 dx\,dy \qquad (1)$$

取 $x=r\cos\theta$，$y=r\sin\theta$，$0\le\theta\le 2\pi$，$1\le r\le 2$

$$|J| = \begin{vmatrix} \frac{\partial x}{\partial r} & \frac{\partial x}{\partial \theta} \\ \frac{\partial y}{\partial r} & \frac{\partial y}{\partial \theta} \end{vmatrix}_+ = \begin{vmatrix} \cos\theta & -r\sin\theta \\ \sin\theta & r\cos\theta \end{vmatrix}_+ = r$$

$$\therefore (1) = \sqrt{2}\int_0^{2\pi}\int_1^2 r\cdot r^2\,dr\,d\theta$$

$$= \sqrt{2}\int_0^{2\pi}\frac{r^4}{4}\Big]_1^2 d\theta = \sqrt{2}\cdot\frac{15}{4}\cdot 2\pi = \frac{15}{\sqrt{2}}\pi$$

習題 7.5

1. $\iint_{\Sigma} xy\,ds$，Σ為錐體 $z^2=x^2+y^2$ 在 $z=1$ 至 $y=4$ 間之部分

   Ans：0

2. $\iint_{\Sigma} y^2 ds$，s：$z=x$ 平面，$0\le y\le 4$，$0\le x\le 2$。

   Ans：$\frac{128\sqrt{2}}{3}$

3. $\iint_{\Sigma} ds$，Σ：$x^2+y^2+z^2=9$，在 xy 平面。

   Ans：18π

4. $\iint_{\Sigma} (x^2+y^2)z\,ds$，Σ：$x^2+y^2+z^2=4$，在平面 $z=1$ 上方部分。

   Ans：9π

5. $\iint_{\Sigma} xzds$，Σ：$x+y+z=1$，在第一象限部分

Ans：$\frac{\sqrt{3}}{24}$

6. $\iint_{\Sigma} x^2z^2ds$：錐體 $z=\sqrt{x^2+y^2}$ 在 $z=1$ 與 $z=2$ 之部分

Ans：$\frac{21}{\sqrt{2}}\pi$

7. $\iint_{\Sigma} ds$，Σ 為 $x^2+y^2+z^2=a^2$ 之上半球

Ans：$2\pi a^2$

7.6 散度定理與Stokes定理

曲面上之單位法向量

曲面 σ 在 $P(x, y, z)$ 上有一非零之法向量，則它在點 $P(x, y, z)$ 上恰有 2 個方向相反之單位法向量（如右圖）$\boldsymbol{n}$ 與 $-\boldsymbol{n}$，往上之單位法向量稱為向上單位法向量（upward unit normal），往下之單位法向量則稱向下單位法向量（downward unit normal）。

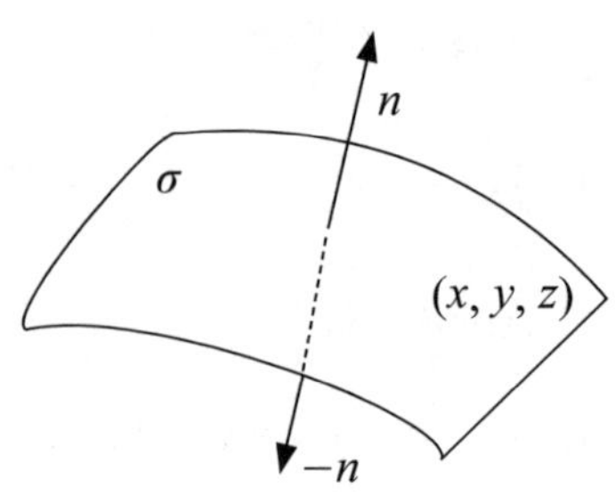

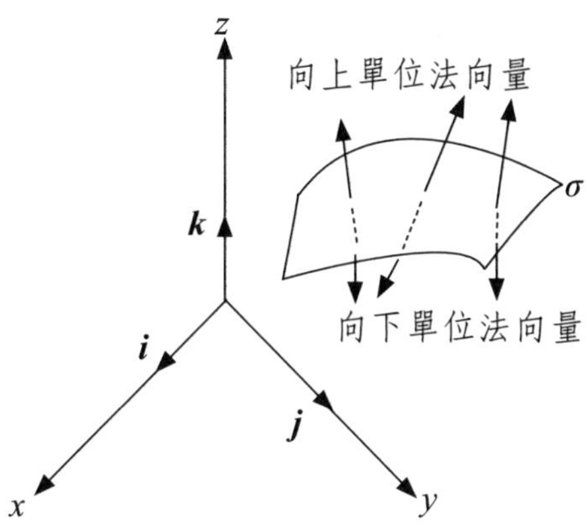

例 1 （論例）曲面方程式 $z = z(x, y)$ 之單位法向量

解 $z = z(x, y)$，取 $G(x, y, z) = z - z(x, y)$

則 $$\frac{\nabla G}{|\nabla G|} = \frac{-\frac{\partial z}{\partial x}\boldsymbol{i} - \frac{\partial z}{\partial y}\boldsymbol{j} + \boldsymbol{k}}{\left|-\frac{\partial z}{\partial x}\boldsymbol{i} - \frac{\partial z}{\partial y}\boldsymbol{j} + \boldsymbol{k}\right|} = \frac{-\frac{\partial z}{\partial x}\boldsymbol{i} - \frac{\partial z}{\partial y}\boldsymbol{j} + \boldsymbol{k}}{\sqrt{\left(\frac{\partial z}{\partial x}\right)^2 + \left(\frac{\partial z}{\partial y}\right)^2 + 1}}$$

因 k 分量為正，故為向上單位法向量（見表），

又 $-\frac{\nabla G}{|\nabla G|} = \frac{\frac{\partial z}{\partial x}\boldsymbol{i} + \frac{\partial z}{\partial y}\boldsymbol{j} - \boldsymbol{k}}{\sqrt{\left(\frac{\partial z}{\partial x}\right)^2 + \left(\frac{\partial z}{\partial y}\right)^2 + 1}}$ 之 k 分量為負

$\therefore -\frac{\nabla G}{|\nabla G|}$ 為向下單位法向量。

∑方程式	向上單位法向量	向下單位法向量
$z=z(x,y)$	$\dfrac{-\dfrac{\partial z}{\partial x}\boldsymbol{i}-\dfrac{\partial z}{\partial y}\boldsymbol{j}+\boldsymbol{k}}{\sqrt{\left(\dfrac{\partial z}{\partial x}\right)^2+\left(\dfrac{\partial z}{\partial y}\right)^2+1}}$ (***k*** 分量為正)	$\dfrac{\dfrac{\partial z}{\partial x}\boldsymbol{i}+\dfrac{\partial z}{\partial y}\boldsymbol{j}-\boldsymbol{k}}{\sqrt{\left(\dfrac{\partial z}{\partial x}\right)^2+\left(\dfrac{\partial z}{\partial y}\right)^2+1}}$ (***k*** 分量為負)
$y=y(x,z)$	向右單位法向量 $\dfrac{-\dfrac{\partial y}{\partial x}\boldsymbol{i}+\boldsymbol{j}-\dfrac{\partial y}{\partial z}\boldsymbol{k}}{\sqrt{\left(\dfrac{\partial y}{\partial x}\right)^2+\left(\dfrac{\partial y}{\partial z}\right)^2+1}}$ (***j*** 分量為正)	向左單位法向量 $\dfrac{\dfrac{\partial y}{\partial x}\boldsymbol{i}-\boldsymbol{j}+\dfrac{\partial y}{\partial z}\boldsymbol{k}}{\sqrt{\left(\dfrac{\partial y}{\partial x}\right)^2+\left(\dfrac{\partial y}{\partial z}\right)^2+1}}$ (***j*** 分量為負)
$x=x(y,z)$	向前單位法向量 $\dfrac{\boldsymbol{i}-\dfrac{\partial x}{\partial y}\boldsymbol{j}-\dfrac{\partial x}{\partial z}\boldsymbol{k}}{\sqrt{\left(\dfrac{\partial x}{\partial y}\right)^2+\left(\dfrac{\partial x}{\partial z}\right)^2+1}}$ (***i*** 分量為正)	向後單位法向量 $\dfrac{-\boldsymbol{i}+\dfrac{\partial x}{\partial y}\boldsymbol{j}+\dfrac{\partial x}{\partial z}\boldsymbol{k}}{\sqrt{\left(\dfrac{\partial x}{\partial y}\right)^2+\left(\dfrac{\partial x}{\partial z}\right)^2+1}}$ (***i*** 分量為負)

(表 7.6-1)

例 2　求 $x+2y+z=4$ 上在點 (1, 1, 1) 之正單位法向量。

解　正單位法向量有三：

(a) 向上單位法向量：$z=z(x,y)=4-x-2y$，取 $G(x,y,z)=z-z(x,y)=z+x+2y-4$

$$\therefore \boldsymbol{n}=\left.\frac{\nabla G}{|\nabla G|}\right|_{(1,1,1)}=\frac{\boldsymbol{i}+2\boldsymbol{j}+\boldsymbol{k}}{\sqrt{1+4+1}}=\frac{1}{\sqrt{6}}(\boldsymbol{i}+2\boldsymbol{j}+\boldsymbol{k})$$

(b) 向右單位法向量：$y=y(x,z)=\frac{1}{2}(4-x-z)$，取 $G(x,y,z)=y-y(x,z)=y-2+\frac{x}{2}+\frac{z}{2}$

$$\therefore \boldsymbol{n}=\left.\frac{\nabla G}{|\nabla G|}\right|_{(1,1,1)}=\frac{\frac{\boldsymbol{i}}{2}+\boldsymbol{j}+\frac{1}{2}\boldsymbol{k}}{\sqrt{\frac{1}{4}+\frac{1}{4}+1}}=\frac{1}{\sqrt{6}}(\boldsymbol{i}+2\boldsymbol{j}+\boldsymbol{k})$$

(c) 向前單位法向量：$x=x(y,z)=4-2y-z$，取 $G(x,y,z)=x-x(y,z)=x+2y+z-4$

$$\therefore \boldsymbol{n}=\left.\frac{\nabla G}{|\nabla G|}\right|_{(1,1,1)}=\frac{\boldsymbol{i}+2\boldsymbol{j}+\boldsymbol{k}}{\sqrt{1+4+1}}=\frac{1}{\sqrt{6}}(\boldsymbol{i}+2\boldsymbol{j}+\boldsymbol{k})$$

讀者亦可直接應用表 7.6-1 之結果：以例 2(a) 向上單位法向量為例：$z=z(x,y)=4-x-2y$

$$\left.\frac{\nabla G}{|\nabla G|}\right|_{(1,1,1)}=\left.\frac{-\frac{\partial z}{\partial x}\boldsymbol{i}-\frac{\partial z}{\partial y}\boldsymbol{j}+\boldsymbol{k}}{\sqrt{\left(\frac{\partial z}{\partial x}\right)^2+\left(\frac{\partial z}{\partial y}\right)^2+1}}\right|_{(1,1,1)}=\frac{\boldsymbol{i}+2\boldsymbol{j}+\boldsymbol{k}}{\sqrt{1+4+1}}=\frac{1}{\sqrt{6}}(\boldsymbol{i}+2\boldsymbol{j}+\boldsymbol{k})$$

例 3 若 $\boldsymbol{F}(x, y, z) = x\boldsymbol{i} + y\boldsymbol{j} + 2z\boldsymbol{k}$，$\Sigma$：$z = 1 - x^2 - y^2$ 在 xy 平面，$\boldsymbol{n}$ 爲 Σ 平面之向上單位法向量，求 $\oiint_{\Sigma} \boldsymbol{F} \cdot \boldsymbol{n}\, ds$。

解 先求向上單位法向量 n：

$$\boldsymbol{n} = \frac{-\dfrac{\partial z}{\partial x}\boldsymbol{i} - \dfrac{\partial z}{\partial y}\boldsymbol{j} + \boldsymbol{k}}{\sqrt{1 + \left(\dfrac{\partial z}{\partial x}\right)^2 + \left(\dfrac{\partial z}{\partial y}\right)^2}} = \frac{2x\boldsymbol{i} + 2y\boldsymbol{j} + \boldsymbol{k}}{\sqrt{1 + 4x^2 + 4y^2}}$$

$$\therefore\ \boldsymbol{F} \cdot \boldsymbol{n} = (x\boldsymbol{i} + y\boldsymbol{j} + 2z\boldsymbol{k}) \cdot \frac{2x\boldsymbol{i} + 2y\boldsymbol{j} + \boldsymbol{k}}{\sqrt{1 + 4x^2 + 4y^2}}$$

$$= \frac{2x^2 + 2y^2 + 2z}{\sqrt{1 + 4x^2 + 4y^2}}$$

$$\oiint_{\Sigma} \boldsymbol{F} \cdot \boldsymbol{n}\, ds = \iint_R \frac{2x^2 + 2y^2 + 2z}{\sqrt{1 + 4x^2 + 4y^2}} \cdot \sqrt{1 + 4x^2 + 4y^2}\, dx\, dy$$

$$= \iint_R 2x^2 + 2y^2 + 2(1 - x^2 - y^2)\, dx\, dy$$

$$= 2\iint_R dx\, dy = 2\pi \quad (R \text{ 爲 } x^2 + y^2 = 1 \text{ 圍成之區域})$$

例 3 之 Σ 平面之向上單位法向量 n 亦可用下法得之：

$$G(x, y, z) = z - z(x, y) = z - (1 - x^2 - y^2) = x^2 + y^2 + z - 1$$

$$\therefore\ \boldsymbol{n} = \frac{\nabla G}{|\nabla G|} = \frac{2x\boldsymbol{i} + 2y\boldsymbol{j} + \boldsymbol{k}}{\sqrt{4x^2 + 4y^2 + 1}}$$

例 4 若 $\boldsymbol{F}(x, y, z) = (x + y)\boldsymbol{i} + (y + z)\boldsymbol{j} + (x + z)\boldsymbol{k}$，$\Sigma$：$x + y + z = 2$，$n$ 爲Σ平面之向上正單位法向量，求 $\oiint_{\Sigma} \boldsymbol{F} \cdot \boldsymbol{n}\, ds$。

解 先求向上單位法向量 $\boldsymbol{n}$：$z = 2 - x - y$

$$\boldsymbol{n}=\frac{-\left(\frac{\partial z}{\partial x}\right)\boldsymbol{i}-\left(\frac{\partial z}{\partial y}\right)\boldsymbol{j}+\boldsymbol{k}}{\sqrt{1+\left(\frac{\partial z}{\partial x}\right)^2+\left(\frac{\partial z}{\partial y}\right)^2}}=\frac{\boldsymbol{i}+\boldsymbol{j}+\boldsymbol{k}}{\sqrt{3}}$$

$$\therefore \boldsymbol{F}\cdot\boldsymbol{n}=((x+y)\boldsymbol{i}+(y+z)\boldsymbol{j}+(x+z)\boldsymbol{k})\cdot\left(\frac{\boldsymbol{i}+\boldsymbol{j}+\boldsymbol{k}}{\sqrt{3}}\right)$$

$$=\frac{2}{\sqrt{3}}(x+y+z)$$

$$\iint_{\Sigma}\boldsymbol{F}\cdot\boldsymbol{n}\,ds=\iint_{R}\frac{2(x+y+z)}{\sqrt{3}}\cdot\sqrt{3}\,dx\,dy$$

$$=2\iint_{R}(x+y+(2-x-y))\,dx\,dy$$

$$=4\iint_{R}dxdy$$，（R 為 $x+y=2$，$x=0$，$y=0$

所圍成之三角形區域）$=4R$ 之面積 $=4\cdot\left(\frac{2\cdot 2}{2}\right)=8$

如同重積分，面積分有時亦須考慮到對稱性，以簡化計算。

★ **例 5** 求 $\iint_{\Sigma}\boldsymbol{F}\cdot\boldsymbol{n}\,ds$，其中 $\boldsymbol{F}(x,y,z)=x\boldsymbol{i}+y\boldsymbol{j}+z\boldsymbol{k}$，$\Sigma$：$x^2+y^2+z^2=a^2$，$a>0$，而 $\boldsymbol{n}$ 為向外單位法向量。

解 Σ：$x^2+y^2+z^2=a^2$ 是一個球，它具有對稱性，因此，我們將 Σ 分成 Σ_1 與 Σ_2 二個部分：

Σ_1：$z=\sqrt{a^2-x^2-y^2}$；Σ_2：$-\sqrt{a^2-x^2-y^2}$

我們先求 $\iint_{\Sigma_1}\boldsymbol{F}\cdot\boldsymbol{n}ds$，然後利用對稱關係

$$\iint_{\Sigma}\boldsymbol{F}\cdot\boldsymbol{n}ds=2\iint_{\Sigma_1}\boldsymbol{F}\cdot\boldsymbol{n}ds$$

設 $\boldsymbol{n}_1$ 為 Σ_1 之向上單位法向量，則 $z=\sqrt{a^2-x^2-y^2}$

$$\boldsymbol{n}_1=\frac{-\left(\frac{\partial z}{\partial x}\right)\boldsymbol{i}-\left(\frac{\partial z}{\partial y}\right)\boldsymbol{j}+\boldsymbol{k}}{\sqrt{1+\left(\frac{\partial z}{\partial x}\right)^2+\left(\frac{\partial z}{\partial y}\right)^2}}$$

$$=\frac{-\frac{-x}{\sqrt{a^2-x^2-y^2}}\boldsymbol{i}-\frac{-y}{\sqrt{a^2-x^2-y^2}}\boldsymbol{j}+\boldsymbol{k}}{\sqrt{1+\left(\frac{-x}{\sqrt{a^2-x^2-y^2}}\right)^2+\left(\frac{-y}{\sqrt{a^2-x^2-y^2}}\right)^2}}$$

$$=\frac{x\boldsymbol{i}+y\boldsymbol{j}+\sqrt{a^2-x^2-y^2}\,\boldsymbol{k}}{a}=\frac{1}{a}(x\boldsymbol{i}+y\boldsymbol{j}+z\boldsymbol{k})$$

$$\boldsymbol{F}\cdot\boldsymbol{n}_1=(x\boldsymbol{i}+y\boldsymbol{j}+z\boldsymbol{k})\cdot\frac{1}{a}(x\boldsymbol{i}+y\boldsymbol{j}+z\boldsymbol{k})=a$$

$$\therefore\oiint_{\Sigma_1}\boldsymbol{F}\cdot\boldsymbol{n}_1\,ds=\iint_R a\sqrt{1+\left(\frac{\partial z}{\partial x}\right)^2+\left(\frac{\partial z}{\partial y}\right)^2}\,dxdy$$

$$=a^2\iint_R\left(\frac{1}{\sqrt{a^2-x^2-y^2}}\right)dxdy$$

取 $x=r\cos\theta$，$y=r\sin\theta$，$\pi\ge\theta\ge 0$，$a\ge r\ge 0$，$|J|=r$

則上式 $=a^2\int_0^\pi\int_0^a r/\sqrt{a^2-r^2}\,dr\,d\theta$

$$=a^2\cdot\int_0^\pi -2(a^2-r^2)^{\frac{1}{2}}\Big]_0^a d\theta$$

$$=2\pi a^3$$

同法

$$\iint_{\Sigma_2}\boldsymbol{F}\cdot\boldsymbol{n}_2\,ds=2\pi a^3$$

$$\therefore\oiint_{\Sigma}\boldsymbol{F}\cdot\boldsymbol{n}\,ds=\oiint_{\Sigma_1}\boldsymbol{F}\cdot\boldsymbol{n}_1\,ds+\oiint_{\Sigma_2}\boldsymbol{F}\cdot\boldsymbol{n}_2\,ds=4\pi a^3$$

定理 A 散度定理 divergence theorem：

設Σ是封閉之有界曲面，其包覆之立體體積爲 V，且 $\boldsymbol{n}$ 是Σ向外之單位法線向量。若 $\boldsymbol{F}=F_1\boldsymbol{i}+F_2\boldsymbol{j}+F_3\boldsymbol{k}$（$F_1$，$F_2$，$F_3$ 在曲線區域內有連續之一階偏導函數），則

$$\iiint_V \nabla\cdot F dV=\oiint_\Sigma \boldsymbol{F}\cdot\boldsymbol{n}ds，\boldsymbol{n}=\cos\alpha\mathrm{i}+\cos\beta\mathrm{j}+\cos\gamma\mathrm{k}$$

例 6 用散度定理求 $\oiint_\Sigma \boldsymbol{F}\cdot\boldsymbol{n}ds$，其中 $\Sigma：x^2+y^2+z^2=1$，$z\geq 0$，$F=x\boldsymbol{i}+y\boldsymbol{j}+z\boldsymbol{k}$。

解 G 爲 s 所圍成之球體

$$\nabla\cdot\boldsymbol{F}=\frac{\partial}{\partial x}x+\frac{\partial}{\partial y}y+\frac{\partial}{\partial z}z=3$$

則 $$\oiint_\Sigma \boldsymbol{F}\cdot\boldsymbol{n}ds=\iiint_V \nabla\cdot\boldsymbol{F}dV=\iiint_V 3dV$$

$$=3\text{ 倍 }V\text{ 之體積}=3\left(\frac{4}{3}\pi(1)^3\right)=4\pi$$

若不用散度定理則本例之解法：

先求 $\boldsymbol{n}$：　$z=\sqrt{1-x^2-y^2}$

$$\therefore \boldsymbol{n}=\frac{-\frac{\partial z}{\partial x}\boldsymbol{i}-\frac{\partial z}{\partial y}\boldsymbol{j}+\boldsymbol{k}}{\sqrt{1+\left(\frac{\partial z}{\partial x}\right)^2+\left(\frac{\partial z}{\partial y}\right)^2}}$$

$$=\frac{-\frac{-x}{\sqrt{1-x^2-y^2}}\boldsymbol{i}-\frac{-y}{\sqrt{1-x^2-y^2}}\boldsymbol{j}+\boldsymbol{k}}{\sqrt{1+\left(\frac{-x}{\sqrt{1-x^2-y^2}}\right)^2+\left(\frac{-y}{\sqrt{1-x^2-y^2}}\right)^2}}$$

$$= x\boldsymbol{i} + y\boldsymbol{j} + \sqrt{1 - x^2 - y^2}\,\boldsymbol{k}$$

$$= x\boldsymbol{i} + y\boldsymbol{j} + z\boldsymbol{k}$$

$$\therefore \boldsymbol{F} \cdot \boldsymbol{n} = (x\boldsymbol{i} + y\boldsymbol{j} + z\boldsymbol{k}) \cdot (x\boldsymbol{i} + y\boldsymbol{j} + z\boldsymbol{k})$$

$$= x^2 + y^2 + z^2 = 1$$

$$\oiint_{\Sigma} \boldsymbol{F} \cdot \boldsymbol{n} ds = \oiint_{\Sigma} ds = \text{球之表面積} = 4\pi r^3 = 4\pi$$

練習

用散度定理求 $\oiint_{\Sigma} \boldsymbol{F} \cdot \boldsymbol{n} ds$，其中 $\boldsymbol{F}(x, y, z) = y^2 z\boldsymbol{i} - \sin e^z \boldsymbol{j} + x \ln |y| k$，$\Sigma$：$x^3 + y^3 + z^3 = 1$

Ans：0

★ **例 7** 用散度定理及上節方法分別求 $\oiint_{\Sigma} \boldsymbol{F} \cdot \boldsymbol{n} ds$，$\boldsymbol{F} = xy\boldsymbol{i} + x^2 z\boldsymbol{j} + 3yz^2\boldsymbol{k}$，$\Sigma$為由 $0 \le x \le 1$，$0 \le y \le 2$，$0 \le z \le 1$ 所圍成之長方體

解

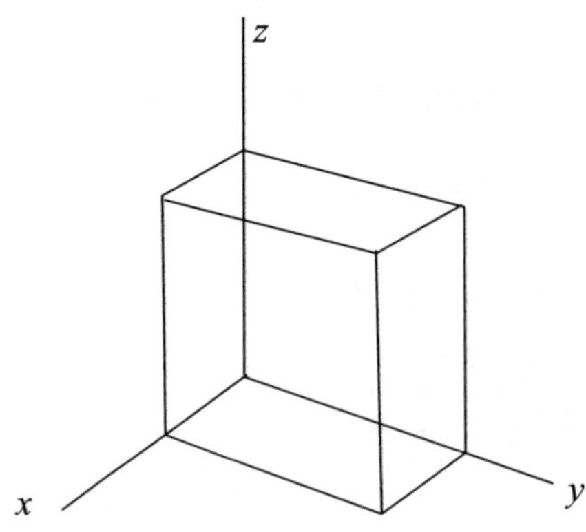

方法一：（散度定理）

$$\oiint_{\Sigma} \boldsymbol{F} \cdot \boldsymbol{n} ds = \iiint_{v} \nabla \cdot \boldsymbol{F} dv$$

$$= \int_0^1 \int_0^2 \int_0^1 (y + 0 + 6yz) dxdydz$$

$$= \int_0^1 \int_0^2 xy + 6xyz \Big|_0^1 dydz$$

$$= \int_0^1 \int_0^2 (y + 6yz)\, dydz = \int_0^1 \frac{y^2}{2} + 3y^2 z \Big|_0^2 dz$$

$$= \int_0^1 2 + 12z dz = 2z + 6z^2 \Big|_0^1 = 8$$

方法二：（上節方法）

① $x = 1$ 時：$\boldsymbol{F} = y\boldsymbol{i} + z\boldsymbol{j} + 3yz^2\boldsymbol{k}$，$\boldsymbol{n} = \boldsymbol{i}$ ∴ $\boldsymbol{F} \cdot \boldsymbol{n} = y$

$$\oiint_{\Sigma} \boldsymbol{F} \cdot \boldsymbol{n} ds = \int_0^1 \int_0^2 ydydz = \int_0^1 \frac{y^2}{2} \Big|_0^2 dz = \int_0^1 2dz = 2$$

② $x = 0$ 時：$\boldsymbol{F} = 3yz^2\boldsymbol{k}$，$\boldsymbol{n} = -\boldsymbol{i}$

∴ $\boldsymbol{F} \cdot \boldsymbol{n} = x^2 y$

③ $y = 2$ 時：$\boldsymbol{F} = 2x\boldsymbol{i} + x^2 z\boldsymbol{j} + 6z^2\boldsymbol{k}$，$\boldsymbol{n} = \boldsymbol{j}$

∴ $\boldsymbol{F} \cdot \boldsymbol{n} = x^2 z$

$$\oiint_{\Sigma} \boldsymbol{F} \cdot \boldsymbol{n} ds = \int_0^1 \int_0^2 x^2 zdxdz = \int_0^1 \frac{1}{3} x^2 z \Big|_0^1 dz = \frac{1}{3} \int_0^1 zdz = \frac{1}{6}$$

④ $y = 0$ 時：$\boldsymbol{F} = x^2 z\boldsymbol{j}$，$\boldsymbol{n} = -\boldsymbol{j}$

∴ $\boldsymbol{F} \cdot \boldsymbol{n} = -x^2$

$$\oiint_{\Sigma} \boldsymbol{F} \cdot \boldsymbol{n} ds = \int_0^1 \int_0^1 -x^2 zdxdz$$

$$= \int_0^1 -\frac{x^2}{3} z \Big|_0^1 dz = -\frac{1}{3} \int_0^1 zdz = -\frac{1}{6}$$

⑤ $z = 1$ 時：$\boldsymbol{F} = xy\boldsymbol{i} + x^2\boldsymbol{j} + 3y\boldsymbol{k}$，$\boldsymbol{n} = \boldsymbol{k}$

∴ $\boldsymbol{F} \cdot \boldsymbol{n} = 3y$

$$\oiint_{\Sigma} \boldsymbol{F} \cdot \boldsymbol{n} ds = \int_0^2 3y dy = \frac{3}{2}y^2\Big|_0^2 = 6$$

⑥ $z=0$ 時：$\boldsymbol{F}=xy\boldsymbol{i}$，$\boldsymbol{n}=-\boldsymbol{k}$ $\therefore \boldsymbol{F}\cdot\boldsymbol{n}=0$

$$\oiint_{\Sigma} \boldsymbol{F} \cdot \boldsymbol{n} ds = \oiint 0 ds = 0$$

$$\therefore \oiint_{\Sigma} \boldsymbol{F} \cdot \boldsymbol{n} ds = 2+0+\frac{1}{6}+\left(-\frac{1}{6}\right)+6+0=8$$

我們可將上列計算結果歸納成下表

面	$\boldsymbol{n}$	$\boldsymbol{F}\cdot\boldsymbol{n}$	$\iint \boldsymbol{F}\cdot\boldsymbol{n}ds$
$x=1$	$\boldsymbol{i}$	y	2
$x=0$	$-\boldsymbol{i}$	0	0
$y=2$	$\boldsymbol{j}$	x^2z	$\frac{1}{6}$
$y=0$	$-\boldsymbol{j}$	$-x^2z$	$-\frac{1}{6}$
$z=1$	$\boldsymbol{k}$	$3y$	6
$z=0$	$-\boldsymbol{k}$	0	0

Stokes 定理

Stokes 定理（Stokes theorem）在某種意義上是面積分和格林定理之推廣。史拖克定理是紀念英國數學家、物理學家史拖克（S. G. Stokes, 1819-1903）。

定理 A Stokes 定理：設 Σ 是一個光滑或分段平滑的正向曲面，而 C 是光滑或分段光滑的封閉曲線，若 $P(x, y, z)$ ，$Q(x, y, z)$ 及 $R(x, y, z)$ 在上之一階偏導數爲連續，則

$$\iint_{\Sigma}\left(\frac{\partial R}{\partial y}-\frac{\partial Q}{\partial z}\right)dydz+\left(\frac{\partial P}{\partial z}-\frac{\partial R}{\partial x}\right)dzdx+\left(\frac{\partial Q}{\partial x}-\frac{\partial P}{\partial y}\right)dxdy$$

$$=\oint_C Pdx+Qdy+Rdz$$

爲了便於記憶，定理 A 也可寫成下列形式：

$$\iint_{\Sigma}\begin{vmatrix} dydz & dzdx & dxdy \\ \frac{\partial}{\partial x} & \frac{\partial}{\partial y} & \frac{\partial}{\partial z} \\ P & Q & R \end{vmatrix}=\oint_C Pdx+Qdy+Rdz$$

史拖克定理亦可用旋度來表現：

若 $\boldsymbol{F}(x, y, z) = P(x, y, z)\boldsymbol{i} + Q(x, y, z)\boldsymbol{j} + R(x, y, z)\boldsymbol{k}$ 則

$$\nabla\times F=\begin{vmatrix} j & j & k \\ \frac{\partial}{\partial x} & \frac{\partial}{\partial y} & \frac{\partial}{\partial z} \\ P & Q & R \end{vmatrix}$$

那麼 Stokes 定理也可寫成定理 B 之形式：

定理 B $\oint_C \boldsymbol{F}\cdot d\boldsymbol{r}=\iint_{\Sigma}(\nabla\times\boldsymbol{F})\cdot\boldsymbol{n}ds$

例 8 用 Stokes 定理求$\oint_c z^2e^{x^2}dx+xy^2dy+\tan^{-1}zdz$，$c$ 爲 $x^2+y^2=9$，$z=0$圍成之圓。

解 $\boldsymbol{F}=z^2e^{x^2}\boldsymbol{i}+xy^2\boldsymbol{j}+\tan^{-1}z\boldsymbol{k}$

$$\therefore \nabla\times\boldsymbol{F}=\begin{vmatrix}\boldsymbol{i} & \boldsymbol{j} & \boldsymbol{k}\\ \frac{\partial}{\partial x} & \frac{\partial}{\partial y} & \frac{\partial}{\partial z}\\ z^2e^{x^2} & xy^2 & \tan^{-1}y\end{vmatrix}=\frac{1}{1+y^2}\boldsymbol{i}+2ze^{x^2}\boldsymbol{j}+y^2\boldsymbol{k}$$

由 Stokes 定理

$$\oint_c z^2e^{x^2}dx+xy^2dy+\tan^{-1}zdz$$

$$=\iint_\Sigma \nabla\times F\cdot\boldsymbol{k}ds=\iint_\Sigma\left(\frac{1}{1+y^2}\boldsymbol{i}+2ze^{x^2}\boldsymbol{j}+y^2\boldsymbol{k}\right)\cdot\boldsymbol{k}ds$$

$$=\iint_\Sigma y^2ds=\int_0^{2\pi}\int_0^3 r^3\sin^2\theta drd\theta=\frac{81}{4}\pi$$

（自行驗證之）

例 9 $\boldsymbol{F}=y^3\boldsymbol{i}-x^3\boldsymbol{j}+0\boldsymbol{k}$，$\Sigma$：$x^2+y^2\leq 1$，$z=0$ 由 Stokes 定理求 $\iint_\Sigma(\nabla\times\boldsymbol{F})\cdot\boldsymbol{n}ds$

解

$$\nabla\times\boldsymbol{F}=\begin{vmatrix}\boldsymbol{i} & \boldsymbol{j} & \boldsymbol{k}\\ \frac{\partial}{\partial x} & \frac{\partial}{\partial y} & \frac{\partial}{\partial z}\\ y^3 & -x^3 & 0\end{vmatrix}=(-3x^2-3y^2)\boldsymbol{k}$$

$$\therefore \iint_\Sigma\nabla\times\boldsymbol{F}\cdot\boldsymbol{n}ds=\iint_\Sigma(-3x^2-3y^2)\boldsymbol{k}\cdot\boldsymbol{k}ds$$

$$=-3\iint_\Sigma(x^2+y^2)dxdy$$

$$=-3\int_0^{2\pi}\int_0^1 r\cdot r^2drd\theta=-\frac{3}{2}\pi$$

習題 7.6

1. 若 $\boldsymbol{F}=(y^2+z^2)^{\frac{1}{2}}\boldsymbol{i}+\sin(x^2+z^2)\boldsymbol{j}+e^{x^2+2y^2}\boldsymbol{k}$，$s$ 為 $x^2+\frac{y^2}{3}+\frac{z^2}{4}=1$ 之橢球圍成之區域，$\boldsymbol{n}$ 為 s 對外單位法向量，求 $\oiint_s \boldsymbol{F}\cdot\boldsymbol{n}ds$。

   Ans：0

2. 若 R 為位置向量（即 $\boldsymbol{R}=x\boldsymbol{i}+y\boldsymbol{j}+z\boldsymbol{k}$），$r=\|\boldsymbol{R}\|$，$n$ 為封閉曲面 s 之對外單位法向量。(設原點在曲面 s 之外部)，求 $\oiint_s \frac{\boldsymbol{R}}{r^3}\cdot\boldsymbol{n}ds$。

   Ans：0

3. 若 $\boldsymbol{F}(x,y,z)=2x\boldsymbol{i}+y\boldsymbol{j}+3z\boldsymbol{k}$，$s$ 為 $x=1$，$y=1$，$z=1$ 所圍成之立體表面，$\boldsymbol{n}$ 為 s 對外之單位法向量，求 $\oiint_\Sigma \boldsymbol{F}\cdot\boldsymbol{n}ds$

   Ans：6

4. 若 $\boldsymbol{F}(x,y,z)=x\boldsymbol{i}+y\boldsymbol{j}+z\boldsymbol{k}$，$\Sigma$ 為 $x^2+y^2+z^2=9$ 之球面，$\boldsymbol{n}$ 為 Σ 對外單位法向量，求 $\oiint_\Sigma \boldsymbol{F}\cdot\boldsymbol{n}ds$

   Ans：108π

5. 求 $\oiint_\Sigma \boldsymbol{F}\cdot\boldsymbol{n}ds$，此處 $\boldsymbol{F}=x\boldsymbol{i}+y\boldsymbol{j}+z\boldsymbol{k}$，$\Sigma$ 為圓柱體 $x^2+y^2\le 4$，$0\le z\le 3$ 之表面，$\boldsymbol{n}$ 為 Σ 對外單位法向量。

   Ans：36π

6. 若 Σ 為由 $x=1$，$x=-1$，$y=1$，$y=-1$，$z=1$，$z=-1$ 所圍成之正方體，$\boldsymbol{n}$ 為向外單位法向量，求 $\oiint_\Sigma \boldsymbol{F}\cdot\boldsymbol{n}ds$。

   (1)$F(x,y,z)=y\boldsymbol{i}$

   (2)$F(x,y,z)=x\boldsymbol{i}+y\boldsymbol{j}+z\boldsymbol{k}$

   (3)$F(x,y,z)=x^2\boldsymbol{i}+y^2\boldsymbol{j}+z^2\boldsymbol{k}$

   Ans：(1) 0　(2) 24　(3) 0

第 8 章

複變數分析

8.1 複變數函數

複變數函數

若 $z = x + yi$，且 u，v 均爲 x，y 之實函數則 $\omega = f(z) = u(x, y) + iv(x, y)$ 稱爲複變數函數。

對任意一複數 z 而言，$f(z)$ 可用 $u(x, y) + iv(x, y)$ 表示。

例 1 試用 $u(x, y) + iv(x, y)$ 表示 (1) $\bar{z}^2$，(2) e^{z^2}，(3)$\ln z$

解 (1) $\omega = \bar{z}^2 = \overline{(x+yi)} = (x-yi)^2 = (x^2-y^2) + (-2xyi)$，則

$u = x^2 - y^2$，$v = -2xy$

(2) $\omega = e^{z^2} = e^{(x+yi)^2} = e^{(x^2-y^2)+2xyi}$

$= e^{(x^2-y^2)}e^{2xyi} = e^{(x^2-y^2)}(\cos 2xy + i\sin 2xy)$

$\therefore u = e^{(x^2-y^2)}\cos 2xy$

$v = e^{x^2-y^2}\sin 2xy$

(3) $\ln z = \ln \rho e^{i\phi} = \ln \rho + i\phi = \ln\sqrt{x^2+y^2} + i\tan^{-1}\dfrac{y}{x}$

$= \dfrac{1}{2}\ln(x^2+y^2) + i\tan^{-1}\dfrac{y}{x}$

$\therefore u = \dfrac{1}{2}\ln(x^2+y^2)$，$v = \tan^{-1}\dfrac{y}{x}$

練習

用 $u(x, y) + iv(x, y)$ 表示 $w = \frac{1}{1-z}$

Ans：$u = \frac{1-x}{(1-x)^2 + y^2}$，$v = \frac{y}{(1-x)^2 + y^2}$

若已知 $g(x, y) = u(x, y) + iv(x, y)$，則可用 $x = \frac{1}{2}(z + \bar{z})$，$y = \frac{1}{2i}(z - \bar{z})$ 將 $g(x, y)$ 化成 $\omega = f(z)$ 之形式。

例 2 將 $f(x, y) = (x^2 - y^2) + 2ixy$，表成 $w = f(z)$ 之形式。

解 取 $x = \frac{1}{2}(z + \bar{z})$，$y = \frac{1}{2i}(z - \bar{z})$

則 $w = f(z) = \left[\frac{1}{2}(z + \bar{z})\right]^2 - \left[\frac{1}{2i}(z - \bar{z})\right]^2 + 2i\left[\frac{1}{2}(z + \bar{z})\right]\left[\frac{1}{2i}(z - \bar{z})\right]$

$= \frac{1}{4}(z^2 + 2z\bar{z} + \bar{z}^2) + \frac{1}{4}(z^2 - 2z\bar{z} + \bar{z}^2) + \frac{1}{2}(z^2 - \bar{z}^2) = z^2$

例 3 將 $f(x, y) = \frac{x}{x^2 + y^2} + \frac{-y}{x^2 + y^2}i$ 表成 $f(z)$ 之形式

解 $x = \frac{1}{2}(z + \bar{z})$，$y = \frac{1}{2i}(z - \bar{z})$

則 $w = f(z) = \frac{\frac{1}{2}(z + \bar{z})}{\left[\frac{1}{2}(z + \bar{z})\right]^2 + \left[\frac{1}{2i}(z - \bar{z})\right]^2} + \frac{-\frac{1}{2i}(z - \bar{z})}{\left[\frac{1}{2}(z + \bar{z})\right]^2 + \left[\frac{1}{2i}(z - \bar{z})\right]^2}i$

$= \frac{z + \bar{z}}{2z\bar{z}} - \frac{z - \bar{z}}{2z\bar{z}} = \frac{2\bar{z}}{2z\bar{z}} = \frac{1}{z}$

★複數平面之轉換

給定一複數 $z = x + iy$ 及一個複變函數 $w = f(z)$，其中 $w = u + iv$，u, v 均爲 x, y 之實函數，現在我們要求 $w = f(z)$ 之像（即值域）是什麼？我們可令 $w = f(z) = u + iv$，然後利用 x, y 之關係或條件代入 u, v，最後設法消去 x, y 而得到一個純然是 u, v 的結果。

例 4 求 $y = 3x - 2$ 透過 $w = f(z) = \bar{z}$ 之轉換後之像爲何？

解 $w = f(z) = \bar{z} = \overline{x + iy} = x - iy = u + iv$ (1)

$\therefore x = u$，$y = -v$ (2)

代 (2) 入 $y = 3x - 2$ 得 $-v = 3u - 2$ $\therefore 3u + v = 2$ 是爲所求

例 5 求複平面之正半平面 $\text{Re}(z) \geq 1$ 透過線性轉換 $w = iz + i$ 後之像。

解 $w = iz + i = i(x + iy) + i = -y + (x + 1)i = u + iv$

得 $x = v - 1$，又已知 $\text{Re}(z) = x \geq 1$

$\therefore v - 1 \geq 1$ 即 $v \geq 2$

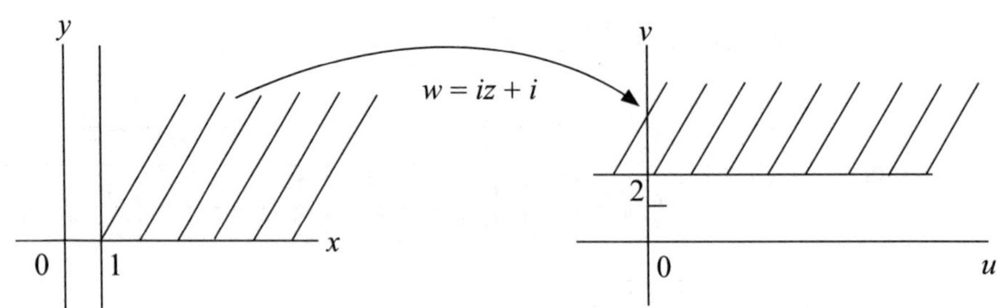

例 6 求圓 $|z-1|=1$ 透過 $w=3z$ 之線性轉換後之像。

解 令 $w=3z=3(x+iy)=u+iv$

$\therefore u=3x$，$v=3y$

$$|z-1|=|x+iy-1|=\left|\left(\frac{u}{3}-1\right)+i\frac{v}{3}\right|=\left|\frac{1}{3}(u+iv)-1\right|=\left|\frac{1}{3}w-1\right|=1$$

即 $|w-3|=3$，爲一圓，本例亦可如下作法：

$\because w=3z \quad \therefore z=\dfrac{w}{3}$

$$|z-1|=\left|\frac{w}{3}-1\right|=1 \qquad \therefore |w-3|=3$$

例 7 求水平線 $y=1$ 透過 $w=z^2$ 之轉換後之像。

解 $\because z=x+iy$

$$\therefore z^2=(x+iy)^2=\underbrace{(x^2-y^2)}_{u}+2i\underbrace{xy}_{v}$$

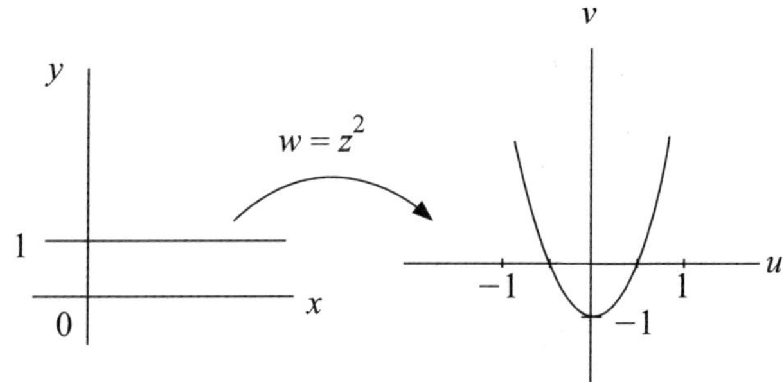

即 $u=x^2-y^2$，$v=2xy$

$y=1 \therefore u=x^2-1$，$v=2x$（即 $x=\dfrac{v}{2}$）

$$\therefore u = x^2 - 1 = \left(\frac{v}{2}\right)^2 - 1 = \frac{v^2}{4} - 1$$ 是爲所求。

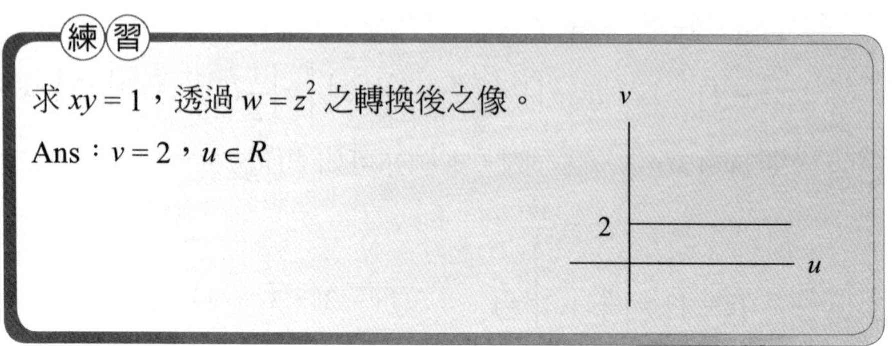

練習
求 xy = 1，透過 w = z² 之轉換後之像。
Ans：v = 2，u ∈ R
v
2
u

習題 8.1

1. 試將下列函數用 $u(x, y) + iv(x, y)$ 表示，u, v 為實函數

   (1) z^3 (2) $\frac{z}{1+z}$ (3) $\frac{1}{z}$

   Ans：(1) $u = x^3 - 3xy^2$，$v = 3x^2y - y^3$

   (2) $u = \frac{x^2 + y^2 + x}{(1+x)^2 + y^2}$，$v = \frac{y}{(1+x)^2 + y^2}$

   (3) $u = \frac{x}{x^2 + y^2}$，$v = \frac{-y}{x^2 + y^2}$

2. $x + y = 1$ 透過 $w = z^2$ 轉換後之像

   Ans：$u^2 + 2v = 1$

3. $y = 2x + 3$ 透過 $w = \bar{z}$ 轉換後之像

   Ans：$v = -2u - 3$

4. $|z|=\frac{1}{3}$，求 $w=\frac{1}{z}$ 轉換後之像

   Ans：$|w|=\frac{1}{3}$

5. 將 $(x^3-3xy^2)+i(3x^2y-y^3)$ 化成 $f(z)$ 之形式

   Ans：z^3

8.2 複變函數之可解析性

複變函數極限

複變函數極限之定義與微積分所述相似：

定義 若給定任一個正數 ε，都存在一個 δ，$\delta>0$，無論何時只要 $0<|z-z_0|<\delta$ 均能滿足 $|f(x)-\ell|<\varepsilon$，則稱 z 趨近 z_0 時，$f(z)$ 之極限為 ℓ，以 $\lim\limits_{z\to z_0}f(z)=\ell$ 表之。

根據定義，可導出複變函數之極限定理 A：

定理 A 若 $\lim_{z\to z_0} f(z)=A$，$\lim_{z\to z_0} g(z)=B$ 則

(1) $\lim_{z\to z_0}(f(z)\pm g(z))=\lim_{z\to z_0} f(z)\pm\lim_{z\to z_0} g(z)=A\pm B$

(2) $\lim_{z\to z_0}(f(z)g(z))=\lim_{z\to z_0} f(z)\lim_{z\to z_0} g(z)=AB$

(3) $\lim_{z\to z_0}\dfrac{f(z)}{g(z)}=\dfrac{\lim_{z\to z_0} f(z)}{\lim_{z\to z_0} g(z)}=\dfrac{A}{B}$，但 $B\neq 0$

例 1 計算 (a) $\lim_{z\to i}(z^2+z-1)$ (b) $\lim_{z\to 1+i}\dfrac{z^2-1}{z-1}$

解

(a) $\lim_{z\to i}(z^2+z-1)=(\lim_{z\to i} z^2)+(\lim_{z\to i} z)+(\lim_{z\to i}(-1))$

$$=-1+i-1=i-2$$

(b) $\lim_{z\to 1+i}\dfrac{z^2-1}{z-1}=\lim_{z\to 1+i}(z+1)=2+i$

例 2 求 $\lim_{z\to 0}\dfrac{\bar{z}}{z}$

解

$$\lim_{z\to 0}\frac{\bar{z}}{z}=\lim_{\substack{x\to 0\\ y\to 0}}\frac{x-iy}{x+iy}$$

(1) $\lim_{x\to 0}\left(\lim_{y\to 0}\dfrac{x-iy}{x+iy}\right)=\lim_{x\to 0}\dfrac{x}{x}=1$

(2) $\lim_{y\to 0}\left(\lim_{x\to 0}\dfrac{x-iy}{x+iy}\right)=\lim_{y\to 0}\dfrac{-iy}{iy}=-1$

$\because \lim_{x\to 0}\left(\lim_{y\to 0}\frac{\bar{z}}{z}\right)\neq\lim_{y\to 0}\left(\lim_{x\to 0}\frac{\bar{z}}{z}\right)\therefore\lim_{z\to 0}\frac{\bar{z}}{z}$ 不存在。

定義 若 $f(z)$ 同時滿足下列三條件則稱 $f(z)$ 在 $z=z_0$ 處為連續。

(1) $\lim_{z\to z_0}f(z)$ 存在

(2) $f(z_0)$ 存在

(3) $\lim_{z\to z_0}f(z)=f(z_0)$

例 3 若 $f(z)=\begin{cases}\dfrac{\text{Im}(z)}{|z|}&, z\neq 0\\ 0&, z=0\end{cases}$，問 $f(z)$ 在 $z=0$ 處為連續？

解 $z=x+yi, x, y\in R$ 則 $f(z)=\dfrac{\text{Im}(z)}{|z|}=\dfrac{y}{\sqrt{x^2+y^2}}$

$\because \lim_{x\to 0}\left(\lim_{y\to 0}\frac{y}{\sqrt{x^2+y^2}}\right)=0$，$\lim_{y\to 0}\left(\lim_{x\to 0}\frac{y}{\sqrt{x^2+y^2}}\right)=\lim_{y\to 0}\frac{y}{\sqrt{y^2}}=\lim_{y\to 0}\frac{y}{|y|}$

$\because \lim_{y\to 0^+}\frac{y}{|y|}=1$，$\lim_{y\to 0^-}\frac{y}{|y|}=-1$，$\therefore \lim_{y\to 0}\frac{y}{\sqrt{y^2}}$ 不存在

從而 $\lim_{z\to 0}f(z)$ 不存在，$\therefore f(z)$ 在 $z=0$ 處不連續。

例 4 判斷下列函數在何處不連續？

(a) $f_1(z)=\dfrac{z^2}{z+i}$ (b) $f_2(z)=\dfrac{z^2}{z+1}$

解 (a) $z=-i$ 處

(b) $z=-1$ 處

微分定義與可解析性

定義 $f(z)$ 之導數記做 $f'(z)$ 定義爲

$$f'(z)=\lim_{\Delta z\to 0}\frac{f(z+\Delta z)-f(z)}{\Delta z}$$

★ **例 5** $f(z)=\bar{z}$ 是不是到處可微分？

解

$$\frac{d}{dz}f(z)=\lim_{\Delta z\to 0}\frac{f(z+\Delta z)-f(z)}{\Delta z}\text{，}z=x+yi\text{，}x,y\in R\text{，}\Delta z=\Delta x+i\Delta y$$

$$=\lim_{\Delta z\to 0}\frac{\overline{z+\Delta z}-\bar{z}}{\Delta z}=\lim_{\substack{\Delta x\to 0\\ \Delta y\to 0}}\frac{\overline{(x+iy)+(\Delta x+i\Delta y)}-\overline{x+iy}}{\Delta x+i\Delta y}$$

$$=\lim_{\substack{\Delta x\to 0\\ \Delta y\to 0}}\frac{x-iy+\Delta x-i\Delta y-x+iy}{\Delta x+i\Delta y}=\lim_{\substack{\Delta x\to 0\\ \Delta y\to 0}}\frac{\Delta x-i\Delta y}{\Delta x+i\Delta y}$$

(1) $\lim_{\Delta x\to 0}\left(\lim_{\Delta y\to 0}\frac{\Delta x-i\Delta y}{\Delta x+i\Delta y}\right)=\lim_{\Delta x\to 0}\frac{\Delta x}{\Delta x}=1$

(2) $\lim_{\Delta y\to 0}\left(\lim_{\Delta x\to 0}\frac{\Delta x-i\Delta y}{\Delta x+i\Delta y}\right)=\lim_{\Delta y\to 0}\frac{-i\Delta y}{i\Delta y}=-1$

$\because$ (1) $\neq$ (2) $\therefore f'(z)$ 不存在

例 5 是一個證明 $f(z)$ 不可微分典型之作法，細心的讀者可發現，它所用之技巧與偏微分所用的方法很像。再看下例：

例 6 問 $f(z)=\text{Re}(z)$ 是不是到處可微分？

解 $\dfrac{d}{dz}f(z)=\lim\limits_{\Delta z\to 0}\dfrac{\text{Re}(z+\Delta z)-\text{Re}(z)}{\Delta z}$，$z=x+yi$，$x, y\in R$，

$$\Delta z=\Delta x+i\Delta y$$

$$=\lim_{\substack{\Delta x\to 0\\ \Delta y\to 0}}\frac{\text{Re}[(x+\Delta x)+i(y+\Delta y)]-\text{Re}(x+yi)}{\Delta x+i\Delta y}$$

$$=\lim_{\substack{\Delta x\to 0\\ \Delta y\to 0}}\frac{\Delta x}{\Delta x+i\Delta y}$$

(1) $\lim\limits_{\Delta x\to 0}\left(\lim\limits_{\Delta y\to 0}\dfrac{\Delta x}{\Delta x+i\Delta y}\right)=\lim\limits_{\Delta x\to 0}\dfrac{\Delta x}{\Delta x}=1$

(2) $\lim\limits_{\Delta y\to 0}\left(\lim\limits_{\Delta x\to 0}\dfrac{\Delta x}{\Delta x+i\Delta y}\right)=\lim\limits_{\Delta y\to 0}\dfrac{0}{0+i\Delta y}=0$

$\because$ (1) $\neq$ (2) $\therefore f(z)=\text{Re}(z)$ 時，不是到處可微分

練習

$f(z)=\text{Im}(z)$ 是不是到處可微分？ Ans：不是

複變數函數亦有與實變數函數相同之微分公式：

定理 C f，g 為二個 z 之可微分複變數函數，則

(1) $(f\pm g)'=f'\pm g'$

(2) $(fg)=f'g+fg'$

(3) $(kf)'=kf'$，k 為常數

(4) $\left(\dfrac{f}{g}\right)=\dfrac{gf'-fg'}{g^2}$，但 $g\neq 0$

(5) $\dfrac{d}{dz}f(g)=f'(g)g'$

(6) $\dfrac{d}{dz}z^n=nz^{n-1}$

其證明方式大抵與實變函數微分公式相似，故從略。

例 7　若 $f(z)=z^2+1$，$g(z)=z^3+iz+2i$

則 $\dfrac{d}{dz}(f(z)+g(z))=f'(z)+g'(z)=2z+3z^2+i$

$$\frac{d}{dz}(f(z)g(z))=\frac{d}{dz}(z^2+1)(z^3+iz+2i)$$
$$=2z(z^3+iz+2i)+(z^2+1)(3z^2+i)$$
$$=5z^4+3(i+1)z^2+4iz+i$$

例 8　若 $f(z)=z^2$，用定義求 $f'(z)$。

解

$$f'(z)=\lim_{\Delta z\to 0}\frac{f(x+\Delta z)-f(z)}{\Delta z}=\lim_{\Delta z\to 0}\frac{(z+\Delta z)^2-z^2}{\Delta z}$$
$$=\lim_{\Delta z\to 0}\frac{2z\Delta z+(\Delta z)^2}{\Delta z}$$
$$=\lim_{\Delta z\to 0}(2z+\Delta z)=2z$$

定理 D　（複變數函數下之 L'Hospital 法則）

$f(z)$，$g(z)$ 在 $z=z_0$ 可微分，

若 $\lim\limits_{z\to z_0}f(z)=\lim\limits_{z\to z_0}g(z)=0$ 或 ∞

則 $\lim_{z\to z_0}\frac{f(z)}{g(z)}=\frac{f'(z_0)}{g'(z_0)}$ 。

例 9　求 $\lim_{z\to 1}\frac{z^3-1}{z^2-1}$

解　$\lim_{z\to 1}\frac{z^3-1}{z^2-1}=\lim_{z\to 1}\frac{3z^2}{2z}=\frac{3}{2}$

如同微積分：若 $f(z)$ 在 $z=z_0$ 可微分則 $f(z)$ 在 $z=z_0$ 必爲連續，反之未必成立。

可解析性

定義　若 $\lim_{\Delta z\to 0}\frac{f(z+\Delta z)-f(x)}{\Delta z}$ 存在，我們稱 $f'(z)$ 在 $z=z_0$ 處爲可微分，若此極限值在區域 R 均存在則稱 $f(z)$ 在 R 中爲**可解析**（analytic）。

由定義我們可確定的是 $f(z)$ 在 R 中爲可解析則它在 R 中之任一點 $z=z_0$ 必爲可微分，但 $f(z)$ 在 R 中一點 $z=z_0$ 可微分未必在 R 中均可解析。這好比是一籃橘子都是甜的，任從這籃橘子中任選一個都是甜的。如果你從一籃橘子中任取一個，它是甜的，但你不敢保證這籃之其他橘子也是甜的。

可解析函數與歌西—黎曼方程式（Cauchy-Riemann 方程式）

Cauchy-Riemann 方程式是複變數分析裡最重要的定理之一。它是判斷複變函數是否可解析之最重要工具。

定理 E $\omega = f(z) = u(x, y) + iv(x, y)$，在區域 R 中，$\frac{\partial u}{\partial x}$，$\frac{\partial u}{\partial y}$，$\frac{\partial v}{\partial x}$，$\frac{\partial v}{\partial y}$ 均爲連續。若且唯若 u，v 滿足 Cauchy-Riemann 方程式

$$\frac{\partial u}{\partial x}=\frac{\partial v}{\partial y}，\frac{\partial u}{\partial y}=-\frac{\partial v}{\partial x}$$

則 $f(z)$ 在區域 R 中爲可解析。

這個定理是說，某個區域 R 內如果 $f(z) = u(x, y) + iv(x, y)$（$\frac{\partial u}{\partial x}$，$\frac{\partial u}{\partial y}$，$\frac{\partial v}{\partial x}$及$\frac{\partial v}{\partial y}$在區域 R 中均爲連續函數）同時滿足 $\frac{\partial u}{\partial x}=\frac{\partial v}{\partial y}$，$\frac{\partial u}{\partial y}=-\frac{\partial v}{\partial x}$ 二個條件，那麼 $f(z)$ 在區域 R 中是可解析的，如果有任何一個條件不滿足，則 $f(z)$ 在區域 R 中便不可解析。反之，若 $f(z)$ 在區域 R 中爲可解析則在區域 R 中 $\frac{\partial u}{\partial x}=\frac{\partial v}{\partial y}$，$\frac{\partial u}{\partial y}=-\frac{\partial v}{\partial x}$ 必然成立。

例 10 $f(z)=e^{x}(\cos y - i\sin y)$ 在複平面 z 上是否可解析？

解 由 Cauchy-Riemann 方程式

$u = e^x \cos y$，$v = -e^x \sin y$

$\because \dfrac{\partial u}{\partial x} = e^x \cos y$，$\dfrac{\partial v}{\partial y} = -e^x \cos y$，$\dfrac{\partial u}{\partial x} \neq \dfrac{\partial v}{\partial y}$

$\therefore f(z)$ 在平面 z 上不可解析

例 11 判斷 $f(z) = z^2$ 是否可解析？

解 設 $z = x + yi$，則 $f(z) = z^2 = (x + yi)^2 = (x^2 - y^2) + 2xyi$

取 $u = x^2 - y^2$，$v = 2xy$

$$\because \begin{cases} \dfrac{\partial u}{\partial x} = 2x \quad , \dfrac{\partial v}{\partial y} = 2x , \dfrac{\partial u}{\partial x} = \dfrac{\partial v}{\partial y} \\ \dfrac{\partial u}{\partial y} = -2y , \dfrac{\partial v}{\partial x} = 2y , \dfrac{\partial u}{\partial y} = -\dfrac{\partial v}{\partial x} \end{cases}$$

$\therefore f(z) = z^2$ 為可解析

練習

判斷 $f(z) = e^z$ 是否可解析？ Ans：可解析

例 12 若 $f(z)$ 在鄰域 D 中為可解析函數且若 $\text{Re}(f(z)) = 0$ 試證 $f(z)$ 為常數函數。

解 令 $f(z) = u + iv$ $\because \text{Re}(f(z)) = u = 0$ $\therefore f(z) = iv$

又 $f(z)$ 為解析，由 Cauchy-Riemann 方程式

$$\begin{cases} \dfrac{\partial u}{\partial x}=\dfrac{\partial v}{\partial y}=0 \ (\because u=0 \quad \therefore \dfrac{\partial u}{\partial x}=0) \\ \dfrac{\partial u}{\partial y}=-\dfrac{\partial v}{\partial x}=0 \end{cases}$$

$$\frac{\partial v}{\partial x}=\frac{\partial v}{\partial y}=0$$

$\therefore f(z)$ 為常數函數

$f(z)$ 為可解析函數時之實部與虛部互導

若 $f(z)=u(x, y)+v(x, y)i$ 為可解析之前提下，一旦我們知道了 $f(z)$ 之實部，便能導出 $f(z)$ 之虛部；同樣地，知道了 $f(z)$ 之虛部，也能導出 $f(z)$ 的實部。

例 13 若 $f(z)$ 為可解析函數，且已知其實部為 $u(x, y)=e^x\cos y$，求 $f(z)$。

解 由 Cauchy-Riemann 方程式

$$\begin{cases} \dfrac{\partial u}{\partial x}=e^x\cos y=\dfrac{\partial v}{\partial y} & \therefore v=\displaystyle\int e^x\cos y\,dy=e^x\sin y+F(x) \quad (1) \\ \dfrac{\partial u}{\partial y}=-e^x\sin y=\dfrac{-\partial v}{\partial x} & \therefore v=\displaystyle\int e^x\sin y\,dx=e^x\sin y+G(y) \quad (2) \end{cases}$$

由 (1)，(2)，$F(x)=G(y)=c$

即 $v=e^x\sin y+c$，$f(z)=e^x\cos y+i(e^x\sin y+c)=e^{x+yi}+c'=e^z+c'$

例 14 之 v 其實是由 (1), (2) 之不同項（不考慮 $F(x)$, $G(y)$）合起來再加一常數 c 即得。

例 14 若 $f(z)$ 爲可解析函數，且已知虛部爲 $2xy$，求 $f(z)$。

解　由 Cauchy-Riemann 方程式

$$\begin{cases} \dfrac{\partial u}{\partial x}=\dfrac{\partial v}{\partial y}=\dfrac{\partial}{\partial y}(2xy)=2x \\ \therefore u=\int 2xdx=x^2+F(y) \qquad (1) \\ \dfrac{\partial u}{\partial y}=\dfrac{-\partial v}{\partial x}=-\dfrac{\partial}{\partial x}(2xy)=-2y \\ \therefore u=\int -2ydy=-y^2+G(x) \qquad (2) \end{cases}$$

比較 (1)，(2)

$F(y)=-y^2+c$，$G(x)=x^2+c$

$\therefore u=x^2-y^2+c$

即 $f(z)=(x^2-y^2+c)+(2xy)i$

$=(x^2+2xyi-y^2)+c$

$=(x+yi)^2+c=z^2+c$

調和函數

定義 $\varphi(x,y)$ 爲二實變數 x,y 之函數，若 $\varphi(x,y)$ 滿足 Laplace 方程式

$\varphi_{xx}+\varphi_{yy}=0$

則 $\varphi(x,y)$ 爲調和函數（harmonic function）。

例 15 試證 $u(x, y) = x^2 - y^2$ 爲調和函數。

解 $u_x = 2x$，$u_{xx} = 2$，$u_y = -2y$，$u_{yy} = -2$

$\therefore u_{xx} + u_{yy} = 2 - 2 = 0$，得 $u(x, y)$ 爲調和函數

例 16 問 $u(x, y) = e^x \cos y$ 是否爲調和函數？

解 $u_x = e^x \cos y$，$u_{xx} = e^x \cos y$，$u_y = -e^x \sin y$，$u_{yy} = -e^x \cos y$

$u_{xx} + u_{yy} = 0 \therefore u(x, y)$ 爲調和函數

★ 例 17 （論例）若 $f(z) = u(x, y) + iv(x, y)$ 在某個鄰域 D 中爲可解析且若 $u(x, y)$，$v(x, y)$ 在 D 中對 x, y 之二階導函數均爲連續，試證 $u(x, y)$，$v(x, y)$ 均爲調和函數。

解 $f(z)$ 在 D 中可解析，由 Cauchy-Riemann 方程式知

$$\frac{\partial u}{\partial x} = \frac{\partial v}{\partial y}，\frac{\partial u}{\partial y} = -\frac{\partial v}{\partial x}$$

又 $$\begin{cases} \dfrac{\partial u}{\partial x} = \dfrac{\partial v}{\partial y} & \Rightarrow \dfrac{\partial^2 u}{\partial x^2} = \dfrac{\partial^2 v}{\partial x \partial y} \\ \dfrac{\partial u}{\partial y} = -\dfrac{\partial v}{\partial x} & \Rightarrow \dfrac{\partial^2 u}{\partial y^2} = -\dfrac{\partial^2 v}{\partial y \partial x} \end{cases}$$

$\because v(x, y)$ 對 x, y 均有連續之二階導數存在 $\quad \therefore \dfrac{\partial^2 v}{\partial x \partial y} = \dfrac{\partial^2 v}{\partial y \partial x}$

得 $\dfrac{\partial^2 u}{\partial x^2} + \dfrac{\partial^2 u}{\partial y^2} = 0$，即 $u(x, y)$ 爲和諧函數，同法可證 $v(x, y)$ 爲調和函數。

習題 8.2

1. (1) $f(z)=(x+y)+i2xy$ 是否為解析？

   (2) $f(z)=\text{Re}\,(z^2)$ 是否為可解析？

   (3) $f(z)=(x^3-3xy^2)+i(3x^2y-y^3)$ 是否為可解析？

   (4) $f(z)=e^{\bar{z}}$ 是否為可解析？

   (5) $f(z)=|z|$ 是否可解析？

   Ans：僅 (3)，(4) 為可解析。

2. 驗證 $f(z)=\bar{z}$ 為調和函數但不可解析。

3. 若 $z=u(x,y)+iv(x,y)$ 為可解析函數，且已知 $u(x,y)=x$ 求 $v(x,y)$。

   Ans：$v=y+c$

4. (1) $u(x,y)=\dfrac{x}{x^2+y^2}$ 為一調和函數？

   (2) $u(x,y)=x^3-3xy^2$ 為調和函數？

   Ans：(1)，(2) 均為調和函數。

★5. 若 $w=f(z)=u+iv$ 在區域 R 中為可解析，試証 $\dfrac{\partial(u,v)}{\partial(x,y)}=|f'(z)|^2$

8.3 基本解析函數

本節主要介紹一些基本的解析函數，包括指數函數、三角函數與對數函數。

指數函數 e^z

根據定理 1.9C，我們有：$e^z = e^{x+iy} = e^x(\cos y + i\sin y)$，易證 $f(z) = e^z$ 具有解析性，由此可導出一些 e^z 的基本性質。

定理 A

1. $e^{z_1+z_2} = e^{z_1} \cdot e^{z_2}$
2. $e^{z_1-z_2} = e^{z_1}/e^{z_2}$
3. $(e^z)^n = e^{nz}$

證明 只證明 $e^{z_1+z_2} = e^{z_1} \cdot e^{z_2}$ 部分：

$$e^{z_1+z_2} = e^{(x_1+iy_1)+(x_2+iy_2)} = e^{(x_1+x_2)+i(y_1+y_2)}$$

$$= e^{x_1+x_2}(\cos(y_1+y_2) + i\sin(y_1+y_2))$$

$$e^{z_1} \cdot e^{z_2} = e^{x_1}(\cos y_1 + i\sin y_1) \cdot e^{x_2}(\cos y_2 + i\sin y_2)$$

$$= e^{x_1+x_2}(\cos(y_1+y_2) + i\sin(y_1+y_2))$$

$\therefore e^{z_1+z_2} = e^{z_1} \cdot e^{z_2}$ ■

練習

試證 $(e^z)^n = e^{nz}$

定理 B

1. $|e^z| = e^x$
2. 若且唯若 $e^z = 1$ 則 $z = 2k\pi i$，$k = 0, \pm 1, \pm 2\cdots\cdots$
3. 若且唯若 $z_1 = z_2$ 則 $z_1 = z_2 + 2k\pi i$，$k = 0, \pm 1, \pm 2\cdots\cdots$

證明

1. $|e^z| = |e^x(\cos y + i \sin y)| = |e^x||\cos y + i \sin y| = e^x$
2. (1) $e^z = 1 \Rightarrow z = 2k\pi i$：

   $|e^z| = e^x = 1 \therefore x = 0$

   從而 $e^z = e^{iy} = \cos y + i\sin y = 1$

   得 $\cos y = 1$，$\sin y = 0$

   $\therefore y = 2k\pi$

   即 $z = x + iy = 2k\pi i$

   (2) $z = 2k\pi i \Rightarrow e^z = 1$：

   $e^z = e^{2k\pi i} = \cos 2k\pi + i \sin 2k\pi = 1$

3. $e^{z_1} = e^{z_2}$ 之充要條件爲 $e^{z_1 - z_2} = 1$

   $\therefore z_1 - z_2 = 2k\pi i$，即 $z_1 = z_2 + 2k\pi i$ ■

   上一性質說明了 e^z 爲一週期爲 2π 週期函數，這個性質在解指數方程式時很重要。

例 1 求 $e^{3+\frac{\pi}{4}i}$

解 $e^{3+\frac{\pi}{4}i} = e^3\left(\cos\frac{\pi}{4} + i\sin\frac{\pi}{4}\right) = \frac{\sqrt{2}}{2}e^3\,(1+i)$

★ 例 2 試證：不存在一個 z 滿足 $e^z=0$

解 利用反證法，設存在一個 z 使得 $e^z=0$，則

$e^z=e^x(\cos y+i\sin y)=0$，$x,y\in R$，我們有：

$$\begin{cases} e^x\cos y=0 & (1) \\ e^x\sin y=0 & (2) \end{cases}$$

由 (1)，(2) 可得 $\cos y=0$ 且 $\sin y=0$，但不可能存在一個 $y\in R$ 同時滿足 $\cos y=0$ 及 $\sin y=0$ $\therefore e^z\neq 0$

例 3 驗證 $e^{\bar{z}}=\overline{e^z}$

解 $e^{\bar{z}}=e^{x-iy}=e^x\{(\cos(-y)+i\sin(-y))\}$

$$=e^x\{\cos y-i\sin y\}=\overline{e^x\{\cos y+i\sin y\}}=\overline{e^z}$$

練習

試證 $|e^{iz}|=e^{-y}$

例 4 解 $e^{4z}=1$

解 $e^{4z}=1=e^{2k\pi i}$

$\therefore 4z=2k\pi i$ 即 $z=\dfrac{k\pi}{2}i$ ，$k=0,\pm1,\pm2\cdots$

例 5 解 $e^z=\dfrac{1}{\sqrt{2}}(1+i)$

解 $e^z=\dfrac{1}{\sqrt{2}}(1+i)=\cos\dfrac{\pi}{4}+i\sin\dfrac{\pi}{4}=e^{i\frac{\pi}{4}}$ ，由定理 B，

$$z = i\frac{\pi}{4} + 2k\pi i = \frac{\pi}{4}i(1+8k)\quad，k = 0,\ \pm1,\ \pm2\cdots$$

定理 C（有關 e^z 之微分）

1. $\frac{d}{dz}e^z = e^z$　　　2. $\frac{d}{dz}e^{az} = ae^z$

練習

求 $\frac{d}{dz}e^{z^2}$ 與 $\frac{d}{dz}e^{(3z^2+2z+1)}$

Ans：$2ze^{z^2}$，$(6z+2)e^{(3z^2+2z+1)}$

複三角函數

複正弦函數 $\sin z$ 與複餘弦函數 $\cos z$ 都是用 e^{iz} 與 e^{-iz} 來表示的：

$$e^{iz} = 1 + (iz) + \frac{1}{2!}(iz)^2 + \frac{1}{3!}(iz)^3 + \cdots\cdots$$

$$= 1 + iz - \frac{1}{2!}z^2 - \frac{1}{3!}iz^3 + \frac{1}{4!}z^4 + \cdots\cdots$$

$$e^{-iz} = 1 - iz - \frac{1}{2!}z^2 + \frac{1}{3!}iz^3 + \frac{1}{4!}z^4 + \cdots\cdots$$

$$\therefore \frac{1}{2}(e^{iz} + e^{-iz}) = 1 - \frac{1}{2!}z^2 + \frac{1}{4!}z^4 + \cdots\cdots = \cos z\text{，以及}$$

$$\frac{1}{2i}(e^{iz} - e^{-iz}) = z - \frac{1}{3!}z^3 + \frac{1}{5!}z^5 - \cdots\cdots = \sin z\text{，所以有以下定義：}$$

定義 $\sin z=\dfrac{e^{iz}-e^{-iz}}{2i}$，$\cos z=\dfrac{e^{iz}+e^{-iz}}{2}$

定義了 $\sin z$，$\cos z$ 後，如同實三角函數，我們還可定義：

$$\tan z=\frac{\sin z}{\cos z}，\cot z=\frac{\cos z}{\sin z}，\sec z=\frac{1}{\cos z}，\csc z=\frac{1}{\sin z}$$

讀者要特別注意的是：$\sin z$，$\cos z$ 只保有 $\sin x$，$\cos x$ 部分之性質，換言之，實三角函數有一些性質在複三角函數中不成立。

定理 D
(1) $\sin z$，$\cos z$ 均為可解析
(2) $\dfrac{d}{dz}\sin z=\cos z$，$\dfrac{d}{dz}\cos z=-\sin z$

證明 (1) e^{iz}，e^{-iz} 均為可解析，∴ $\sin z$，$\cos z$ 亦為可解析

(2) $\dfrac{d}{dz}\sin z=\dfrac{d}{dz}\left[\dfrac{1}{2i}(e^{iz}-e^{-iz})\right]=\dfrac{1}{2i}(ie^{iz}+ie^{-iz})=\dfrac{1}{2}(e^{iz}+e^{-iz})$

$=\cos z$

同法可證 $\dfrac{d}{dz}\cos z=-\sin z$ ■

例 6 試證 $\cos(z+2\pi)=\cos z$

解
$$\cos(z+2\pi)=\frac{e^{i(z+2\pi)}+e^{-i(z+2\pi)}}{2}=\frac{e^{iz}e^{2\pi i}+e^{-iz}e^{-2\pi i}}{2}$$
$$=\frac{e^{iz}(\cos 2\pi+i\sin 2\pi)+e^{-iz}(\cos(-2\pi)+i\sin(-2\pi))}{2}$$

$$= \frac{e^{iz} + e^{-iz}}{2} = \cos z$$

因此，cos z 是一個週期爲 2π 之週期函數

例 7 試證：若且唯若 $z = k\pi$，則 $\sin z = 0$

解 「⇒」$z = k\pi$ 則 $\sin z = 0$：

$$\sin z = \frac{e^{ik\pi} - e^{-ik\pi}}{2i} = \frac{(\cos k\pi + i\sin k\pi) - (\cos(-k\pi) - i\sin(-k\pi))}{2i}$$

$$= \frac{(\cos k\pi + i\sin k\pi) - (\cos k\pi + i\sin k\pi)}{2i} = 0$$

「⇐」$\sin z = 0$ 則 $z = k\pi$：

$$\sin z = \frac{e^{iz} - e^{-iz}}{2i} = 0 \Rightarrow e^{iz} = e^{-iz}$$

$\therefore\ iz = -iz + 2k\pi i$

化簡得 $z = k\pi$

例 8 求 $\cos(1 + 2i)$

解

$$\cos(1 + 2i) = \frac{1}{2}(e^{i(1+2i)} + e^{-i(1+2i)})$$

$$= \frac{1}{2}(e^{-2} \cdot e^{i} + e^{2} \cdot e^{-i})$$

$$= \frac{1}{2}[e^{-2}(\cos 1 + i\sin 1) + e^{2}(\cos(-1) + i\sin(-1))]$$

$$= \frac{1}{2}[e^{-2}(\cos 1 + i\sin 1) + e^{2}(\cos 1 - i\sin 1)]$$

由複三角函數之定義，讀者可試證：

$\sin(z + 2\pi) = \sin z$，$\cos(z + 2\pi) = \cos z$

$\sin(-z) = -\sin z$，$\cos(-z) = \cos z$

$\sin(2z) = 2\sin z\cos z$，$\cos(2z) = \cos^2 z - \sin^2 z$

$\sin(z_1 \pm z_2) = \sin z_1 \cos z_2 \pm \cos z_1 \sin z_2$

$\cos(z_1 \pm z_2) = \cos z_1 \cos z_2 \mp \sin z_1 \sin z_2$

複雙曲函數

我們可仿實雙曲線函數定義複雙曲函數如下：

定義

$$\cos hz = \frac{e^z + e^{-z}}{2} \qquad \cot hz = \frac{\cos hz}{\sin hz}$$

$$\sin hz = \frac{e^z - e^{-z}}{2} \qquad \sec hz = \frac{1}{\cos hz}$$

$$\tan hz = \frac{\sin hz}{\cos hz} \qquad \csc hz = \frac{1}{\sin hz}$$

由複雙曲函數定義即可得下列結果：

$$\cos iw = \frac{1}{2}\left(e^{i(iw)} + e^{-i(iw)}\right) = \frac{1}{2}(e^w + e^{-w}) = \cosh w$$

$$\sin iw = \frac{1}{2i}\left(e^{i(iw)} - e^{-i(iw)}\right) = \frac{1}{2i}(e^{-w} - e^{w}) = \frac{i}{2}(e^w - e^{-w}) = i\sin hw$$

例 9 若 $z = x + yi$ 試證 $\sin z = \sin x \cos hy + i\cos x \sin hy$

解

$$\sin z = \frac{1}{2i}(e^{iz} - e^{-iz})$$

$$= \frac{1}{2i}(e^{i(x+iy)} - e^{-i(x+iy)})$$

$$= \frac{1}{2i}(e^{-y+ix} - e^{y-ix})$$

$$= \frac{1}{2i}\left[e^{-y}(\cos x + i\sin x) - e^{y}(\cos x - i\sin x)\right]$$

$$= \sin x\left(\frac{e^{y}+e^{-y}}{2}\right) - \cos x\left(\frac{e^{y}-e^{-y}}{2i}\right)$$

$$= \sin x\left(\frac{e^{y}+e^{-y}}{2}\right) + i\cos x\left(\frac{e^{y}-e^{-y}}{2}\right)$$

$$= \sin x \cos hy + i \cos x \sin hy$$

對數函數

因為 $e^{2\pi i}=1$，$e^{\ln z+2\pi i}=z$，若 $z=re^{i\theta}$，我們定義 $\ln z$ 為：

$$\ln z = \ln r + i\,(\theta + 2k\pi),\ k = 0,\ \pm 1,\ \pm 2\ldots$$

由定義，$\ln z$ 為一多值函數（multiple-valued function），$\ln z$ 之主值（principal value）或主分支（principal branch）為 $\ln z = \ln r + i\theta$, $-\pi < \theta \le \pi$。

有許多書之作者是用 log 來表示「以 e 為底之自然對數」，亦即相當於本書之 ln。

例 10 求 (a) $\ln(-i)$　(b) $\ln(-1)$　(c) $\ln i$

解　(a) $\ln(-i) = \ln|-i| + i\left(\frac{-\pi}{2}+2k\pi\right) = i\left(\frac{-1}{2}\pi+2k\pi\right)$，

$k = 0,\ \pm 1,\ \pm 2\ldots$

(b) $\ln(-1) = \ln|-1| + i(\pi + 2k\pi) = i(2k+1)\pi$，$k = 0,\ \pm 1,\ \pm 2\ldots$

(c) $\ln i = \ln|i| + i\left(\frac{\pi}{2}+2k\pi\right) = i\left(\frac{\pi}{2}+2k\pi\right)$，$k = 0,\ \pm 1,\ \pm 2\ldots$

z^{α}

定義 設 α 為複數，$z \neq 0$，定義 z^{α} 之主值為 $e^{\alpha \ln z}$

例 11 求 (a)$(-2)^{i}$ (b)i^{i}

解 (a) $-2 = 2(\cos\pi + i\sin\pi)$

$\therefore (-2)^{i} = e^{i\ln(-2)} = e^{i(\ln 2 + (\pi + 2k\pi)i)} = e^{i\ln 2 - (2k+1)\pi}$，$k = 0, \pm 1, \pm 2\cdots$

(b) $i = \left(\cos\dfrac{\pi}{2} + i\sin\dfrac{\pi}{2}\right)$

$\therefore i^{i} = e^{i\ln i} = e^{i\left[\ln 1 + \left(\frac{\pi}{2} + 2k\pi\right)i\right]} = e^{-\left(2k + \frac{1}{2}\right)\pi}$, $k = 0, \pm 1, \pm 2\cdots$

練習

求 $i^{\sqrt{3}}$ Ans：$e^{\sqrt{3}\left(\frac{\pi}{2} + 2k\pi\right)i}$, $k = 0, \pm 1, \pm 2\cdots$

習題 8.3

1. 解 $e^{z} = 2i$

   Ans：$z = \ln 2 + i\left(\dfrac{1}{2} + 2k\right)\pi$，$k = 0, \pm 1, \pm 2\cdots\cdots$

2. 試證 $\cos h(iz) = \cos z$
3. 若 $e^{z} = 1 + i\sqrt{3}$ 求 $z =$ ？

Ans：$\ln 2+\left(\frac{1}{3}+2k\right)\pi i$，$k=0, \pm 1, \pm 2\cdots\cdots$

4. 求 (1) 3^i (2) $(1+i)^i$ (3) $(-i)^{-i}$ (4) $\ln\left(-\frac{1}{2}-\frac{\sqrt{3}}{2}i\right)$

Ans：(1) $e^{-2k\pi}[\cos\ln 3+i\sin\ln 3]$，$k=0, \pm 1, \pm 2\cdots\cdots$

(2) $e^{-\left(\frac{\pi}{4}+2k\pi\right)}[\cos(\ln\sqrt{2})+i\sin(\ln\sqrt{2})]$，$k=0, \pm 1, \pm 2\cdots\cdots$

(3) $e^{\left(2k+\frac{3}{2}\right)\pi}$，$k=0, \pm 1, \pm 2\cdots\cdots$

(4) $\left(\frac{4}{3}\pi+2k\pi\right)i$，$k=0, \pm 1, \pm 2\cdots\cdots$

5. 解：(1) $\sin z=0$ (2) $\cos z=0$ (3) $\sin z+\cos z=0$

Ans：(1) $z=k\pi$，$k=0, \pm 1, \pm 2\cdots\cdots$

(2) $z=k\pi+\frac{\pi}{2}$，$k=0, \pm 1, \pm 2\cdots\cdots$

(3) $z=k\pi-\frac{\pi}{4}$，$k=0, \pm 1, \pm 2\cdots\cdots$

6. 解：(1) $\sinh z=0$ (2) $\sinh z=i$

Ans：(1) $z=k\pi i$，$k=0, \pm 1, \pm 2\cdots\cdots$

(2) $z=(2k+1)\pi i$，$k=0, \pm 1, \pm 2\cdots\cdots$

7. 試證 $e^{iz}=\cos z+i\sin z$

8.4 複變函數積分與Cauchy積分定理

若 $f(z)=u(x, y)+iv(x, y)$ 在區域 R 中為連續，曲線 C 屬於區域 R 則 $f(z)$ 沿 C 之線積分為：

$$\int_c f(z)dz = \int_c (u+iv)(dx+idy)$$
$$= \int_c (udx - vdy) + i(vdx + udy)$$

因此，複變函數之線積分保有下列性質：

1. $\int_c kf(z)dz = k\int_c f(z)dz$
2. $\int_c (f_1(z)+f_2(z))dz = \int_c f_1(z)dz + \int_c f_2(z)dz$
3. $\int_{c_1+c_2} f_1(z)dz = \int_{c_1} f_1(z)dz + \int_{c_2} f_1(z)dz$

例 1 求 $\int_{1+i}^{2+4i} zdz$ ：

(1) 一般定義法

(2) 沿拋物線 $x=t$，$y=t^2$ $1 \le t \le 2$

解 (1) $\int_{1+i}^{2+4i} zdz = \left.\frac{z^2}{2}\right|_{1+i}^{2+4i} = \frac{1}{2}[(2+4i)^2 - (1+i)^2] = -6+7i$

(2) $\int_{1+i}^{2+4i} (x+yi)(dx+idy) = \int_{1+i}^{2+4i} (xdx - ydy) + i\int_{1+i}^{2+4i} (xdy + ydx)$

$$= \int_1^2 (tdt - t^2(2tdt)) + i\int_1^2 (t(2t)dt - t^2dt)$$
$$= \int_1^2 (t-2t^3)dt + i\int_1^2 3t^2dt = -6+7i$$

例 2 求 $\int_c z^2dz$ ，c：$y=x^2, 1 \le x \le 2$

解 $\int_c z^2dz = \int_c (x+iy)^2d(x+iy) = \int_c (x^2-y^2+2ixy)d(x+iy)$

$$= \left[\int_c (x^2-y^2)dx - 2xydy\right] + i\left[\int_c 2xydx + (x^2-y^2)dy\right] \qquad (1)$$

利用參數法，取 $x=t, y=t^2, 2 \ge t \ge 1$

$(1) = \left[\int_1^2 (t^2-t^4)dt - 2t(t^2)(2tdt)\right] + i\left[\int_1^2 2t(t^2)dt + (t^2-t^4)(2tdt)\right]$

$$= \int_1^2 (t^2 - 5t^4)dt + i\int_1^2 (4t^3 - 2t^5)dt$$

$$= -\frac{86}{3} - 6i$$

練習

求 $\int_i^1 \overline{z}\,dz$ ，C：$y = (x-1)^2$ Ans：$-\frac{2}{3}i$

例 3 求 (a) $\int_c \bar{z}dz$，c：為由 0 沿直線到 $1+i$

(b) $\int_c \bar{z}dz$，c：為由 0 沿 $y = x^2$ 到 $1+i$

解 (a) 取參數方程式 $x = t$，$y = t$，$1 > t > 0$

$$\therefore \int_c \bar{z}dz = \int_c \overline{(x+yi)}\,d(x+yi)$$

$$= \int_c (x-yi)\,d(x+yi)$$

$$= \int_0^1 (t-ti)\,d(t+ti)$$

$$= \int_0^1 2tdt = 1$$

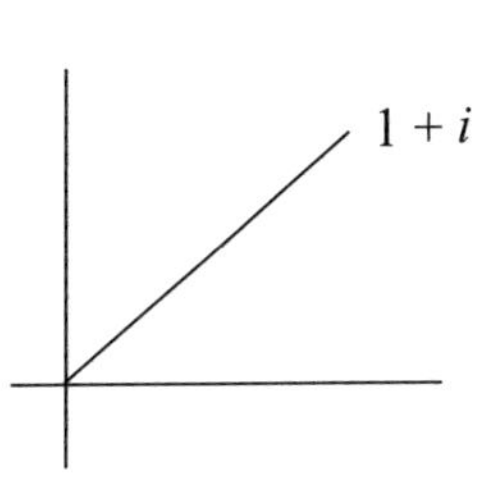

(b) 取參數方程式：$x = t$，$y = t^2$，$1 > t > 0$

$$\int_c \bar{z}dz = \int_0^1 (t - t^2 i)\,d(t + t^2 i)$$

$$= \int_0^1 (t + 2t^3)\,dt + i\int_0^1 t^2 dt$$

$$= 1 + \frac{1}{3}i$$

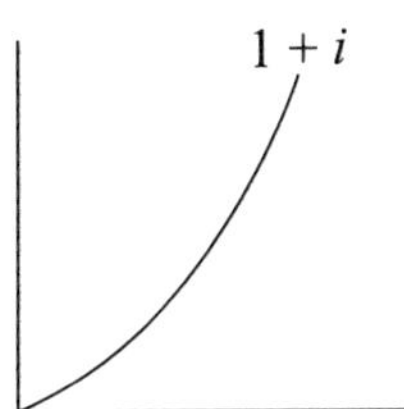

練習

求 $\int_c z dz$ (1) c 由 0 沿直線到 $3+9i$；(2) c 由 0 沿 $y=x^2$ 到 $3+9i$

Ans：(1) $-36+27i$；(2) $-36+27i$

★一個重要之不等式

定理 A $f(z)$ 在路徑 c 為可積分，若 $|f(z)| \leq M$，L 為 c 之長度則

$$\left|\int_c f(z)dz\right| \leq ML$$

例 5 試證 $\left|\int_c \frac{e^z}{z^2+1}dz\right| \leq \frac{e^2}{3} \cdot 4\pi$；$c$：$|z|=2$ 之反時鐘方向

解

$$|e^z| = |e^{x+iy}| = |e^x(\cos y + i\sin y)| = e^x \leq e^{\sqrt{x^2+y^2}} \leq e^2$$

又 $|z^2+1| \geq |z|^2 - 1 = 2^2 - 1 = 3$，$\frac{1}{|z^2+1|} \leq \frac{1}{3}$

從而 $|f(z)| = \left|\frac{e^z}{z^2+1}\right| \leq \frac{e^2}{3} = M$

$$\therefore \left|\int_c \frac{e^z}{z^2+1}dz\right| \leq \frac{e^2}{3} \cdot 4\pi, \ (L = 2\pi r = 2\pi \cdot 2 = 4\pi)$$

Cauchy 積分定理

定理 B 若 c 爲簡單之封閉曲線，$f(z)$ 在 c 上或 c 之內部區域爲可解析，則 $\oint_c f(z)=0$

證明 $\oint_c f(z)dz=\oint_c (u+iv)(dx+idy)$

$$=\oint_c (udx-vdy)+i\oint_c (vdx+udy)$$

由 Green 定理：

$$\oint_c (udx-vdy)=-\iint_R \left(\frac{\partial v}{\partial x}+\frac{\partial u}{\partial y}\right)dxdy \qquad (1)$$

$$\oint_c (vdx+udy)=\iint_R \left(\frac{\partial u}{\partial x}-\frac{\partial v}{\partial y}\right)dxdy \qquad (2)$$

但 $f(z)$ 在 c 爲可解析，由 Riemann-Cauchy 方程式，

$\frac{\partial u}{\partial x}=\frac{\partial v}{\partial y}$，$\frac{\partial v}{\partial x}=-\frac{\partial u}{\partial y}$，代入 (1)，(2)，可得 (1)=0，(2)=0

$\therefore \oint_c f(z)=0$ ■

定理 C 若 c 爲一簡單封閉曲線，$z=a$ 在 c 之內部，則

$$\oint_c \frac{dz}{(z-a)^n}=\begin{cases}2\pi i, & n=1\\ 0, & n=2,3,4\end{cases}$$

證明 先證 $n=1$ 之情形

由定理 7.4C，$\oint_c \frac{dz}{z-a} = \oint_\Gamma \frac{dz}{z-a}$ ＊

在 Γ：$|z-a|=\varepsilon \therefore z=a+\varepsilon e^{i\theta}$，$0\le\theta\le 2\pi$

$dz = i\varepsilon e^{i\theta}d\theta$

$\therefore * = \int_0^{2\pi} \frac{i\varepsilon e^{i\theta}d\theta}{\varepsilon e^{i\theta}} = \int_0^{2\pi} i d\theta = 2\pi i$

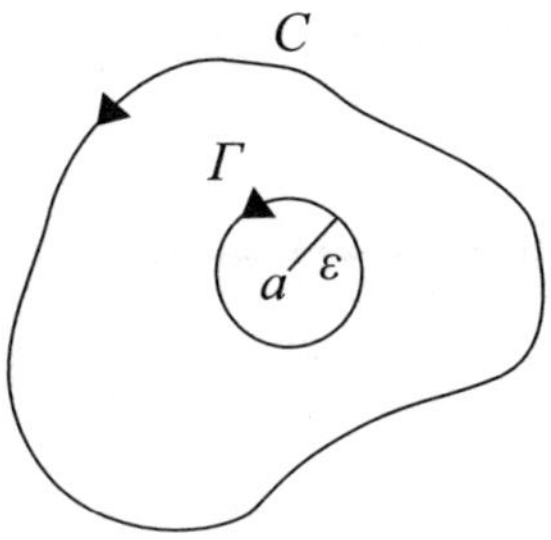

次證 $n = 2, 3\cdots$

$$\oint_c \frac{dz}{(z-a)^n} = \oint_\Gamma \frac{dz}{(z-a)^n} = \int_0^{2\pi} \frac{i\varepsilon e^{i\theta}d\theta}{(\varepsilon e^{i\theta})^n} = \frac{1}{\varepsilon^{n-1}}\int_0^{2\pi} e^{(1-n)i\theta}d\theta$$

$$= \frac{1}{\varepsilon^{n-1}}\frac{e^{(1-n)i\theta}}{(1-n)i}\Big]_0^{2\pi} = \frac{1}{\varepsilon^{n-1}(1-n)i}[\cos(1-n)\theta + i\sin(1-n)\theta]_0^{2\pi} = 0$$

■

Cauchy 積分公式

定理 D c 爲一簡單的封閉曲線，$z = a$ 爲 c 之內部任一點，若 $f(z)$ 在曲線 c 上或在曲線 c 內部均爲可解析，則

$$f(a) = \frac{1}{2\pi i}\oint_c \frac{f(z)}{z-a}dz \quad 及 \quad f^{(n)}(a) = \frac{n!}{2\pi i}\oint_c \frac{f(z)}{(z-a)^{n+1}}dz$$

我們在應用 Cauchy 積分公式時，不妨改寫成下列形式，以便於應用：

$$\oint_c \frac{f(z)}{z-a}dz = 2\pi i f(a)$$

$$\oint_c \frac{f(z)}{(z-a)^n}dz = \frac{2\pi i}{(n-1)!}f^{(n-1)}(a)$$

若 $z=a$ 不在 C 之內部則積分為 0。

例 6 求 (a) $\oint_c \frac{e^z}{z}dz$ ，c：$|z|=2$ (b) $\oint_c \frac{e^z}{z}dz$ ，c：$|z|=2$

(c) $\oint_c \frac{e^z}{z^3}dz$ ，c：$|z|=2$

解 $z=0$ 落在 c 之內部：$|z|=2$，$f(z)=e^z$ 在 c 中為可解析

(a) $\oint_c \frac{e^z}{z}dz=2\pi i f(0)=2\pi i\cdot e^0=2\pi i$

(b) $\oint_c \frac{e^z}{z^2}dz=\frac{2\pi i}{1!}f'(0)=2\pi i\cdot e^0=2\pi i$

(c) $\oint_c \frac{e^z}{z^3}dz=\frac{2\pi i}{2!}f''(0)=\pi i\cdot e^0=\pi i$

例 7 求 $\oint_c \frac{\cos z}{z\left(z-\frac{\pi}{2}\right)}dz$ ，c：$|z|=1$

解 取 $f(z)=\dfrac{\cos z}{z-\frac{\pi}{2}}$ 則

$$\oint_c \frac{\cos z}{z\left(z-\frac{\pi}{2}\right)}dz=\oint_c \frac{\cos z/\left(z-\frac{\pi}{2}\right)}{z}dz=2\pi i f(0)=2\pi i\cdot\frac{1}{-\frac{\pi}{2}}=-4i$$

練習

求 $\oint_c \frac{\sin z}{z-\pi}dz$，$c$：$|z-1|=3$ Ans：0

例 8 求$\oint_c \frac{e^z}{z(z-1)}dz$，$c$：$|z|=2$

解 $$\oint_c \frac{e^z}{z(z-1)}dz=\oint_c e^z\left(\frac{1}{z-1}-\frac{1}{z}\right)dz$$
$$=\oint_c \frac{e^z}{z-1}dz-\oint_c \frac{e^z}{z}dz$$

$f(z)=e^z$ 在 c 爲可解析，且 $z=0$，$z=1$ 均落在 c 內部

$$\therefore \oint_c \frac{e^z}{z-1}dz=2\pi i\cdot f(1)=2\pi i\cdot e$$

$$\oint_c \frac{e^z}{z}dz=2\pi i\cdot f(0)=2\pi i\cdot e^0=2\pi i\cdot 1=2\pi i$$

故 $$\oint_c \frac{e^z}{z(z-1)}dz=2\pi ie-2\pi i=2\pi i\,(e-1)$$

例 9 求$\oint_c \frac{z^2e^z}{2z+1}dz$，$c$：$|z|=2$

解 $$\oint_c \frac{z^2e^z}{2z+1}dz=\frac{1}{2}\oint_c \frac{z^2e^z}{z+\frac{1}{2}}dz \tag{1}$$

其中$f(z)=z^2e^z$ 在 c 中爲可解析，同時 $z=-\frac{1}{2}$ 落在 c 的內部

$$\therefore \oint_c \frac{z^2e^z}{2z+1}dz=\frac{1}{2}\oint_c \frac{z^2e^z}{z+\frac{1}{2}}dz=\frac{1}{2}(2\pi i)f\left(-\frac{1}{2}\right)$$
$$=\pi i\left(\frac{1}{4}e^{-\frac{1}{2}}\right)$$
$$=\frac{1}{4}\pi ie^{-\frac{1}{2}}$$

本例雖然並不複雜，但許多同學常忽略(1)之步驟而計算錯誤。

練習

求 $\oint_c \frac{e^{3z}}{(z+1)^3}dz$，$c$：$|z|=2$ Ans：$9\pi ie^{-3}$

習題 8.4

1. 求 $\oint_c \frac{ze^z}{z+1}dz$，$c$：$|z-1|=2$

   Ans：$\frac{-2\pi i}{e}$

2. 求 $\oint_c \frac{e^z}{z\ (z+1)}dz$，$c$：$|z-1|=3$

   Ans：$2\pi i(1-\mathrm{e}^{-1})$

3. 求 $\oint_c \frac{z^2+3z+1}{z+1}dz$，$c$：$|z+i|=1$

   Ans：0

4. 求 $\oint_c \frac{e^z}{z^3}dz$，$c$：$|z|=2$

   Ans：πi

5. 求 $\oint_c \frac{z+3}{z^3+2z^2}dz$，$c$：$|z+2-i|=2$

   （提示：$\oint_c \frac{z+3}{z^3+2z^2}dz=\oint_c \frac{\frac{z+3}{z^2}dz}{z+2}$）

   Ans：$\frac{\pi}{2}i$

6. $\oint_c \frac{f(z)}{(z-m)(z-n)}dz$ ，c：$|z|=1$，$|m|<1$，$|n|<1$，且 $m \neq n$

Ans：$\frac{2\pi i}{m-n}(f(m)-f(n))$

7. $\int_2^i \bar{z}dz$：c：$\frac{x^2}{4}+y^2=1$之第一象限部份。

Ans：$-\frac{3}{2}+\pi i$

8. 求$\int_0^{1+i}(z+1)dz$，c：$y=x^2$

Ans：$1+2i$

9. 求$\oint_c \frac{\sin z}{z-\frac{\pi}{2}}dz$，$c$：$|z|=2$

Ans：$2\pi i$

10.求$\oint_c \frac{e^z}{2z+3}dz$，$c$：$|z|=1$

Ans：0

8.5　羅倫展開式

奇異點與泰勒級數

談羅倫級數（Laurent's series）前先了解什麼是奇異點（singular point）。

若函數 $f(z)$ 在 $z=a$ 處不可解析，則 $z=a$ 為 $f(z)$ 的奇異點。例如 $f(z)=\dfrac{z}{z+2}$ 則 $z=-2$ 為 $f(z)$ 的奇異點。

若 $f(z)$ 在 $z=a$ 處為一無限多階極點則 $z=a$ 為 $f(z)$ 的本性奇異點（essential singularity）。$f(z)=e^{\frac{1}{z}}=1+\dfrac{1}{z}+\dfrac{1}{2!\,z^2}+\dfrac{1}{3!\,z^3}+\cdots$ 故 $z=0$ 為 $f(z)$ 的本性奇異點。

若 $f(z)$ 在區域 c 中除 $z=a$ 外其餘各處均為可解析，則稱 $z=a$ 為 $f(z)$ 之孤立奇異點（isolated singularity）。例：$f(z)=\dfrac{z^2}{(z-1)^2}$ 之 $z=1$ 為 $f(z)$ 之孤立奇異點。

若我們能找到一個正整數 n 使得 $\lim\limits_{z\to a}(z-a)^n f(z)=A$（常數）$A\neq 0$ 則稱 $z=a$ 為 ***n* 階極點**（pole of order n），$n=1$ 時稱為**簡單極點**（simple pole）。

又有些奇異點 $z=a$ 之 $\lim\limits_{z\to a}f(z)$ 存在，則稱 $z=a$ 為 $f(z)$ 之可除去奇異點（removable singularities），例如 $f(z)=\dfrac{\sin z}{z}$，$\lim\limits_{z\to 0}f(z)=1$ $\therefore z=0$ 是 $f(z)$ 之可除去奇異點。

對多值函數如 $\ln z$ 之奇異點稱為分支點（branch points）如 $f(z)=\ln(z^2-3z+2)$ 之 $z=1, 2$ 便為 $\ln(z^2-3z+2)$ 之分支點。

例 1 指出下列函數之奇異點

(a) $f(z)=\dfrac{z}{(z-1)\quad(z-2)^2\quad(z-3)^3}$ (b) $g(z)=\dfrac{1}{z^2+4}$

解 (a) $f(z)$ 有 3 個奇異點：$z=1$ 為簡單極點，$z=2$ 為 2 階極點，$z=3$ 為 3 階極點。

(b) $g(z)=\dfrac{1}{(z+2i)(z-2i)}$ $\therefore z=\pm 2i$ 均為簡單極點

泰勒級數

$f(z)$ 在圓心爲 $z = a$ 之圓上及其內部是可解析，則對圓內所有點 z，$f(z)$ 之泰勒級數（Taylor series）爲

$$f(z)=f(a)+f'(a)\,(z-a)+\frac{f''(a)}{2!}(z-a)^2+\frac{f'''(a)}{3!}(z-a)^3+\cdots\cdots$$

一些實函數之級數展開結果，亦重現在複函數中：

1. $e^z=1+z+\frac{1}{2!}z^2+\frac{1}{3!}z^3+\cdots\cdots$
2. $\sin z=z-\frac{1}{3!}z^3+\frac{1}{5!}z^5-\cdots\cdots$
3. $\cos z=1-\frac{1}{2!}z^2+\frac{1}{4!}z^4-\cdots\cdots$
4. $\frac{1}{1-z}=1+z+z^2+z^3+\cdots\cdots$
5. $\ln(1+z)=z-\frac{z^2}{2}+\frac{z^2}{3}-\frac{z^2}{4}+\cdots\cdots$
6. $(1+z)^p=1+pz+\frac{p(p-1)}{2!}z^2+\frac{p(p-1)(p-2)}{3!}z^3+\cdots\cdots$

一些求實函數之級數展開式的方法在複函數中亦常用之。

例 2 求 $f(z)=z^2\cos\frac{1}{z}$ 在 $z=0$ 之級數，並指出奇異點之名稱。

解

$$\cos z=1-\frac{1}{2!}z^2+\frac{1}{4!}z^4-\frac{1}{6!}z^6+\cdots\cdots$$

$$f(z)=z^2\cos\frac{1}{z}=z^2\left(1-\frac{1}{2!\,z^2}+\frac{1}{4!\,z^4}-\frac{1}{6!\,z^6}-\cdots\right)$$

$$=z^2-\frac{1}{2!}+\frac{1}{4!\,z^2}-\frac{1}{6!\,z^4}+\cdots\cdots$$

$\therefore z=0$ 爲本性奇異點。

例 3　求 $f(z)=\dfrac{\sin z}{z-\pi}$ 在 $z=\pi$ 之級數，並指出奇異點之名稱

解

$$f(z)=\frac{\sin z}{z-\pi}\overset{u=z-\pi}{=\!=\!=}\frac{\sin(u+\pi)}{u}=-\frac{\sin u}{u}$$

$$=-\frac{1}{u}\left(u-\frac{1}{3!}u^3+\frac{1}{5!}u^5-\cdots\right)$$

$$=-1+\frac{1}{3!}u^2-\frac{1}{5!}u^4+\cdots\cdots$$

$$=-1+\frac{1}{3!}(z-\pi)^2-\frac{1}{5!}(z-\pi)^4+\cdots\cdots$$

$\because \lim\limits_{z\to\pi}(z-\pi)\dfrac{\sin z}{z-\pi}=0$　　$\therefore z=\pi$ 爲可除去奇異點。

例 4　(a) $f(z)=\dfrac{1}{z(z+2)^2}$ 在 $z=0$ 之級數　(b) $z=-2$ 時又若何？

(c) 指出奇異點之名稱。

解

(a) $$f(z)=\frac{1}{z(z+2)^2}=\frac{1}{4z\left(1+\frac{z}{2}\right)^2}$$

$$=\frac{1}{4z}\left(1-2\left(\frac{z}{2}\right)+\frac{(-2)(-3)}{2!}\left(\frac{z}{2}\right)^2+\frac{(-2)(-3)(-4)}{3!}\left(\frac{z}{2}\right)^3+\cdots\right)$$

$$=\frac{1}{4z}\left(1-z+\frac{3}{4}z^2-\frac{1}{2}z^3+\cdots\right)$$

$$=\frac{1}{4z}-\frac{1}{4}+\frac{3}{16}z-\frac{1}{z}z^2+\cdots\cdots$$

(b) $$f(z)=\frac{1}{z(z+2)^2}\overset{z+2=u}{=\!=\!=}\frac{1}{(u-2)u^2}=-\frac{1}{2u^2}\frac{1}{1-\frac{u}{2}}$$

$$=-\frac{1}{2u^2}\left(1+\frac{u}{2}+\frac{u^2}{4}+\frac{u^3}{8}+\cdots\right)$$

$$=-\frac{1}{2u^2}-\frac{1}{4u}-\frac{1}{8}-\frac{u}{16}+\cdots$$

$$=-\frac{1}{2(z+2)^2}-\frac{1}{4(z+2)}-\frac{1}{8}-\frac{1}{16}(z+2)+\cdots$$

(c) $\lim_{z\to 0} z\cdot\dfrac{1}{z(z+2)^2}=\dfrac{1}{4}$ $\therefore z=0$ 爲一階極點

$\lim_{z\to -2}(z+2)^2\cdot\dfrac{1}{z(z+2)^2}=-\dfrac{1}{2}$ $\therefore z=-2$ 爲 2 階極點。

例 5 求 $f(z)=\dfrac{2+z}{(1+z)^2}$ 之 Maclaurin 展開式

解

$$f(z)=\frac{2+z}{(1+z)^2}=\frac{1+z+1}{(1+z)^2}=\frac{1}{1+z}+\frac{1}{(1+z)^2}$$

$$=(1-z+z^2-z^3+\cdots)+(1-2z+3z^2-4z^3+\cdots)$$

$$=2-3z+4z^2-5z^3+\cdots，|z|<1$$

例 5 之 $\dfrac{1}{1+z}=1-z+z^2-z^3+\cdots$，而 $\dfrac{1}{(1+z)^2}=\dfrac{-1}{dz}\left(\dfrac{1}{1+z}\right)$

$=-\dfrac{d}{dz}(1-z+z^2-z^3+\cdots)=1-2z+3z^2-\cdots$

練習

(a) $f(z)=\dfrac{\sin\sqrt{z}}{\sqrt{z}}$ (b) $g(z)=\dfrac{z}{(z^2+1)^2}$ 之奇異點性質？

Ans：(a) $z=0$ 爲可除去奇異點（$\because \lim_{z\to 0}\dfrac{\sin\sqrt{z}}{\sqrt{z}}=1$）

(b) $z=\pm i$（二階極點）

羅倫級數

有了奇異點、極點之初步理解，便可步入羅倫級數。

若函數 $f(z)$ 在 $z=a$ 有一 n 階極點，且在圓心爲 a 之圓 c 所圍

區域內（包括圓周）（即 $|z-a| \le r$，但 a 除外）之所有點均為可解析，則為 $f(z)$ 之羅倫級數。

$$f(z)=\frac{a_{-n}}{(z-a)^n}+\frac{a_{-(n-1)}}{(z-a)^{n-1}}+\cdots+\frac{a_{-1}}{z-a}+a_0+a_1(z-a)$$
$$+a_2(z-a)^2+\cdots\cdots$$

羅倫級數中之 a_{-1} 非常重要，它是 $f(z)$ 在極點 $z=a$ 之**留數**（residue）。我們將在下節討論。留數在複數積分中扮演極其關鍵之角色。

複函數 $f(z)$ 羅倫級數之求法大致可歸納以下：

1. $|z|<1$ 時，$f(z)$ 利用 $\frac{1}{1-z}=\sum_{n=0}^{\infty} z^n$ 表示。

2. $|z|>k$ 時 $\left|\frac{k}{z}\right|<1$，利用 $\zeta=\frac{k}{z}$ 行變數變換來求 $f(z)$。

例 6 求 $f(z)=\frac{1}{z-2}$，$|z-1|>1$ 之羅倫級數。

解 $|z-1|>1 \quad \therefore \left|\frac{1}{z-1}\right|<1$

因此

$$f(z)=\frac{1}{z-2}=\frac{1}{(z-1)-1}=\frac{1}{z-1}\cdot\frac{1}{1-\frac{1}{z-1}}$$

$$=\frac{1}{z-1}\left(1+\frac{1}{z-1}+\frac{1}{(z-1)^2}+\frac{1}{(z-1)^3}+\cdots\right)$$

$$=\frac{1}{z-1}+\frac{1}{(z-1)^2}+\frac{1}{(z-1)^3}+\frac{1}{(z-1)^4}+\cdots$$

在上例中，若 $|z-1|<1$，則

$$f(z)=\frac{1}{z-2}=-\frac{1}{2-z}=-\frac{1}{(1-z)+1}=$$

$$-(1-(1-z)+(1-z)^2-(1-z)^3+\cdots)$$

$$=-1+(1-z)-(1-z)^2+(1-z)^3-\cdots$$

例 7　$f(z)=\dfrac{1}{z-1}$，分別求 $|z|<1$ 與 $|z|>1$ 之羅倫級數。

解　(1) $|z|<1$：

$$f(z)=\frac{1}{z-1}=-\frac{1}{1-z}=-(1+z+z^2+\cdots)=-1-z-z^2-\cdots$$

(2) $|z|>1$，即 $\left|\dfrac{1}{z}\right|<1$

$$f(z)=\frac{1}{z-1}=\frac{1}{z}\cdot\frac{1}{1-\frac{1}{z}}=\frac{1}{z}\left(1+\frac{1}{z}+\frac{1}{z^2}+\frac{1}{z^3}+\cdots\right)$$

$$=\frac{1}{z}+\frac{1}{z^2}+\frac{1}{z^3}+\frac{1}{z^4}+\cdots$$

例 8　$f(z)=\dfrac{1}{z^2+1}$ 求 $|z|>1$ 之羅倫級數。

解　$|z|>1$ 時 $\left|\dfrac{1}{z}\right|<1$，從而 $\left|\dfrac{1}{z^2}\right|<1$

$$\therefore f(z)=\frac{1}{z^2+1}=\frac{1}{z^2}\cdot\frac{1}{1+\frac{1}{z^2}}=\frac{1}{z^2}\left(1-\frac{1}{z^2}+\frac{1}{z^4}-\frac{1}{z^6}+\cdots\right)$$

$$=\frac{1}{z^2}-\frac{1}{z^4}+\frac{1}{z^6}-\frac{1}{z^8}+\cdots$$

我們再看下列較複雜的例子：

例 9 $f(z)=\dfrac{1}{(z+1)(z+3)}$，試依 (1)$1<|z|<3$　(2)$|z|<1$ 分別求 $f(z)$ 之羅倫級數

解 $f(z)=\dfrac{1}{(z+1)(z+3)}=\dfrac{1}{2}\left(\dfrac{1}{z+1}-\dfrac{1}{z+3}\right)$

(1) $1<|z|<3$ 時

依① $|z|>1$ $\therefore\left|\dfrac{1}{z}\right|<1$，及② $|z|<3$ 即$\left|\dfrac{z}{3}\right|<1$ 分別展開：

$$f(z)=\frac{1}{2}\frac{1}{z+1}-\frac{1}{2}\frac{1}{z+3}$$

$$=\frac{1}{2z}\frac{1}{1+\frac{1}{z}}-\frac{1}{2}\cdot\frac{1}{3}\frac{1}{1+\frac{z}{3}}$$

$$=\frac{1}{2z}\left(1-\frac{1}{z}+\frac{1}{z^2}-\frac{1}{z^3}+\cdots\right)-\frac{1}{6}\left(1-\frac{z}{3}+\frac{z^2}{9}-\frac{z^3}{27}+\cdots\right)$$

(2) $|z|<1$

$$f(z)=\frac{1}{2}\frac{1}{1+z}-\frac{1}{2}\frac{1}{3+z}$$

$$=\frac{1}{2}\frac{1}{1+z}-\frac{1}{6}\frac{1}{1+\frac{z}{3}}$$

$$=\frac{1}{2}(1-z+z^2-z^3+\cdots)-\frac{1}{6}\left(1-\frac{z}{3}+\frac{z^2}{9}-\frac{z^3}{27}+\cdots\right)$$

練習

求 $f(z)=\dfrac{1}{z^2-3z+2}$ 在 (1) $|z|>1$ (2) $|z|<2$ 之羅倫級數。

Ans：(1) $\dfrac{1}{z}+\dfrac{1}{z^2}+\dfrac{1}{z^3}+\cdots$　(2) $\dfrac{-1}{2}\left(1+\dfrac{z}{2}+\dfrac{z^2}{4}+\dfrac{z^3}{8}+\cdots\right)$

就級數之形式看來，泰勒級數只含常數與正次方項，但羅倫級數還包括了負次方項。此外，

(1) 在 $z = z_0$ 之鄰域爲可解析時，$f(z)$ 才有泰勒級數，此時 $f(z)$ 之泰勒展開式與羅倫展開式相同。

(2) 當 $z = z_0$ 爲奇點或圓環（annulus）如 $a < |z - z_0| < b$ 或空心圓盤如 $|z - z_0| > b$ 均不能有泰勒展開式，而必須用羅倫級數（展開式）。

習題 8.5

1. $f(z)=\dfrac{1}{z-3}$ 分別求 (1) $|z|< 3$ 與 (2) $|z|>3$ 之羅倫級數

Ans：(1) $-\dfrac{1}{3}-\dfrac{1}{9}z-\dfrac{1}{27}z^2-\dfrac{1}{81}z^3+\cdots\cdots$

(2) $\dfrac{1}{z}+\dfrac{3}{z^2}+\dfrac{9}{z^3}+\dfrac{27}{z^4}+\cdots\cdots$

2. $f(z)=\dfrac{1}{z(1+z)}$，分別求 (1)$|z|>1$ 及 (2)$|z+1|>1$ 之羅倫級數

Ans：(1) $\dfrac{1}{z^2}-\dfrac{1}{z^3}+\dfrac{1}{z^4}-\dfrac{1}{z^5}+\cdots\cdots$

(2) $\dfrac{1}{(z+1)^2}+\dfrac{1}{(z+1)^3}+\dfrac{1}{(z+1)^4}+\cdots\cdots$

3. $f(z)=\dfrac{z-2}{z^2-4z+3}$，求 $1<|z|<3$ 之羅倫級數

Ans：$\cdots\cdots\dfrac{1}{2z^3}-\dfrac{1}{2z^2}+\dfrac{1}{2z}-\dfrac{1}{6}-\dfrac{z}{18}-\dfrac{z^2}{54}+\cdots\cdots$

4. $f(z)=\dfrac{e^z}{(z-1)^2}$，求 $z_0=1$ 之展開式

Ans：$e\left[\frac{1}{(z-1)^2}+\frac{1}{z-1}+\frac{1}{2}+\frac{(z-1)}{6}+\cdots\cdots\right]$

5. $f(z)=\frac{z}{(z+1)(z-2)}$，求 (1)$|z|<1$，(2) $2>|z|>1$，(3) $|z|>2$ 之羅倫級數

Ans：(1) $-\frac{1}{6}z+\frac{5}{12}z^2-\frac{7}{24}z^3+\cdots$

(2) $\frac{1}{3z}\left(1-\frac{1}{z}+\frac{1}{z^2}-\frac{1}{z^3}+\cdots\right)-\frac{1}{3}\left(1+\frac{z}{2}+\frac{z^2}{4}+\cdots\right)$

(3) $\frac{1}{3z}\left(3+\frac{3}{z}+\frac{9}{z^2}+\frac{15}{z^3}+\cdots\right)$

6. 求 $f(z)=\frac{1}{z^2+1}$ 在 $z=0$ 之泰勒展開式。

Ans：$1-z^2+z^4+\cdots$

7. 將下列奇異點予以分類

(1) $f(z)=\frac{z^2+1}{z\sin z}$，$z=0$　　(2) $f(z)=\frac{e^{iz}}{(z-1)^3(z+1)^2}$，$z=1,\ -1$

(3) $f(z)=\frac{\cot z}{z^3}$，$z=0$　　(4) $f(z)=\frac{e^{iz}}{(z^2+1)^2}$，$z=i$

Ans：(1) 2 階；(2) $z=1$，3 階奇異點，$z=-1$，2 階奇異點；(3) 4 階奇異點；(4) 2 階奇異點。

8.6 留數定理

定義 若$f(z)$在$r<|z-a|<R$爲可解析，則$f(z)$有羅倫級數

$$f(z)=\sum_{n=-\infty}^{\infty}a_n(z-a)^n=\cdots+\frac{a_{-2}}{(z-a)^2}+\frac{a_{-1}}{z-a}$$
$$+a_0+a_1(z-a)+a_2(z-a)^2+\cdots,$$

定義a_{-1}爲$f(z)$在$z=a$之留數（residue），記做a_{-1}或$\text{Res}(a)$。

定理A

1. 若$z=a$爲$f(z)$之簡單極點，則$f(z)$在$z=a$之留數

$$a_{-1}\text{ 或 }\text{Res}(a)=\lim_{z\to a}(z-a)f(z)$$

2. 若$z=a$爲$f(z)$之k階極點，則$f(z)$在$z=a$之留數

$$a_{-1}\text{ 或 }\text{Res}(a)=\lim_{z\to a}\frac{1}{(k-1)!}\frac{d^{k-1}}{dz^{k-1}}\{(z-a)^kf(z)\}$$

證明 (a) 若$f(z)$在a處有一簡單極點，則羅倫級數爲：

$$f(z)=\frac{a_{-1}}{z-a}+a_0+a_1(z-a)+a_2(z-a)^2+\cdots$$

$\therefore f(z)$在$z=a$之留數爲

$$\lim_{z\to a}(z-a)f(z)=\lim_{z\to a}[a_{-1}+a_0(z-a)+a_1(z-a)^2+a_2(z-a)^3+\cdots]$$
$$=a_{-1}=\text{Res}(a)$$

(b) 若 $f(z)$ 在 $z=a$ 處有 k 階極點，則羅倫級數爲：

$$f(z)=\frac{a_{-k}}{(z-a)^k}+\frac{a_{-k+1}}{(z-a)^{k-1}}+\cdots+\frac{a_{-1}}{z-a}+a_0+a_1(z-a)$$
$$+a_2(z-a)^2+\cdots$$

$\therefore f(z)$ 在 $z=a$ 之留數爲

$$(z-a)^k f(z)=a_{-k}+a_{-k+1}(z-a)+\cdots+a_{-1}(z-a)^{k-1}+a_0(z-a)^k+\cdots$$

及 $\frac{d^{k-1}}{dz^{k-1}}[(z-a)^k f(z)]=(k-1)!a_{-1}+k!a_0(z-a)+$
$(k+1)!a_1(z-a)^2+\cdots$

$$\therefore \lim_{z\to a}\frac{d^{k-1}}{dz^{k-1}}[(z-a)^k f(z)]=(k-1)!a_{-1}=(k-1)!\operatorname{Res}(a)$$

即 $\operatorname{Res}(a)=\frac{1}{(k-1)!}\lim_{z\to a}\frac{d^{k-1}}{dz^{k-1}}[(z-a)^k f(z)]$ ■

例 1 求 $f(z)=\frac{z}{(z-1)(z^2+1)}$ 極點之留數

解 由觀察，$z=1$，$\pm i$ 均爲 $f(z)$ 之簡單極點：

$$\therefore \operatorname{Res}(1)=\lim_{z\to 1}(z-1)\cdot\frac{z}{(z-1)(z^2+1)}=\lim_{z\to 1}\frac{z}{z^2+1}=\frac{1}{2}$$

$$\operatorname{Res}(i)=\lim_{z\to i}(z-i)\cdot\frac{z}{(z-1)(z^2+1)}=\lim_{z\to i}(z-i)\cdot\frac{z}{(z-1)(z+i)(z-i)}$$

$$=\lim_{z\to i}\frac{z}{(z-1)(z+i)}=\frac{i}{2i(i-1)}=\frac{-1-i}{4}$$

$$\operatorname{Res}(-i)=\lim_{z\to -i}(z+i)\cdot\frac{z}{(z-1)(z^2+1)}$$

$$=\lim_{z\to -i}(z+i)\cdot\frac{z}{(z-1)(z+i)(z-i)}$$

$$=\lim_{z\to -i}\frac{z}{(z-1)(z-i)}=\frac{-1+i}{4}$$

例 2　求 $f(z)=\dfrac{1}{z^3(z+1)}$ 極點之留數

解　由觀察，知 $f(z)$ 有二個極點 $z=0$（3 階），$z=-1$（單階）

$$\therefore \text{Res}(0)=\lim_{z\to 0}\frac{1}{2!}\cdot\frac{d^2}{dz^2}\left\{z^3\cdot\frac{1}{z^3(z+1)}\right\}$$

$$=\frac{1}{2}\lim_{z\to 0}\frac{d^2}{dz^2}\frac{1}{1+z}=\frac{1}{2}\lim_{z\to 0}\frac{d^2}{dz^2}(1+z)^{-1}$$

$$=\frac{1}{2}\lim_{z\to 0}\frac{d}{dz}(-(1+z)^{-2})$$

$$=\lim_{z\to 0}(1+z)^{-3}=1$$

$$\text{Res}(-1)=\lim_{z\to -1}(z+1)\cdot\frac{1}{z^3(z+1)}=\lim_{z\to -1}\frac{1}{z^3}=-1$$

例 3　求 $f(z)=\cot z$，$z=\pi$ 之留數

解　$z=\pi$ 爲 $\cot z=\dfrac{\cos z}{\sin z}$ 之單階極點

$$\therefore \text{Res}(\pi)=\lim_{z\to\pi}(z-\pi)\cot z=\lim_{z\to\pi}(z-\pi)\frac{\cos z}{\sin z}$$

$$=\lim_{z\to\pi}\frac{z-\pi}{\sin z}\cdot\lim_{z\to\pi}\cos z=\lim_{z\to\pi}\frac{1}{\cos z}\cdot(-1)$$

$$=(-1)(-1)=1$$

下面之例 4，例 5 將是 2 個較爲複雜變函數極點留數之求法。

例 4　求 $f(z)=\dfrac{1}{1-e^z}$ 在 $z=0$ 之留數

解　由羅倫級數

$$f(z)=\frac{1}{1-e^z}=\frac{1}{1-\left(1+z+\frac{z^2}{2!}+\frac{z^3}{3!}+\cdots\right)}$$

$$=\frac{1}{-z-\frac{z^2}{2}-\frac{z^3}{6}-\cdots}$$

$$=\underset{\substack{\uparrow\\ a_{-1}}}{-1}\left(\frac{1}{z}\right)+\frac{1}{2}-\frac{z}{12}+\cdots \text{，} 0<|z|<\infty \quad (1)$$

$\therefore \operatorname{Res}(0)=-1$

(1) 之計算如下：

$$\begin{array}{r|l}
 & \frac{-1}{z}+\frac{1}{2}+\cdots \\ \hline
-z-\frac{z^2}{2}-\frac{z^3}{6}\cdots & 1 \\
 & 1+\frac{z}{2}+\frac{z^2}{6}\cdots \\ \hline
 & -\frac{z}{2}-\frac{z^2}{6}\cdots \\
 & -\frac{z}{2}-\frac{z^2}{4} \\ \hline
 & \frac{z^2}{12}+\cdots
\end{array}$$

例 5 求 $f(z)=\frac{1}{z-\sin z}$ 在 $z=0$ 處之留數

解

$$f(z)=\frac{1}{z-\sin z}=\frac{1}{z-\left(z-\frac{z^3}{3!}+\frac{z^5}{5!}\right)}=\frac{1}{\frac{z^3}{6}-\frac{z^5}{120}-\cdots} \quad (1)$$

$$=\frac{6}{z^3}+\underset{\substack{\uparrow\\ a_{-1}}}{\frac{6}{20}}\frac{1}{z}+\cdots$$

$$\therefore \operatorname{Res}(0)=\frac{6}{20}=\frac{3}{10}$$

(1) 之計算如下：

$$
\begin{array}{r|l}
 & \dfrac{6}{z^3}+\dfrac{6}{20z}\cdots \\
\dfrac{z^3}{6}-\dfrac{z^5}{120}+\dfrac{z^7}{5040}\cdots & 1 \\
 & 1-\dfrac{z^2}{20}+\dfrac{z^4}{840}\cdots \\
\hline
 & \quad\dfrac{z^2}{20}-\dfrac{z^4}{840}\cdots \\
 & \quad\dfrac{z^2}{20}-\dfrac{z^4}{400}\cdots \\
\hline
 & \qquad\qquad\dfrac{11}{8400}z^4\cdots
\end{array}
$$

練習

求 $f(z)=\dfrac{ze^z}{z^2-1}$ 之留數

Ans：$\operatorname{Res}(1)=\dfrac{e}{2}$，$\operatorname{Res}(-1)=\dfrac{1}{2e}$

留數積分

定理 B 留數定理（**residue theorem**）：

若 $f(z)$ 在簡單曲線 c 及其內部區域，除了 c 內之極點 $z=z_1$，$z_2,\cdots,z_n$ 外均可解析，則

$\oint_c f(z)\,dz=2\pi i\left(\operatorname{Res}(z_1)+\operatorname{Res}(z_2)+\cdots+\operatorname{Res}(z_n)\right)$（路徑 c 爲反時鐘方向）

例 6 根據下列不同曲線 c，分別計算 $\oint_c \frac{z^2-1}{z^2+1}dz$

(1) $|z-1|=1$ (2) $|z-i|=1$ (3) $|z|=2$

解 $f(z)=\frac{z^2-1}{z^2+1}$ 有兩個極點 i 與 $-i$

$$\text{Res}\,(i)=\lim_{z\to i}(z-i)\frac{z^2-1}{z^2+1}=\lim_{z\to i}\frac{z^2-1}{z+i}=\frac{-2}{2i}=i$$

$$\text{Res}\,(-i)=\lim_{z\to -i}(z+i)\frac{z^2-1}{z^2+1}=\lim_{z\to -i}\frac{z^2-1}{z-i}=\frac{-2}{-2i}=-i$$

(1) c：$|z-1|=1$：$z=i,-i$ 均落在 c 之外

$$\therefore \oint_c \frac{z^2-1}{z^2+1}dz=0$$

(2) c：$|z-i|=1$：只有 $z=i$ 落在 c 內

$$\therefore \oint_c \frac{z^2-1}{z^2+1}dz=2\pi i\text{Res}\,(i)=2\pi i\cdot i=-2\pi$$

(3) c：$|z|=2$：$z=\pm i$ 均落在 c 內

$$\therefore \oint_c \frac{z^2-1}{z^2+1}dz=2\pi i(\text{Res}\,(i)+\text{Res}\,(-i))=2\pi i\,(i-i)=0$$

例 7 求 $\oint_c \frac{dz}{z^2(z-1)}$ ，c 之閉曲線圖如下圖：

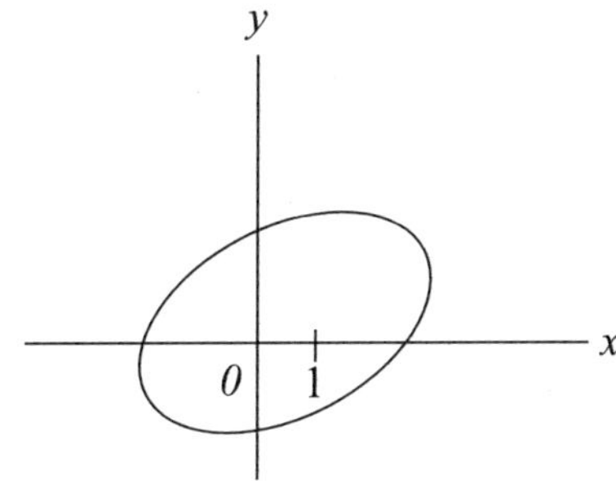

解 $\because \operatorname{Res}(0)=\frac{1}{1!}\lim_{z\to 0}\frac{d}{dz}z^2\cdot\frac{1}{z^2(z-1)}=\lim_{z\to 0}\frac{-1}{(z-1)^2}=-1$

$\operatorname{Res}(1)=\lim_{z\to 1}(z-1)\cdot\frac{1}{z^2(z-1)}=\lim_{z\to 1}\frac{1}{z^2}=1$

$$\therefore \oint_c\frac{dz}{z^2(z-1)}=2\pi i\{\operatorname{Res}(0)+\operatorname{Res}(1)\}=2\pi i(-1+1)=0$$

例 8 我們分別用 Cauchy 積分定理與留數定理來解題，希讀者從中體會、比較。

例 8 求下列各子題之 $\oint_\Gamma\frac{1}{z^2+1}dz$

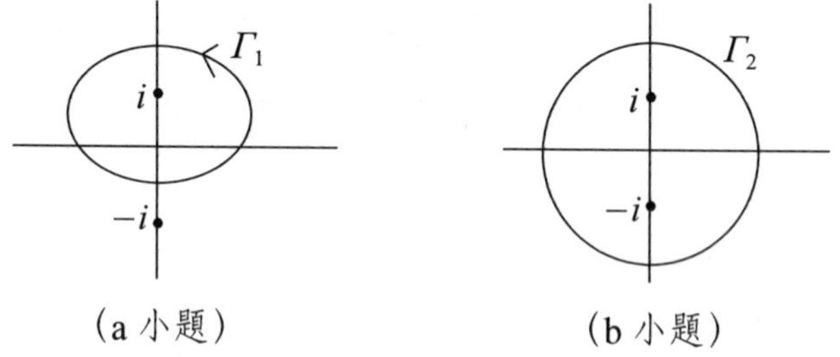

（a 小題）　　（b 小題）

解 (a) Cauchy 積分定理：

$$\oint_{\Gamma_1}\frac{1}{z^2+1}dz=\int_{\Gamma_1}\frac{1}{2i}\left(\frac{1}{z-i}-\frac{1}{z+i}\right)dz$$

$$=\frac{1}{2i}\int_{\Gamma_1}\frac{1}{z-i}dz-\frac{1}{2i}\int_{\Gamma_1}\frac{1}{z+i}dz$$

$$=\frac{1}{2i}\cdot 2\pi i-\frac{1}{2i}\cdot 0=\pi$$

(a')留數定理：

$$\oint_{\Gamma_1}\frac{dz}{z^2+1}=2\pi i\operatorname{Res}(i)$$

$$=2\pi i\cdot\lim_{z\to i}(z-i)\cdot\frac{1}{z^2+1}=2\pi i\cdot\frac{1}{2i}=\pi$$

(b) Cauchy 積分定理：

$$\oint_{\Gamma_2}\frac{dz}{z^2+1}=\frac{1}{2i}\int_{\Gamma_2}\frac{1}{z-i}dz-\frac{1}{2i}\int_{\Gamma_2}\frac{1}{z+i}dz$$

$$=\frac{1}{2i}\cdot 2\pi i-\frac{1}{2i}\cdot(2\pi i)=0$$

(b')留數定理：

$$\oint_{\Gamma_2}\frac{1}{z^2+1}dz=2\pi i(\text{Res }(i)+\text{Res }(-i))$$

$$\text{Res }(i)=\lim_{z\to i}(z-i)\frac{1}{z^2+1}=\lim_{z\to i}\frac{1}{z+1}=\frac{1}{2i}$$

$$\text{Res }(-i)=\lim_{z\to -i}(z+i)\frac{1}{z^2+1}=\lim_{z\to -i}\frac{1}{z+i}=-\frac{1}{2i}$$

$$\therefore\int_{\Gamma_2}\frac{1}{z^2+1}dz=2\pi i(\text{Res }(i)+\text{Res }(-i))$$

$$=2\pi i\left(\frac{1}{2i}-\frac{1}{2i}\right)=0$$

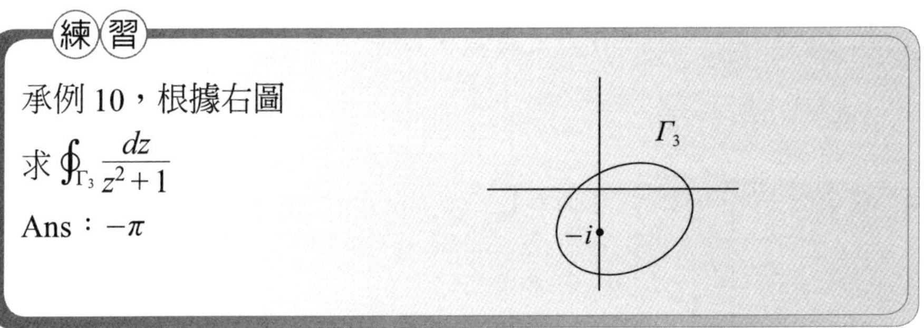

承例 10，根據右圖

求 $\oint_{\Gamma_3}\frac{dz}{z^2+1}$

Ans：$-\pi$

習題 8.6

1. 求下列各題在奇異點之留數：

(1) $f(z)=\dfrac{1}{z}e^{z}$ (2) $f(z)=\dfrac{e^{z}}{(z-1)(z+3)^2}$ (3) $f(z)=\dfrac{1}{z(z+2)^3}$

(4) $f(z)=\dfrac{\cos z}{z}$ (5) $f(z)=\dfrac{e^{zt}}{(z-2)^3}$

Ans：(1)$\text{Res}(0)=1$ (2)$\text{Res}(1)=\dfrac{e}{16}$，$\text{Res}(-3)=-\dfrac{5}{16}e^{-3}$

(3)$\text{Res}(0)=\dfrac{1}{8}$，$\text{Res}(-2)=-\dfrac{1}{8}$ (4)$\text{Res}(0)=1$

(5)$\text{Res}(2)=\dfrac{1}{2}t^2e^{2t}$

以下之 c 均為反時鐘針方向：

2. 求$\oint_c \dfrac{z^2-1}{z^2+1}dz$，(1)$c$：$|z-2i|=2$ (2)c：$|z+i|=1$

Ans：(1)-2π (2)2π

3. 求 $f(z)=\dfrac{\cos z}{z^3}$ 在 $z=0$ 處之留數，以此結果求$\oint_c \dfrac{\cos z}{z^3}dz$，$c$：$|z|=1$

Ans：$-\dfrac{1}{2}$，$-\pi i$

4. 求$\oint_c \dfrac{\sin z}{\left(z-\dfrac{1}{2}\right)^5}dz$，$c$：$|z|=1$

Ans：$\dfrac{\pi i}{12}\sin\dfrac{1}{2}$

5. 求$\oint_c \dfrac{e^{2z}}{z^3}dz$，$c$：$|z|=1$

Ans：$4\pi i$

6. 求$\oint_c \dfrac{5z+3}{z^2(z+2)}dz$，(1) c：$|z|=1$；(2) c：$|z|=3$

Ans：(1) $\dfrac{7\pi}{2}i$ (2)0

8.7 留數定理在特殊函數定積分上應用

應用留數定理計算某些型態之實函數定積分時首先要選擇適當之 $f(z)$ 及適當之路徑 c。

定義 f 在 $(-\infty, \infty)$ 中為連續，則 f 在 $(-\infty, \infty)$ 之 **Cauchy** 主值（Cauchy principal value，以 PV 表示）

$$\text{PV} \int_{-\infty}^{\infty} f(x)dx \equiv \lim_{R\to\infty} \int_{-R}^{R} f(x)dx$$

若瑕積分 $\int_{-\infty}^{\infty} f(x)dx$ 存在則它必等於其主值。

我們將以例題說明如何應用留數定理選擇適當路徑計算一些特殊實函數之瑕積分。

定理 A $z = Re^{i\theta}$，若 $|f(z)| \le \dfrac{M}{R^k}$，$k>1$，$M$ 為常數，Γ 為半徑是 R 之上半圓（如右圖）。則有

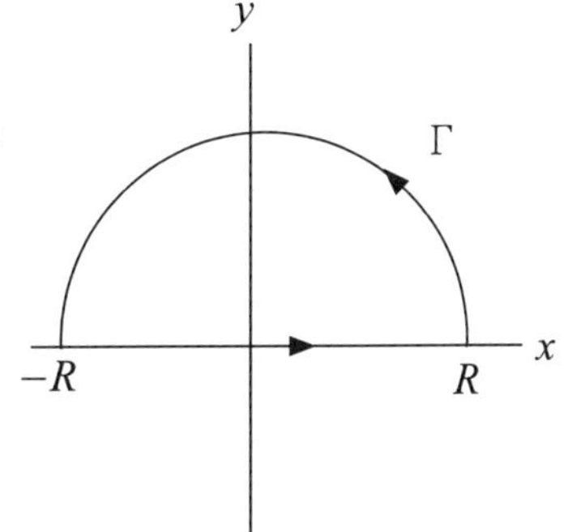

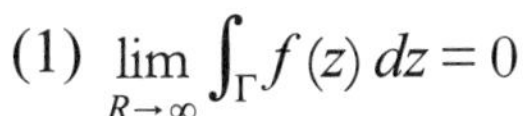

(1) $\displaystyle\lim_{R\to\infty} \int_{\Gamma} f(z)\,dz = 0$

(2) $\displaystyle\lim_{R\to\infty} \int_{\Gamma} e^{imz} f(z)\,dz = 0$

由定理 A 我們可得到以下定理：

定理 B 若 $P(x)$，$Q(x)$ 分別是 n 次與 m 次之 x 的多項式，$m-n\geq 2$，且對所有之實數 $P(x)\neq 0$，則 $\int_{-\infty}^{\infty}\frac{Q(x)}{P(x)}dx=2\pi i\times$ 所有 $\left(\frac{Q(x)}{P(x)}\right)$在上半平面留數之和）

例 1 求 $\int_{-\infty}^{\infty}\frac{dx}{(x^2+1)^2}$

解 $f(z)=\frac{1}{(z^2+1)^2}=\frac{1}{(z+i)^2(z-i)^2}$ 有兩個極點 $z=\pm i$，其中僅 $z=i$（二階）位在上半平面

$$\text{Res}(i)=\lim_{z\to i}\frac{d}{dz}\left[(z-i)^2\cdot\frac{1}{(z+i)^2(z-i)^2}\right]$$

$$=\lim_{z\to i}\frac{-2}{(z+i)^3}=\frac{1}{4i}$$

$$\therefore\int_{-\infty}^{\infty}\frac{dx}{(x^2+1)^2}=2\pi i\left(\frac{1}{4i}\right)=\frac{\pi}{2}$$

例 2 求 $\int_{-\infty}^{\infty}\frac{x^2}{(x^2+1)(x^2+4)}dx$

解 $f(z)=\frac{z^2}{(z^2+1)(z^2+4)}=\frac{z^2}{(z+i)(z-i)(z+2i)(z-2i)}$，有四個極點，其中 $z=i$，$2i$ 在上半平面

$$\text{Res}(i)=\lim_{z\to i}(z-i)\cdot\frac{z^2}{(z+i)(z-i)(z+2i)(z-2i)}$$

$$=\frac{i}{6}$$

$$\text{Res}(2i)=\lim_{z\to 2i}(z-2i)\frac{z^2}{(z+i)(z-i)(z+2i)(z-2i)}=\frac{-i}{3}$$

$$\therefore\int_{-\infty}^{\infty}\frac{x^2dx}{(x^2+1)(x^2+4)}=2\pi i(\text{Res }(i)+\text{Res}(2i))=\frac{\pi}{3}$$

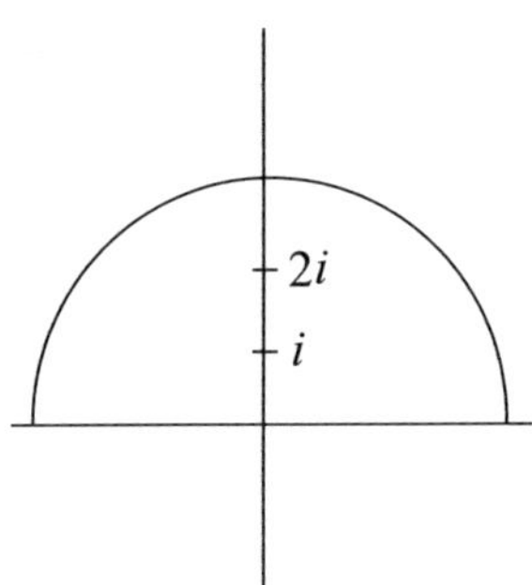

例 3 求 $\int_{-\infty}^{\infty}\frac{dx}{1+x^4}$

解 $f(z)=\frac{1}{1+z^4}$，$1+z^4=0$ 時得 $z_1=e^{\pi i/4}, z_2=e^{3\pi i/4}, z_3=e^{5\pi i/4}, z_4=e^{7\pi i/4}$

爲 4 個極點，其中 $z_1=e^{\pi i/4}, z_2=e^{3\pi i/4}$ 在上半平面

$$\begin{aligned}\text{Res }(z_1)&=\lim_{z\to z_1}(z-z_1)\cdot\frac{1}{1+z^4}\\&=\lim_{z\to z_1}\frac{1}{4z^3}\\&=\frac{1}{4}e^{-3\pi i/4}\end{aligned}$$

$$\begin{aligned}\text{Res }(z_2)&=\lim_{z\to z_2}(z-z_2)\cdot\frac{1}{1+z^4}\\&=\lim_{z\to z_2}\frac{1}{4z^3}=\frac{1}{4}e^{-9\pi i/4}\end{aligned}$$

$$\therefore\int_{-\infty}^{\infty}\frac{dx}{1+x^4}=2\pi i(\text{Res }(z_1)+\text{Res }(z_2))$$

$$=2\pi i\,(\frac{1}{4}e^{-\frac{3\pi i}{4}}+\frac{1}{4}e^{-9\pi i/4})$$

$$=\frac{2\pi i}{4}[(-\frac{\sqrt{2}}{2}-\frac{\sqrt{2}}{2}i)+(\frac{\sqrt{2}}{2}-\frac{\sqrt{2}}{2}i)]=\frac{\sqrt{2}}{2}\pi$$

練習

用留數法求 $\int_0^\infty \frac{dx}{1+x^2}$　　Ans：$\frac{\pi}{2}$

定理 C　$F(x)$ 是 x 之有理函數，則

$$\int_{-\infty}^{\infty}F(x)\begin{Bmatrix}\cos mx\\ \sin mx\end{Bmatrix}dx=\oint_c F(z)e^{imz}dz$$

$$=\begin{cases}\text{Re}[2\pi iF(z)e^{imz}\text{之留數和}]\\ \text{Im}[2\pi iF(z)e^{imz}\text{之留數和}]\end{cases}$$

例 4　求 $\int_{-\infty}^{\infty}\frac{\cos mx}{x^2+a^2}dx$

解　$\int_{-\infty}^{\infty}\frac{\cos mx}{x^2+a^2}dx=\text{Re}\{\int_{-\infty}^{\infty}\frac{e^{imz}}{z^2+a^2}dz\},\ m>0,\ a>0$

$f(z)=\frac{e^{imz}}{z^2+a^2}=\frac{e^{imz}}{(z+ai)(z-ai)}$，有二個極點 $z=ai$ 及 $z=-ai$，其中 $z=ai$ 在上半平面：

$$\text{Res}\,(ai)=\lim_{Z\to ai}(z-ai)\cdot\frac{e^{imz}}{(z+ai)(z-ai)}$$

$$=\frac{e^{im(ai)}}{2ai}=\frac{e^{-am}}{2ai}$$

$$\therefore \int_{-\infty}^{\infty} \frac{\cos mx}{x^2+a^2}dx = 2\pi i(\text{Res}\ (ai))$$

$$=2\pi i \cdot \frac{e^{-am}}{2ai}=\frac{\pi}{a}e^{-am}$$

$I=\int_0^{2\pi} f(\cos, \sin\theta)\,d\theta$

在計算 $\int_0^{2\pi} f(\cos\theta, \sin\theta)d\theta$ 時，我們可藉 $z=e^{i\theta}$ 將它轉化成解析函數在閉曲線上積分，如此可用留數定理計算出所求之積分。

取 $z=e^{i\theta}$，則 $z=e^{i\theta}=\cos\theta+i\sin\theta$ ∴ $0\le\theta\le 2\pi$ 時按逆時針方向繞單位圓一週，便形成一閉曲線。

$$\cos\theta=\frac{e^{i\theta}+e^{-i\theta}}{2}=\frac{z+\frac{1}{z}}{2} \qquad \sin\theta=\frac{e^{i\theta}-e^{-i\theta}}{2i}=\frac{z-\frac{1}{z}}{2i}$$

又　$z=e^{i\theta}$，$\frac{dz}{d\theta}=ie^{i\theta}=iz$

$$\therefore I=\int_0^{2\pi} f(\cos\theta, \sin\theta)d\theta$$

$$=\int_{|z|=1} f\left(\frac{z+\frac{1}{z}}{2}, \frac{z-\frac{1}{z}}{2i}\right)\frac{dz}{iz}$$

透過定理 B

$$I=2\pi i\left(\text{所有 } f\left(\frac{z+\frac{1}{z}}{2}, \frac{z-\frac{1}{z}}{2i}\right)\frac{1}{iz} \text{ 之留數和}\right)$$

例 5　求$\int_0^{2\pi}\cos^2\theta d\theta$

解　取$z=e^{i\theta}$

則$\cos\theta=\dfrac{z+\frac{1}{z}}{2}$，$d\theta=\dfrac{dz}{iz}$

$$\therefore \text{原式}=\int_{|z|=1}\left(\frac{z+\frac{1}{z}}{2}\right)^2\frac{dz}{iz}=\int_{|z|=1}\frac{z^4+2z^2+1}{4iz^3}dz \qquad (1)$$

$f(z)=\dfrac{z^4+2z^2+1}{4iz^3}$ 在 $z=0$ 處之留數為：

$$\text{Res}(0)=\lim_{z\to 0}\frac{1}{2!}\frac{d^2}{dz^2}\left(z^3\cdot\frac{z^4+2z^2+1}{4iz^3}\right)$$

$$=\frac{1}{2}\lim_{z\to 0}\frac{d}{dz}\left(\frac{4z^3+4z}{4i}\right)=\frac{1}{2i}\lim_{z\to 0}(3z^2+1)=\frac{1}{2i}$$

$$\therefore (1)=2\pi i\left(\frac{1}{2i}\right)=\pi$$

例 6　求$\int_0^{\pi}\dfrac{d\theta}{3+2\cos\theta}$

解　取$z=e^{i\theta}$ 則$\cos\theta=\dfrac{1}{2}\left(z+\dfrac{1}{z}\right)$，$d\theta=\dfrac{dz}{iz}$

$$\int_0^{\pi}\frac{d\theta}{3+2\cos\theta}=\frac{1}{2}\int_0^{2\pi}\frac{d\theta}{3+2\cos\theta}=\frac{1}{2}\int_{|z|=1}\frac{1}{3+2\cdot\frac{1}{2}\left(z+\frac{1}{z}\right)}\frac{dz}{iz}$$

$$=\frac{1}{2i}\int_{|z|=1}\frac{dz}{z^2+3z+1}$$

$$=\frac{1}{2i}\int_{|z|=1}\frac{dz}{(z-p)(z-q)} \qquad (1)$$

$\left(p=\frac{-3+\sqrt{5}}{2}, q=\frac{-3-\sqrt{5}}{2}\right)$ （但 $q=\frac{-3-\sqrt{5}}{2}$ 落在 $|z|=1$ 外部）

$\therefore (1)=2\pi i(\text{Res}(p))$

又 $\text{Res}(p)=\lim_{z\to p}(z-p)\cdot\frac{1}{(z-p)(z-q)}=\frac{1}{p-q}=\frac{1}{\sqrt{5}}$

$\therefore (1)=\frac{1}{2i}\left(2\pi i\frac{1}{\sqrt{5}}\right)=\frac{\sqrt{5}}{5}\pi$

習題 8.7

1. $\int_{-\infty}^{\infty}\frac{dx}{(x^2+1)(x^2+9)}$

   Ans：$\frac{\pi}{12}$

2. $\int_{-\infty}^{\infty}\frac{dx}{x^2+2x+2}$

   Ans：π

3. $\int_{-\infty}^{\infty}\frac{x^2}{(x^2+1)^2}dx$

   Ans：$\frac{\pi}{2}$

4. $\int_{-\infty}^{\infty}\frac{dx}{x^2+x+1}$

   Ans：$\frac{2}{\sqrt{3}}\pi$

5. $\int_{-\infty}^{\infty}\frac{dx}{x^4+10x^2+9}$

   Ans：$\frac{\pi}{12}$

6. $\int_{-\infty}^{\infty}\frac{\cos x}{x^2+9}dx$

   Ans：$\frac{\pi}{3e^3}$

7. $\int_{0}^{\infty}\frac{\cos x}{(x^2+1)^2}dx$

   Ans：$\frac{\pi}{2e}$

8. 求$\int_{0}^{2\pi}\frac{d\theta}{2+\cos\theta}$

   Ans：$\frac{2\sqrt{3}}{3}\pi$

國家圖書館出版品預行編目資料

簡易工程數學／黃中彥著. －－初版. －－臺北市：五南, 2018.09

面； 公分

ISBN 978-957-11-9878-1（平裝）

1.工程數學

440.11 107013359

5B36

簡易工程數學

作　　者— 黃中彥（305.2）

發 行 人— 楊榮川

總 經 理— 楊士清

主　　編— 王正華

責任編輯— 金明芬

封面設計— 王麗娟

出 版 者— 五南圖書出版股份有限公司

地　　址：106台北市大安區和平東路二段339號4樓

電　　話：(02)2705-5066　　傳　　真：(02)2706-6100

網　　址：http://www.wunan.com.tw

電子郵件：wunan@wunan.com.tw

劃撥帳號：01068953

戶　　名：五南圖書出版股份有限公司

法律顧問　林勝安律師事務所　林勝安律師

出版日期　2018年9月初版一刷

定　　價　新臺幣450元